JN094025

Android の基本画面①

ホーム画面

引き下げ

２回続けて引き下げ

通知パネル

スマホ本体やアプリで設定している通知が、ここに表示されます。

クイック設定パネル

［設定］アプリを起動しなくても、マナーモード、無線LAN、ブルートゥースなどを設定できます。

［設定］アプリ

スマホ本体やアプリの設定を行います。

戻るボタン
1つ前の画面に戻ります。

ホームボタン
ホーム画面に戻ります。

Googleアシスタント

ホームボタンの長押しで起動。音声や文字入力による質問に答えたり、天気や経路を調べたりできます。

アプリ切り替え画面

起動中のアプリが画面上に一覧表示されます。アプリの切替えや終了ができます。

※スマートフォンのメーカーによって画面は異なります。

Android の基本画面②

通知パネル

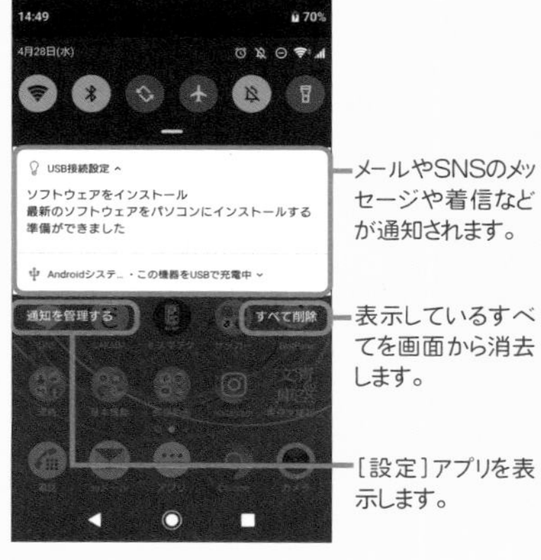

クイック設定パネル

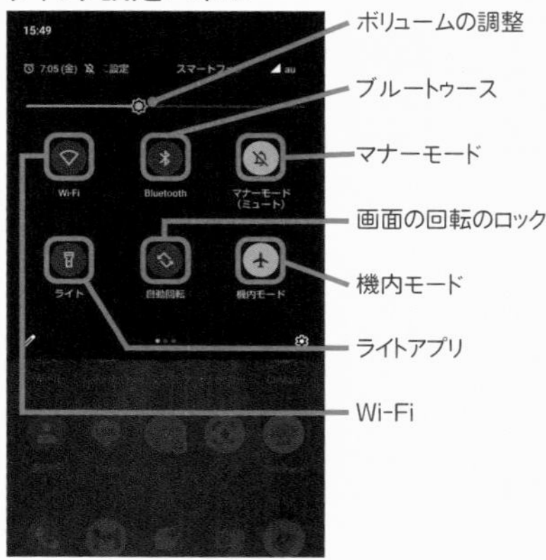

※以降はスマホ本体のメーカーごとに設定項目が異なります。

[設定]アプリ

アプリ切り替え画面

iPhone13(iOS15)の基本画面①

通知センター

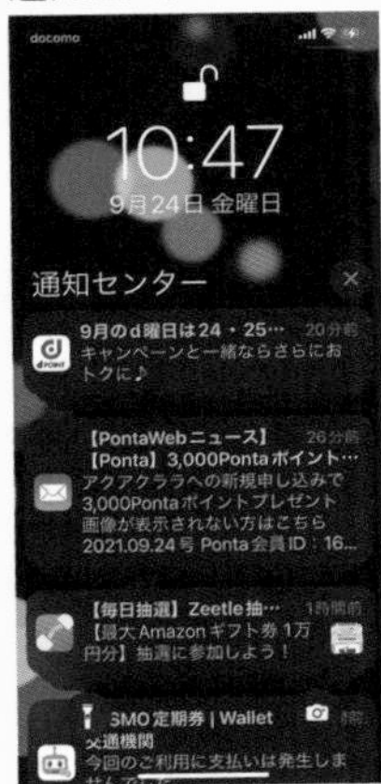

［設定］アプリの「通知」で有効にしている通知（メッセージやお知らせなど）が表示されます。

コントロールセンター

［設定］アプリを起動しなくても、マナーモード、無線LAN、ブルートゥースなどを設定できます。

ホーム画面

アプリ切り替え画面

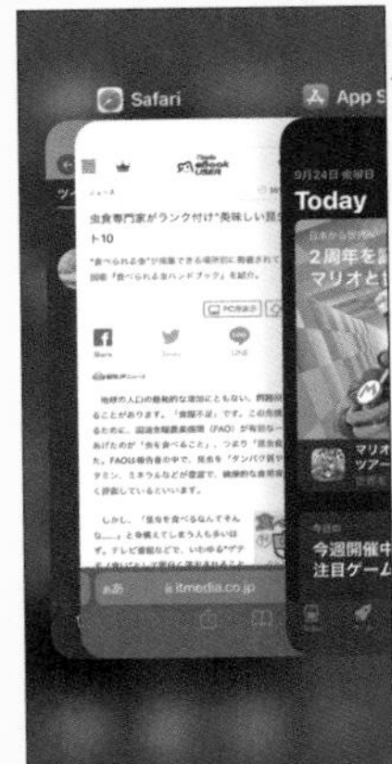

起動中のアプリが画面に一覧表示されます。アプリの切替えや終了ができます。

［設定］アプリ

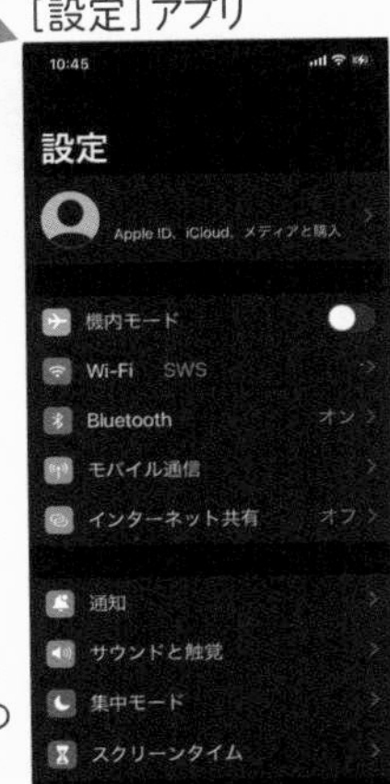

スマホ本体やアプリの設定を行います。

iPhone13(iOS15)の基本画面②

通知センター

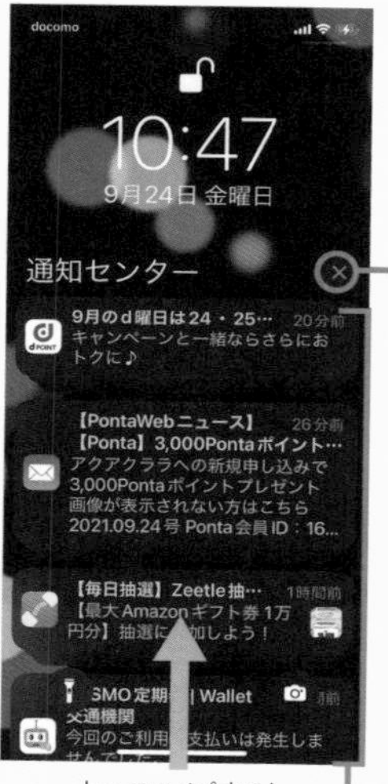

コントロールセンター

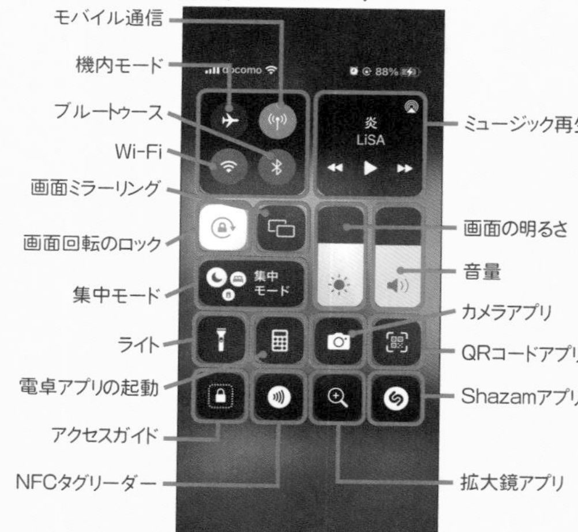

※設定によって表示される項目が異なります。

アプリ切り替え画面

[設定]アプリ

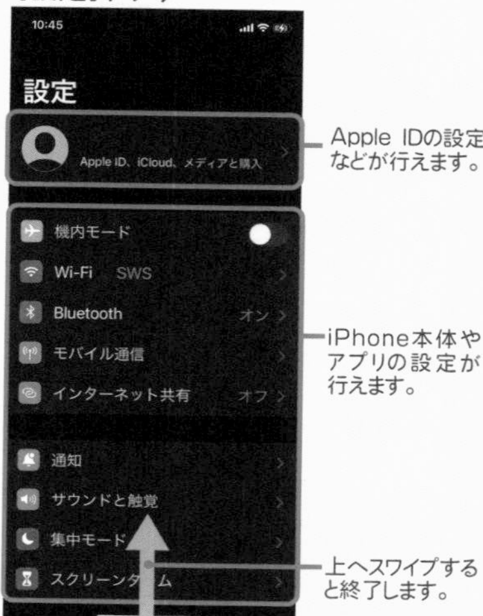

Dictionary of Smartphone terms Basic Edition

最新 スマホ用語&操作事典

秀和システム編集本部 編著

秀和システム

はじめに

いうまでもなく、コンピュータやインターネットに代表される情報通信技術の進展には目覚ましいものがあります。そして、スマートフォンの開発（発明）と普及は、私たちを取り巻く日常を大きく変えました。

本書は、スマートフォンの利用に関わる知っておきたい用語を厳選し、簡潔に解説した事典です。本書で紹介した用語は1220項目超、索引で検索できる単語は1450語超となります。そのすべてを知る必要はありませんが、スマートフォンの購入から設定、アプリやSNSの利用に至るまでに遭遇すると思われる、基本用語を網羅しました。

カタログを比較して目的の機種を選んだり、機種の変更や買い替え、販売窓口での手続き、避けて通れないスマホ本体やネットワークの設定、各種アプリを入手して楽しんだり、検索したり、SNSを通してコミュニケーションを図ったり……と、スマートフォンの利用において考えられるすべてのシーンを想定した用語事典です。また、必要に応じて最低限知っておきたいPC用語も解説しました。

用語解説にあたっては各用語に関連した基本操作や便利技、裏技など、110本を超えるテクニックも紹介。AndroidとiPhoneの区別なく、スマートフォンのユーザーであれば、その場で役立つ実用的な情報満載の操作事典でもあります。

これからスマートフォンを買おうと思っている人、スマートフォンやタブレットPCなどの情報機器を利用している人、アプリやSNSを日常的に利用している人、さらにスマートフォンに関する総合的な知識を深めたい販売店の窓口担当者にとっても、役に立つこと請け合いです。

困ったときの一助として、日頃スマートフォンを利用するすべての読者に、本書が役立つことを望んでいます。

秀和システム編集本部

目次と構成

見出し語の並べ方規則

- 用語はひらがな／カタカナ、英字、数字、記号の順で並べた。
- ひらがな／カタカナの見出し語の配列は五十音順に従った。
- 英字見出し語の配列はアルファベット順に従った。
- 数字は原則として数の小さいものから大きいものへと順番に置いた。
- 拗音「ゃ」「ゅ」「ょ」「ャ」「ュ」「ョ」、促音「っ」「ッ」は、それぞれ、「や」「ゆ」「よ」「ヤ」「ユ」「ヨ」「つ」「ツ」のあとに続くものとした。
- 長音引きは、その文字の手前の文字の母音に従い、母音のあとに続くものとした。「カー」は「かあ」のあととして扱う。
- 濁音、半濁音は清音のあとに続くものとした。

操作目次

■Facebookの技

■Instagramの技

■LINEの技

■Twitterの技

■FAQ

用語解説部の読み方

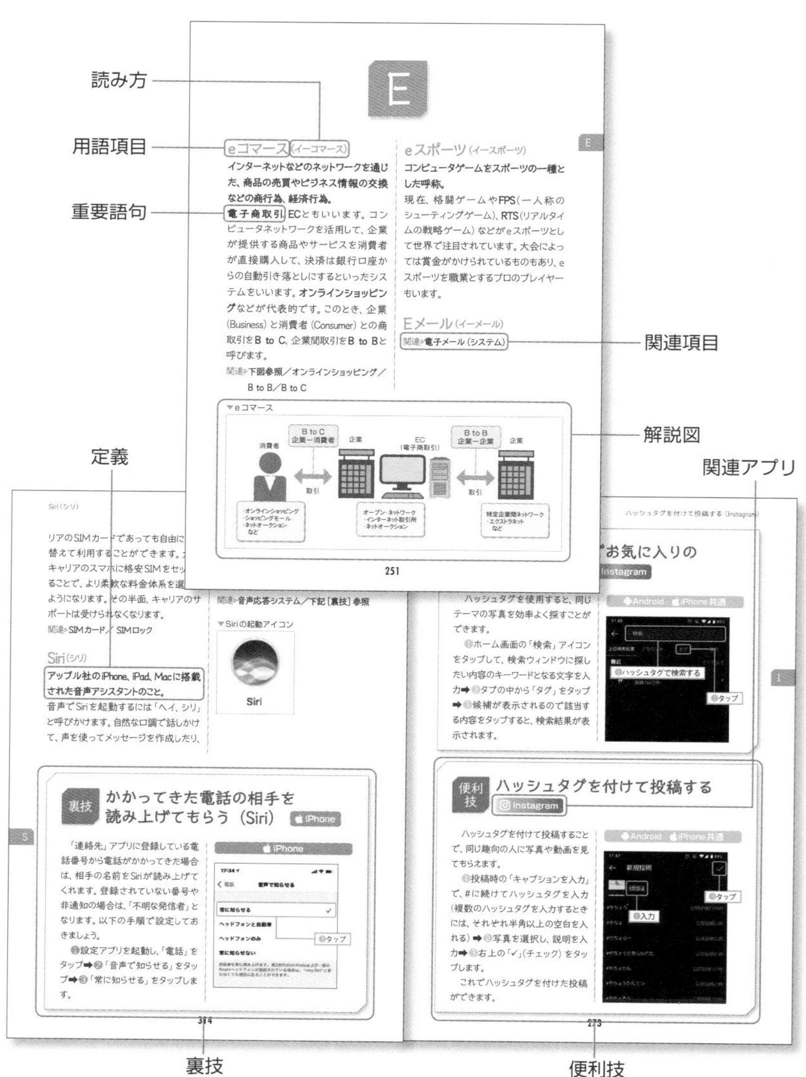

読み方
用語項目
重要語句
関連項目
解説図
定義
関連アプリ
裏技
便利技
E
eコマース（イーコマース）
インターネットなどのネットワークを通じた、商品の売買やビジネス情報の交換などの商行為、経済行為。
電子商取引。ECともいいます。コンピュータネットワークを活用して、企業が提供する商品やサービスを消費者が直接購入して、決済は銀行口座からの自動引き落としにするといったシステムをいいます。オンラインショッピングなどが代表的です。このとき、企業（Business）と消費者（Consumer）との商取引をB to C、企業間取引をB to Bと呼びます。
関連▶下図参照／オンラインショッピング／B to B／B to C
eスポーツ（イースポーツ）
コンピュータゲームをスポーツの一種とした呼称。
現在、格闘ゲームやFPS（一人称のシューティングゲーム）、RTS（リアルタイムの戦略ゲーム）などがeスポーツとして世界で注目されています。大会によっては賞金がかけられているものもあり、eスポーツを職業とするプロのプレイヤーもいます。
Eメール（イーメール）
関連▶電子メール（システム）
▼eコマース
B to C 企業ー消費者
B to B 企業ー企業
消費者
企業
EC（電子商取引）
取引
・オンラインショッピング ・ショッピングモール ・ネットオークション など
・オープン・ネットワーク ・インターネット取引所 ・ネットオークション
・特定企業間ネットワーク ・エクストラネット など
251
Siri（シリ）
リアのSIMカードであっても自由に替えて利用することができます。キャリアのスマホに格安SIMをセットすることで、より柔軟な料金体系を選ようになります。その半面、キャリアのサポートは受けられなくなります。
関連▶SIMカード／SIMロック
Siri（シリ）
アップル社のiPhone、iPad、Macに搭載された音声アシスタントのこと。
音声でSiriを起動するには「へイ、シリ」と呼びかけます。自然な口調で話しかけて、声を使ってメッセージを作成したり、
関連▶音声応答システム／下記［裏技］参照
▼Siriの起動アイコン
Siri
裏技
かかってきた電話の相手を読み上げてもらう（Siri）
iPhone
「連絡先」アプリに登録している電話番号から電話がかかってきた場合は、相手の名前をSiriが読み上げてくれます。登録されていない番号や非通知の場合は、「不明な発信者」となります。以下の手順で設定しておきましょう。
❶設定アプリを起動し、「電話」をタップ➡❷「音声で知らせる」をタップ➡❸「常に知らせる」をタップします。
音声で知らせる
常に知らせる
ヘッドフォンと自動車
ヘッドフォンのみ
常に知らせない
❸タップ
314
ハッシュタグを付けて投稿する（Instagram）
お気に入りの
Instagram
ハッシュタグを使用すると、同じテーマの写真を効率よく探すことができます。
❶ホーム画面の「検索」アイコンをタップして、検索ウィンドウに探したい内容のキーワードとなる文字を入力➡❷タブの中から「タグ」をタップ➡❸候補が表示されるので該当する内容をタップすると、検索結果が表示されます。
Android iPhone共通
❸ハッシュタグで検索する
❷タップ
I
便利技
ハッシュタグを付けて投稿する
Instagram
ハッシュタグを付けて投稿することで、同じ趣向の人に写真や動画を見てもらえます。
❶投稿時の「キャプションを入力」で、#に続けてハッシュタグを入力（複数のハッシュタグを入力するときには、それぞれ半角以上の空白を入れる）➡❷写真を選択し、説明を入力➡❸右上の「✓」（チェック）をタップします。
これでハッシュタグを付けた投稿ができます。
新規投稿
❸タップ
❶入力
273

T E R M

用語

用語解説とテクニック

アーカイブ

複数のファイルを1つにまとめること。

書庫ともいいます。「記録保管所」「公文書」などといった意味の英語です。一般的には保存、記録して利用することを前提とした文字や映像などの資料を意味します。

アイコン

ホーム画面に並んでいる、ファイルやコマンドの内容を視覚化した小さな図柄。

アプリを利用するときにタップすることで、起動したり、画面が開いたりします。

相性（あいしょう）

異なる機器間や、OSとソフトウェア間の組み合わせの適否のこと。

PC（コンピュータ）本体と周辺機器の接続や、各種ソフトウェアのOSへのインストールなど、接続方法や操作が正しくても正常に動作しない場合や不具合のある場合に、「相性が悪い」といいます。

アイテム課金

ゲーム内で使用するアイテムを現実の金銭で購入すること。

ガチャと共にオンラインゲームやソーシャルゲームの運営会社の主な収入源となっています。**レアアイテム**などを購入することで、有利にゲームを進めることができます。

関連▶ガチャ／レアアイテム

アカウント

スマートフォンやネットワークの各種サービスを利用する権利。

サービスを利用する権利を持つユーザーを区別するための名前で、**ユーザーID**、**利用者ID**、**接続ID**と同じ意味で使われます。アカウントとパスワードの組み合わせによって、正式なユーザーであるかどうかを判断し、サービスが利用できるようになります。例えば、iPhoneでは「Apple ID」、Androidでは「Googleアカウント」が必要となります。

関連▶Apple ID／Googleアカウント

アカウント凍結

ルールに違反したユーザーがサービスを利用できないようにすること。

サービス運営者の判断によってアカウントが凍結された場合、そのサービスにアクセスできなくなります。

関連▶アカウント

アクションカム

自分自身の動作を記録するために使う小型のデジタルカメラ。

アウトドアなどの場面で、頭部やヘルメット、自転車のハンドル、サーフボードなどにカメラを装着して、動画などを撮影します。

関連▶GoPro

アクションゲーム

ゲームソフトのジャンルの1つで、瞬間的な判断力や反射神経を要求するゲームのこと。

プレイヤーがゲーム中のキャラクターの行動をボタンなどで直接操作してクリアするようなゲームをいいます。**格闘ゲーム**や**シューティングゲーム**などがこれにあたります。

関連▶ゲームソフト

▼アクションゲーム「ゴースト・オブ・ツシマ」

by BagoGames

アクセス

ネットワークに接続すること。

LANを介して記憶装置との間でデータをやり取りしたり、ネットワークを介してスマートフォンやパソコンをホストコンピュータやインターネットに接続することで、この動作を「アクセスする」といいます。

アクセスポイント

ネットワークとユーザーとの間の中継設備。

無線スポットを紹介したり提供したりするサービスでは、サービスを利用できるエリアのこともアクセスポイントと呼ぶことがあります。

関連▶次ページ左上図参照／無線LAN

アクティビティ

SNS上での行動履歴のこと。

SNSにおけるユーザーの活動状況を表現する言葉で、Googleでの位置情報や検索、Facebookの「いいね!」ボタンの押下による評価やコメントの投稿、Twitterのリツイートなどがこれにあたります。

アクティブユーザー

一定の期間内にインターネットなどのサービスを利用したユーザーのこと。

マーケティング用語の1つで、市場調査

▼アクセスポイントのイメージ

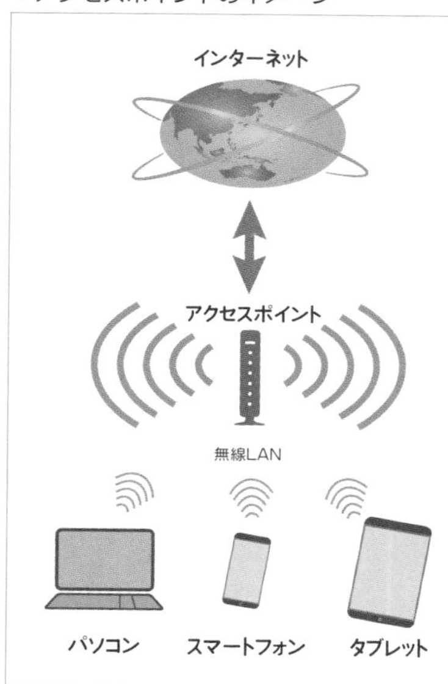

などに使われる言葉です。ユーザー登録はしたもののほとんどサービスを利用していない、というユーザーも多いことから、実際の利用状況を把握するために、実際の利用者数であるアクティブユーザー数が重視されます。

アクティベーション

スマートフォンを使えるように有効化すること。

スマートフォンの場合、本体にSIMカードを差し込んで、利用を開始するための初期設定という意味で使われます。

アスタリスク／アステリスク

「*」記号の読み。

「*」は、任意の文字列を表す**ワイルドカード**として使われることもあります。例えば、「*.txt」なら、拡張子が「.txt」のファイルすべてとなります。プログラム中の演算記号として**乗算**にも用いられます。

関連▶ワイルドカード

圧縮

ファイルを加工したり変換したりすることでデータの容量を小さくすること。

関連▶データ圧縮

アットマーク

「@」記号の読み。

電子メールで相手のアドレスを示すときなどに、前置詞の「at」の代わりに使われています。「ユーザー名@サーバー名（ドメイン名）」のかたちが一般的です。

関連▶電子メール（システム）

アップグレード

ソフトウェア、ハードウェアなどを、さらに高性能、高機能なものに変更すること。

アップデートでは、メーカーから修正ファイルが配布されますが、アップグレードでは、ソフトウェアやハードウェアの買い替えをする必要があります。

関連▶アップデート

アップデート

ソフトウェアの内容を更新したり、不具合を修正したものに変更すること。

ソフトウェアでは**バージョンアップ**ともいいます。より使いやすく品質の高いものにするために、機能を増やしたり、変更したりすることです。製品の識別のために付ける数字をバージョンといいます。

関連▶バージョン／下記［便利技］参照

アップル (Apple Inc.)

関連▶Apple

アップロード

スマートフォンからネットワーク上にデータを転送すること。

略して**アップ**ともいいます。スマートフォンやパソコンに保存されているデータを、ネットワーク上のサーバーなどに送信する（上げる）ことをいいます。

関連▶ダウンロード

アドオン

アプリの機能拡張のこと。

アプリ本体に組み込むもので、アドオン単体では動作しません。iPhoneの場合は**アドオン**、Androidの場合は**プラグイン**といいます。

便利技 いつもスマートフォンを最新の状態にしておきたい（アップデート）

スマートフォンのOS（オーエス）は、定期的に新しい内容に置き換えられたり、不都合のある部分を正常なものに置き換えたりすることがあります。これをアップデート（システムアップデート／ソフトウェアアップデート）といいます。

ソフトウェアアップデートの連絡は、携帯電話会社からメールで通知されたり、「設定」アプリの中で通知されたりします。

ちなみにソフトウェアアップデートを行うときは、❶電源につないでおく、❷インターネットにWi-Fiで接続しておく、という条件があります（モバイルデータ通信ではできません）。

次にソフトウェアアップデートの手順を説明します。

Androidでは、❶「設定」アプリをタップ➡❷「システム」をタップ➡❸「詳細設定」をタップ➡❹「システムアップデート」をタップ➡❺「ダウンロードしてインストール」をタップ➡❻パスコードを入力➡❼利用規約画面で「同意」をタップ➡❽ダウンロードが完了したら「今すぐ再起動」をタップ➡❾自動的に最新のOSのダウンロードが始まり、その後インストールが始まり、スマートフォンが再起動されます。

iPhoneでは、❶「設定」アプリをタップ➡❷「一般」をタップ➡❸「ソフトウェアアップデート」をタップ➡❹「ダウンロードしてインストール」をタップ➡❺パスコードを入力➡❻利用規約画面で「同意」をタップ➡❼自動的に最新のOSのダウンロードが始まり、その後インストールが始まり、スマートフォンが再起動されます。

Android

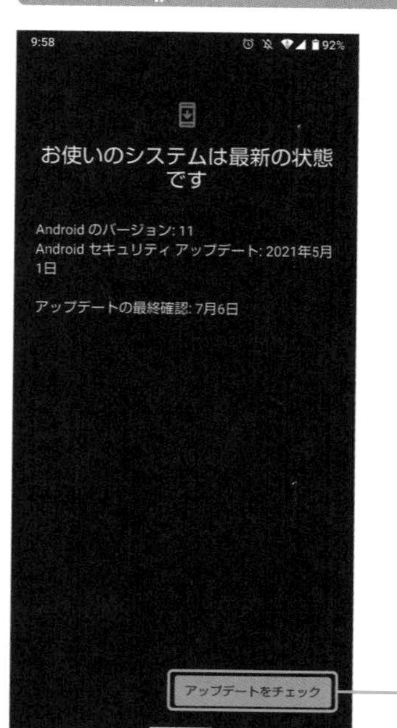

タップしてシステムをアップデートできるか確認できる

iPhone

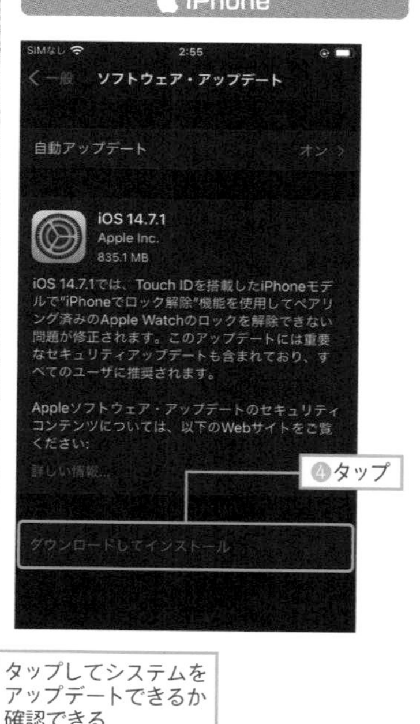

アドベンチャーゲーム

ゲームのジャンルの1つ。ヒントを集め、謎を解いていくゲーム。

プレイヤーはゲームの主人公となり、冒険をするというものです。**AVG**ともいいます。**ロールプレイングゲーム**（**RPG**）のような、キャラクターの成長を楽しむ要素は少なく、一般に物語性が強いのが特徴です。近年は、アクションなど他の要素との複合型（**アクションアドベンチャー**）が主流です。

関連▶ゲームソフト

▼アドベンチャーゲーム「L.A. Noire」

by The GameWay

アドレス

■**ネットワーク上で接続機器識別のために割り当てられる固有の番号。**

インターネットやLANなど、複数のコンピュータやスマートフォンなどが接続されたネットワーク上で、機器を識別するために割り当てられた番号です。

関連▶ドメイン名／IPアドレス

■**スマートフォンに登録した、住所録（電話番号帳）やメールアドレスのこと。**

関連▶メールアドレス／連絡先／連絡帳

アドレスバー

PCなどで、ウェブブラウザのタスクバー上に表示されるツールバーの1つ。表示中のウェブページのURLを示す。

関連▶URL

アナログ

電圧や電流など、大小や強弱が連続的に変化する量のこと。

数字による飛び飛びの値としての**デジタル**に対する、連続的な変化を表す言葉です。「類似」「相似」といった意味の「analogy（アナロジー）」に由来しています。

関連▶デジタル

アバター

プレイヤーの分身となるコンピュータ上のキャラクター。

SNS、ブログ、オンラインゲームサイトなど、各種コミュニティサイトで利用されています。利用者はアバターを介して、ネット上での会話や買い物を楽しむことができます。髪型、服装などを選んだり、性格や姿などを自由に設定できる場合もあります。

あ

アフィリエイト（プログラム）

リンクを張ってクリックを誘導するウェブ上の広告形態の1つ。

ECサイトが、バナーなどのリンクをウェブページに張り、そのリンクを経由した顧客が、商品やサービスなどを購入した場合に、リンク元のアフィリエイト参加者が報酬を得られるシステムです。

関連▶バナー

▼アフィリエイトの流れ

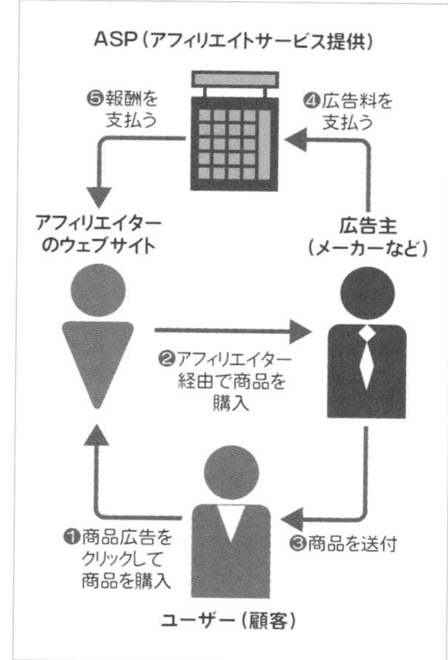

アプリ

プログラムのこと。タップすると起動する。

アプリケーションソフトウェアの略称です。スマートフォン本体の機能としてすでに入っているものと、Google Playストア（Androidの場合）やApp Store（iPhoneの場合）などから端末にインストールして利用するものがあります。

関連▶App Store／Google Play／
次ページ［便利技］参照

▼スマホアプリの例

アプリ一覧画面（ドロワー）

Androidのホーム画面で「アプリ」ボタンをタップすると表示されるアプリの一覧画面のこと。

ホーム画面を一番下から上に向かってスワイプして表示することもできます。

関連▶スワイプ

便利技 生活に役立つアプリや楽しむアプリ紹介（アプリ）

ここでは生活に役立つアプリや楽しくなるアプリを紹介します。

●役立つアプリ

アプリ名称	説明
「トクバイ」 「チラシ見放題Shufoo!」	お得なクーポンやスーパーのチラシが手に入ります。
「賞味期限管理のリミッター（Limiter）」	食品の賞味期限を管理してくれます。
「Yahoo! MAP」	混雑している場所や犯罪・不審者情報がわかります。
「洗濯タグチェッカー」	衣料品のタグに書かれた洗い方がわかります。
「IKEA Place」 「LOWYA」 「iLMiO AR」	部屋の模様替えをしたい、家具を置きたいといったときに、ARの機能を使って部屋と家具の配置のサイズ感がリアルにわかります。

●楽しむアプリ

アプリ名称	説明
「らくがきAR」	手描きしたイラストが動き出します。
「FaceApp」	プロフィール写真を、ほんの少し若返り・キレイにできます。
「全国ロケ地ガイド」 「舞台めぐり」	近くのロケ地がわかります。
「Google Earth」	自宅で世界旅行ができます。

▲チラシ見放題Shufoo!

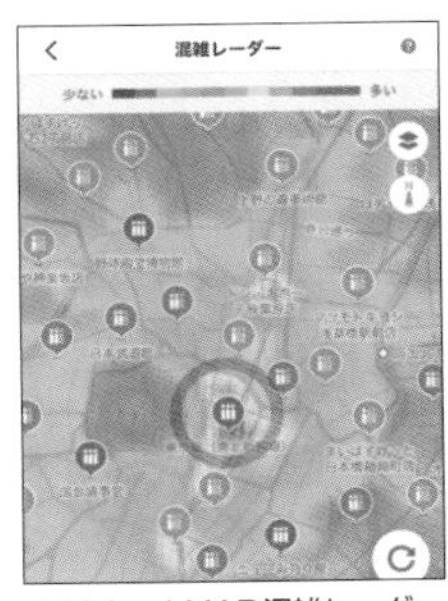

▲Yahoo! MAP混雑レーダー

▲らくがきAR

あ

アプリとデバイスの管理

Google Playストアで、スマートフォンにインストールしたアプリを一覧化したもの。

アップデートを行うほか、データの使用量確認や削除などの管理を行うことができます。マイアプリ&ゲームから管理方法と共に変更されました。

アプリ内課金

ゲームのアイテムを購入したりアプリを拡張する場合に、対価として支払う課金方法の1つ。

基本機能の利用は無料とするアプリが多いのですが、それ以上の機能を利用する場合やゲームの特定のアイテム、コンテンツを利用する場合は有料となることがあります。アプリ内で課金を承認すると、事前に登録した支払い方法で決済されます。

関連▶アイテム課金／次ページ[便利技]参照

アプリ内広告

スマートフォンのアプリの画面の中で表示される広告のこと。

広告を出稿する企業から収入を得ることで、アプリやサービスを無料で提供できます。画面の下側や上側に表示されているもの、ページを移ると表示されるものなどがあります。

アマゾン・ドット・コム

関連▶Amazon.com

アメブロ

サイバーエージェント社が提供するレンタルブログサービス。

アメーバブログの略称。コミュニケーションサービスサイト**Ameba**のサービスの1つで、日本最大級のブログサービスです。芸能人が多く利用していることでも知られています。

アラートボックス

エラーの際に表示されるエラーメッセージの一種。

警告ボックスともいいます。

関連▶エラーメッセージ

▼アラートボックスの例

アラーム

■**操作の間違いや誤った入力があったときに表示される警告、警報のこと。**

あ

便利技 ゲームのアプリ内課金をさせない設定にする（アプリ内課金）

子どものスマートフォンでは、親の承諾なしにアプリやゲームアプリなどでの課金に応じることができないようにしておきましょう。

Androidでは、❶Google Playストアのアプリを起動➡❷右上にあるアカウント名アイコンをタップ➡❸「設定」をタップし、「購入時には認証を必要とする」をタップ➡❹「このデバイスでGoogle Playから購入するときは常に」をタップ➡❺Googleで設定しているパスワードを入力➡「OK」をタップすれば完了です。

iPhoneでは、❶「設定」アプリを起動➡❷「スクリーンタイム」をタップ➡❸「このiPhoheはご自分用ですが、それともお子様用ですか？」画面で「これは子ども用のiPhone」をタップ➡❹「コンテンツとプライバシーの制限」をタップ➡❺「コンテンツとプライバシーの制限」をタップしてオン（緑色が見える）➡❻「iTunesおよびApp Storeでの購入」をタップ➡❼「App内課金」をタップして「許可しない」をタップすれば完了です。

Android

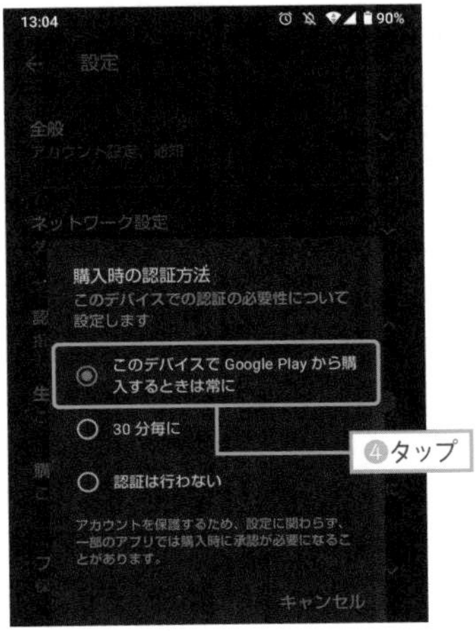

13:04 90%
設定
全般
ネットワーク設定
購入時の認証方法
このデバイスでの認証の必要性について設定します
このデバイスで Google Play から購入するときは常に
30 分毎に
認証は行わない
アカウントを保護するため、設定に関わらず、一部のアプリでは購入時に承認が必要になることがあります。
キャンセル
❹タップ

iPhone

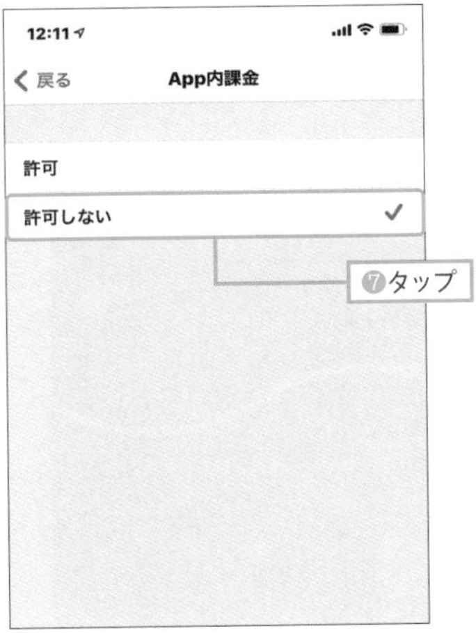

12:11
戻る　App内課金
許可
許可しない ✓
❼タップ

あ

便利技 スマホを目覚ましとして使う（アラーム）

時計アプリには国内の日時を表示する機能に加えて、ストップウォッチやタイマー、アラーム、世界時計（iPhoneのみ）などの機能があります。

ストップウォッチは時分秒を計測でき、ラップタイムも計ることができます。タイマーでは、設定した時間が経過すると、ビープ音や指定しておいた音楽が鳴ります。

AndroidでもiPhoneでもアラームの操作方法は同じです。❶時計アプリを起動して「アラーム」タブをタップ➡❷「+」をタップ➡❸アラームを鳴らす「時」「分」を設定➡❹「保存」をタップすると設定完了です。

iPhone

Android／iPhone共通

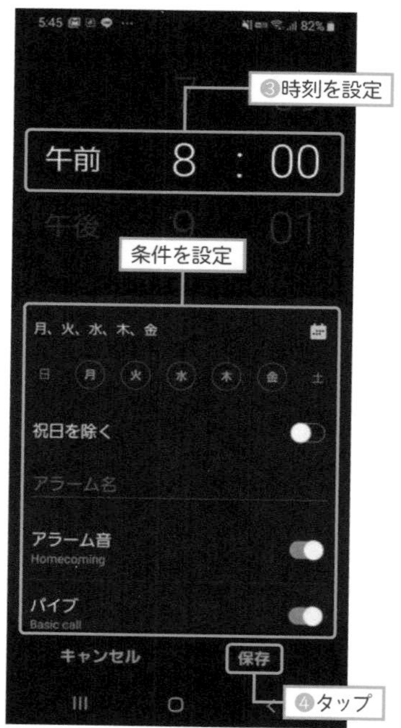

●Siriを使ってアラームをセット

Siriを利用してアラームを素早く設定することができます。手作業で設定するよりもとても簡単です。

「Hey Siri（ヘイ　シリ）」と呼びかけ、「〇時起きる」と話します。するとアラームが「〇時」に設定されます。

■スマートフォンに組み込まれている時計アプリの機能。

指定時間にアラームを設定できます。スヌーズ設定やバイブの鳴動、サウンドや音量の変更などができます。

関連▶前ページ［便利技］参照

アリババ

中国のAlibaba Groupが運営する世界有数のシェアを誇るECサイト。

アリババの主なサービスとしては、ショップやオークションを行う「淘宝網（タオバオ）」、オンライン決済を行う「支付宝（アリペイ）」、ネット通販を行う「天猫（テンマオ）」などがあります。

関連▶BATH

アレクサ

関連▶Alexa

アンインストール

アプリなどのソフトウェアを削除すること。

関連▶インストール／次ページ［便利技］参照

暗号

通話の内容が解読できないようにされているデータのこと。

盗聴などによる情報漏れを防ぎ、通信を安全にするためのものです。暗号化されたものを元に戻す際には、パスワードが必要です。

関連▶暗号化

暗号化（あんごうか）

通話の内容を第三者が読めないようにすること。

暗号鍵を用い、解読不可能な情報（暗号文）に変換することで暗号化された情報を、元の情報に復元することを**復号**といいます。

関連▶キー

暗号資産

インターネット上で流通する電子マネーのこと。仮想通貨ともいう。

インターネット上での支払いや決済などに利用することができます。ただし、国家や中央銀行の信用に裏付けられた法定通貨ではありません。**ビットコイン（Bitcoin）**が特に有名です。改正金融商品取引法（2020年5月1日施行）と改正資金決済法（2021年5月1日施行）により、仮想通貨ではなく、「暗号資産」と表現されるようになりました。

▼通常の通貨と暗号資産の違い

国家が発行する通貨	暗号資産
国家が発行	中心的な発行者はいない
国家が管理	利用者たち自身が管理
国家が価値を保証	国家が価値を保証していない

あ

便利技 不要なアプリをスマートフォンから削除する（アンインストール）

インストールしたものの使わないままになっているアプリはありませんか？　一つひとつのアプリは小さくても、スマートフォンのデータ容量を圧迫することがあります。不要なアプリは削除してしまいましょう。

Androidでは、❶削除するアプリを長押しして、少し動かす➡❷「アンインストール」が表示される➡❸その文字までアイコンを移動して指を離す➡❹「このアプリをアンインストールしますか？」と表示されるので「OK」ボタンをタップします。

iPhoneでは、❶削除するアプリを長押し➡❷「Appを削除」が表示されるのでタップ➡❸「○を削除しますか？」というメッセージが表示されるので❹「Appを削除」をタップします。

Android

iPhone

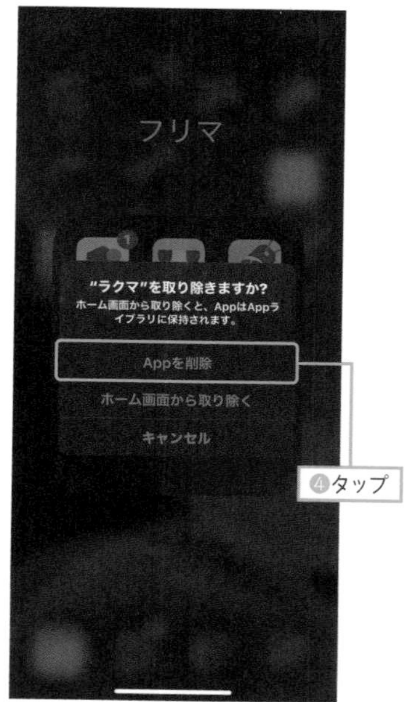

暗号資産取引所

暗号資産の売買を仲介する取引所。

法定通貨を暗号資産に交換する、暗号資産を別の種類の暗号資産に交換する、などの業務を行っています。

関連▶暗号資産／下表参照

アンドロイド

関連▶Android

▼日本で取引される暗号資産の例（2020年8月）

順位	名前（読み方）	単位	時価総額(億円)	1単位の値段(円)
1	Bitcoin（ビットコイン）	BTC	224035	1212902.35
2	Ethereum（イーサリアム）	ETH	45959	40902.95
3	XRP（リップル）	XRP	12595	27.99
4	Bitcoin Cash（ビットコインキャッシュ）	BCH	5202	28114.79
6	Stellar Lumens（ステラルーメン）	XLM	2070	9.99
5	Litecoin（ライトコイン）	LTC	3895	5961.29
7	NEM（ネム）	XEM	890	9.89
8	Ethereum Classic（イーサリアムクラシック）	ETC	789	678.01
9	Basic Attention Token（ベーシックアテンショントークン）	BAT	504	34.55
10	Qtum（クアンタム）	QTUM	348	358.73
11	Lisk（リスク）	LSK	218	173.68
12	Monacoin（モナコイン）	MONA	121	183.69

イースターエッグ

アプリなどのソフトウェアに隠されているメッセージや機能のこと。

アプリ開発者の遊び心で作成された、本来の目的とは無関係な機能や画面をいいます。Androidの場合はゲームが隠されていることが多いです。iPhoneの場合は、画面上に変化が起きるものがあります。

関連▶隠しコマンド

いいね!

ある特定のコンテンツに対して「好き」「楽しい」「支持できる」などの意志を表現するための機能。

この機能は、SNSやインターネット上のフォーラム、ブログなどに備わっています。代表的なものはFacebookの「いいね!」です。

関連▶Facebook/SNS

イタリック

斜めに傾いている書体。

斜体と同義とされるが、もともとは欧文フォントの一種で、筆記体の本文用書体です。

関連▶フォント

▼イタリック体の例

Italic

いたわり充電

バッテリーの寿命を延ばすために、充電速度を調整する機能。

これはAndroidのスマートフォンでの呼び名で、iPhoneの場合は「最適化されたバッテリー充電」といいます。

位置(情報)サービス

スマートフォンやタブレットの現在地を分析して、その場所の周辺にある情報を提供するサービス。

GPS機能で得られたデータやWi-Fi基地局との通信を分析して現在地を割り出し、その近辺のグルメや各種施設、店などの情報をユーザーに知らせます。カーナビやゲームなどでも活用されています。

関連▶GPS/本文381~384ページ[便利技]参照

位置ゲー

位置情報を使ったゲームの総称。

Pokémon GO、ドラゴンクエストウォークなどが有名です。

関連▶Pokémon GO

▼主な位置ゲー

ゲーム名	内容
Pokémon GO	街中を歩いてポケモンを捕まえるゲーム。現実世界のスポットでアイテムを手に入れることができます。
Ingress(イングレス)	Pokémon GOのもとになった位置情報ゲーム。各地の名所を占領していく陣取り合戦が楽しめます。
コロニーな生活	現実の世界を歩くことでゲーム内通貨が手に入ります。ためた通貨を使ってコロニーでの生活を充実させることができます。
国盗り合戦	日本全国を踏破する位置情報ゲーム。移動距離が長く、難易度は高いといわれています。他のアプリで満足できない人におすすめです。
ドラゴンクエストウォーク	ドラゴンクエストの世界と化した現実世界を歩く体験型RPGです。フィールド上のモンスターを倒して成長していきます。

移動体通信(いどうたいつうしん)

固定体〜移動体間や、移動体同士での通信全般のこと。

スマートフォンやモバイルコンピュータなど移動可能な端末による通信の総称です。

関連▶モバイルコンピューティング

イベント

行事や催し物のこと。

ゲーム中では特別な場面や仕掛け、出来事をいいます。

違法コピー(いほうコピー)

著作権者の定めた複製ルールに従わずにコピーされたプログラム、およびソフトウェア。

不正コピーともいいます。著作権フリーをうたったプログラム以外のプログラムコードは、書籍や映画のように著作権が保護されています。プログラムやデジタルデータの場合、いくらコピーを重ねても質が劣化しないため、違法コピーの横行は、オリジナルの開発者にとって深刻な問題となっています。

関連▶カジュアルコピー

イメージ検索

入力したキーワードに関連した画像を表示するインターネットのサービス。

現在のイメージ検索は、画像に付されているキャプションや画像の周辺のテキストから画像との関連性を推測して表

便利技 アプリをインストールしたい（インストール）

購入したスマートフォンには様々なアプリがインストールされています。スマートフォンに慣れてくると、友だちや家族から便利なアプリを教えてもらい、自分のスマートフォンにもインストールしたいと思うことがあると思います。次の手順でアプリをインストールしましょう。

Androidでは、Google Playストア（グーグルプレイストア）からアプリを選んでインストールします。❶「Playストア」アプリをタップ➡❷画面上部にある検索ボックスにアプリの名前を入力➡❸入力した名前に適合するアプリの一覧が表示➡❹インストールしたいアプリをタップ➡❺アプリの紹介画面になったら「このアプリについて」をタップ➡❻「アプリの権限 詳細」をタップ➡❼「インストール」をタップすると、アプリのインストールが始まります（事前にGoogleアカウントを取得し、スマートフォンに登録しておく必要があります）。

iPhoneでは、App Store（アップストア）からインストールをします。❶「App Store」アプリをタップ➡❷画面上部にある検索ボックスにアプリの名前を入力➡❸入力した名前に適合するアプリの一覧が表示➡❹インストールしたいアプリをタップ➡❺アプリの紹介画面になったら「入手」をタップ➡❻「インストール」をタップ➡❼パスワードを入力して「サインイン」をタップすると、アプリのインストールが始まります（事前にApple IDを取得しておく必要があります）。

Android

タップするとインストールが始まる

示します。また、所持している画像と似たものを探す**画像検索**というサービスもあります。

関連▶検索／Google

インカメラ

スマートフォンの正面（画面がある面）に付いているカメラ。

自撮りする場合やテレビ電話をする場合にインカメラを使います。**内側カメラ**ともいいます。スマートフォンの背面にあるカメラは**アウトカメラ**、**外側カメラ**、**メインカメラ**といいます。

関連▶自撮り

印刷

関連▶プリント

インシデント制

問い合わせから解決までを1単位とするサポート方式。

サポートセンターへの問い合わせを質問時間や回数でとらえるのではなく、1つの問題とその解決までを1つの単位として、インシデント1件につきいくらと、有償サポートにすることで、企業は不要な問い合わせを減らし、ユーザーは問題の解決まで、何回でもやり取りを続けることができます。インシデントは、「事故」「出来事」「事変」などと訳されます。

関連▶サポート

インスタグラム

関連▶Instagram

インスタ映え

Instagramで「いいね」を得るための見栄えのよい写真。

色が鮮やか、画質がよい、キレイ、珍しいなどの写真が、これにあたります。

関連▶Instagram

インストール

スマートフォンにアプリを取り込み、利用できるようにすること。

アプリなどのプログラムを、スマホにダウンロードして使用できるようにします。多くの場合、AndroidはPlayストアから、iPhoneはApp Storeからインストールします。

関連▶アンインストール／前ページ［便利技］参照

インターネット

世界中の大小の回線を結ぶ巨大なコンピュータネットワーク。

世界中のコンピュータネットワークを互いに結んだものです。主な機能には、電子メールのほか、WWW、FTPなどがあります。スマートフォンは、データ通信対応の携帯電話事業者（キャリア）が提供する4G、5Gなどの電話回線やWi-Fiを通じてつながっています。

関連▶次ページ上図参照

▼インターネットのサービス

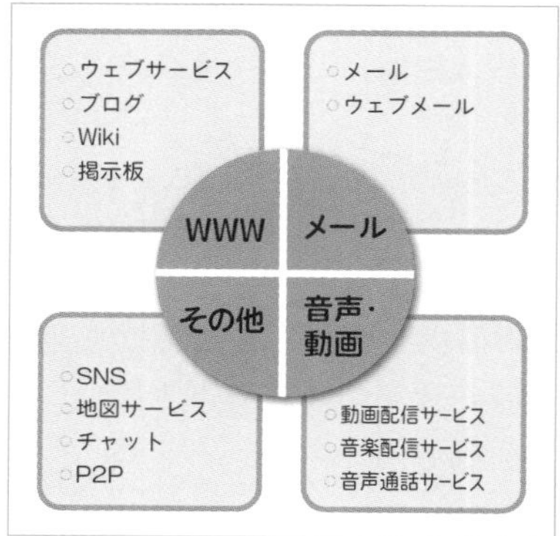

インターネット依存症
（インターネットいぞんしょう）

インターネットを離れて生活できず、情緒が不安定になる精神疾患。

ネット依存、または**インターネット中毒**ともいいますが、「中毒」とは本来、物質の毒性によって障害を起こす疾患であるため、正確な呼称ではありません。ギャンブル依存症に近いとされています。WHO（世界保健機関）の国際疾病分類「ICD-11」にて「ゲーム障害（依存）」が、2022年より依存分野に追加されることになりました。

関連▶**オンラインゲーム**

インターネットテレビ

インターネットを通じて番組を放送するテレビ配信サービス。

アニメ、経済番組、ドラマ、スポーツなど、各放送局ごとに特定のジャンルを放送していることが多いです。テレビ局などが運営している**ABEMA**や**Hulu**、コンテンツ制作会社などが運営する**バンダイチャンネル**、インターネットメディアなどが運営する**DAZN**などがあります。

関連▶**ストリーミング（配信）**

インターネット電話

インターネットを使ったIP電話。

Skype（スカイプ）に代表されるパソコンやスマートフォンで使えるものから、通常の電話機が使えるものまで幅広い種類があり、音声だけでなく映像が利用できるものもあります。

関連▶**IP電話／Skype**

▼インターネット電話（LINE）

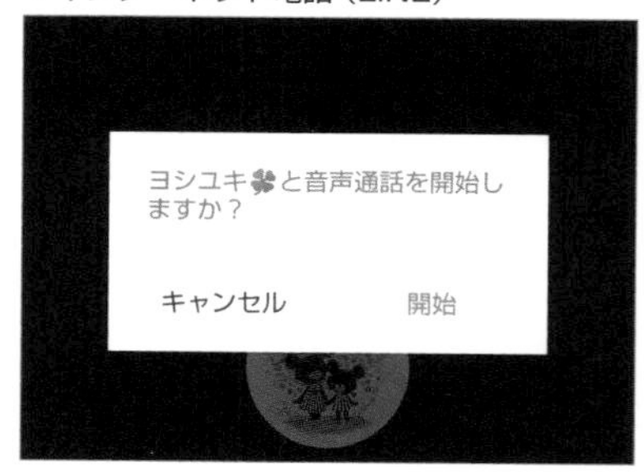

インターネットラジオ

インターネットを通じて、ラジオ番組を提供するコンテンツの形態。

ネットラジオ、ウェブラジオともいいます。従来の、電波を受信して聴取するラジ

い

便利技 聴き逃したラジオ番組を聴くことができる（インターネットラジオ）

NHKや民放のAM、FMラジオの放送をスマートフォンに録音しておけるアプリがあります。タイマー設定をして番組を録音しておきましょう。聴き逃しても大丈夫です。聴き逃して1週間以内の番組なら、アプリを使えばスマートフォンでお気に入りのラジオ番組を聴くことができます。

- **NHKの場合は「らじる★らじる」アプリ**：NHKのAM、FMラジオ放送を録音できます。ラジオ第1（R1）、ラジオ第2（R2）、NHK-FM放送や番組の情報がインターネットを通じて提供されています。AndroidはGoogle Playストアから、iPhoneはApp Storeからそれぞれダウンロードしましょう。

- **民放各社のラジオ番組の場合は「radiko」アプリ**：ラジオ番組一覧表からお気に入りの番組を予約することができます。聴き逃した場合はタイムフリー機能を使えば、過去1週間分のラジオ番組を聴くことができます。

Android／iPhone共通

▼らじる★らじる

▼radiko

オとは異なり、パソコンやスマートフォンなどで聴取します。国内ではradikoなどのサービスが有名です。サービスによっては、録音やストリーミング形式で、期間を設けて好きな時間に聴取できるものもあります。

関連▶radiko／前ページ［便利技］参照

インターフェース

異なる機器間の接続のこと。外部へのデータの出入口をいう。

一般にはPCと周辺機器を接続する際の端子やデータの規格、接続に必要な装置などを指します。また、アプリケーションソフトやコンピュータとユーザーの間でのやり取りを示すものとして、**ユーザーインターフェース**、**マンマシンインターフェース**（**ヒューマンインターフェース**）も、広く「インターフェース」と総称されることがあります。

関連▶ユーザーインターフェース

インタラクティブ

ソフトウェアやサービスなどを双方向に操作できること。

デジタル放送などのマルチメディアサービスの操作や、ユーザーもしくはプレイヤーの意思決定がなければストーリーが進行しないゲームなどの操作をいいます。**対話型**、**参加型**と訳すこともあります。

インチ

長さの単位で、1インチは、12分の1フィート、約2.54cm。

関連▶ディスプレイ

インデント

文書整形において、段落の左右の位置を設定すること、またはその機能。

字下げともいいます。

インフラ

情報技術を利用する際に必要となる基盤となる技術の総称。

情報社会を安定的に機能させる機材やソフトウェア、データ、通信回線、ネットワークなどの総体をいいます。スマートフォンは、いまや社会インフラ、ITインフラとなりつつあります。

インフルエンサー

社会に対する影響力が大きい人のこと。

インターネットの世界では、SNSなどを通して発言することで、人々の消費行動に影響を及ぼす人のことをいいます。

インポート

データをスマートフォンなどに読み込んだり、取り込んだりすること。

例えば、コンピュータにある写真や動画、バックアップしていたデータをスマートフォンで読み込んだりすることです。

関連▶エクスポート

引用記号（いんようきごう）

電子メールの返信などで、行頭に付ける記号。

相手の文章からの引用であることを明示するために、行頭に付ける記号です。通常は「>」が使われます。

う

ウィキペディア

関連▶Wikipedia

ウィジェット

AndroidやiPhoneのホーム画面で動かせるアプリのこと。

ホーム画面上で常に動作しているアプリです。アイコンをタップして起動する手間がなく、いつでも情報を得ることができます。時計やカレンダー、計算機、天気予報などがあります。

関連▶次ページ［便利技］参照

ウィッシュリスト

通信販売サイトなどで、興味を持った商品などをリスト化して、それを他の人にも教えられる機能。

代表的なものに、Amazon.comの「**ほしい物リスト**」などがあります。また、指定したメールアドレスに自分の「名前」「メールアドレス」「ほしい物リスト」を送信する、という機能などもあります。

関連▶ほしい物リスト

ウイルス

ネットワークやディスクなどを介して増殖していく、有害なプログラムのこと。

病原体のウイルスが伝染する様子にたとえて、こう呼ばれています。ネットワークを使って自己増殖するものを、特に**ワーム**といいます。コンピュータウイルスの感染防止対策としては、出所不明のファイルは使用しない、定期的に最新の**ウイルス対策ソフト**で検診する、怪しいリンク先を開かない、などがあります。

関連▶本文36ページ下図参照

ウイルス対策ソフト

パソコンに侵入してくるウイルスを予防・検出・除去するためのプログラム。

ウイルスの感染を防止したり、感染してしまったウイルスの検出や除去（治療）をするプログラムを**ウイルス対策ソフト**、**ワクチン（ソフト）**といいます。

ウーバー

米国の企業で、アプリを使って地域内の店の料理などを宅配する出前サービス「Uber Eats」を提供する会社。

ウェアラブルデバイス

身に着けて持ち歩くことができるコン

う

便利技 写真やいろんな情報をホーム画面に表示する（ウィジェット）

ホーム画面には、家族の写真や天気予報、今日の予定、株価、ニュースなどの情報を表示することができます（ウィジェット機能）。

Androidでは、❶アプリのアイコンを長押しして表示されるメニューから「ウィジェット」をタップ➡❷画面下にウィジェットの候補が表示➡❸ウィジェットを長押しした状態でホーム画面へドラッグ&ドロップ➡❹ウィジェットがホーム画面に掲載されます。

iPhoneでは、❶ホーム画面のアプリのない場所を長押し➡❷アプリが揺れ始めたら指を離す➡❸左上隅の「+」ボタンをタップ➡❹掲示するウィジェットを選択し、表示される3つのサイズから選ぶ➡❺「ウィジェットを追加」をタップ➡「完了」をタップします。

Android

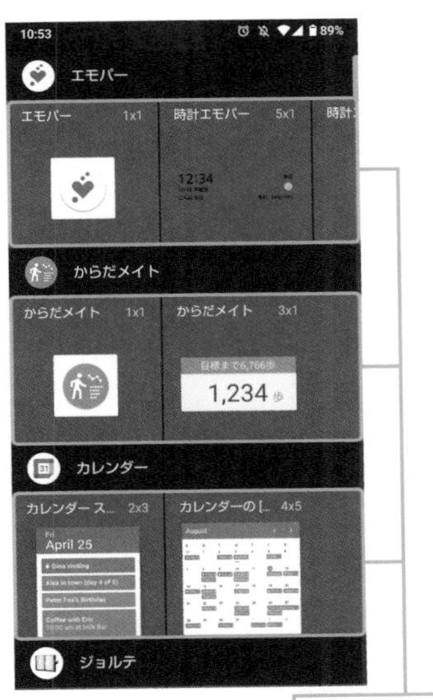

iPhone

Apple Japan提供

ピュータのこと。スマートフォンなどとは異なり、衣服や肌に装着するものを指す。
Apple Watchのように腕に装着して利用するものが存在します。心拍数や運動強度など主に自身の健康管理情報を収集するのに役立ちます。現在、AR技術を応用して、視線を向けた店舗の情報の表示や外国語の自動翻訳など、実生活の中で様々な情報を表示するウェアラブルコンピュータの研究が進められています。

関連▶Apple Watch

▼Apple Watch

ウェブ（Web）

インターネットに接続されているコンピュータで、情報を誰もが見られるように公開するシステム。
情報のつながり方がクモの巣を連想させるため、World Wide Web（**ワールドワイドウェブ**、世界に広がるクモの巣）と名付けられました。Web、**WWW**（**ダブリュダブリュダブリュ**）、あるいは**W3**と略されることもあります。**HTTP**または**HTTPS**というプロトコルを使用し、**URL**を指定することで、ユーザーは、世界中のWeb情報を受け取ることができます。情報は**HTML**という言語で記述され、文

▼ウイルスの感染経路（ウイルス）

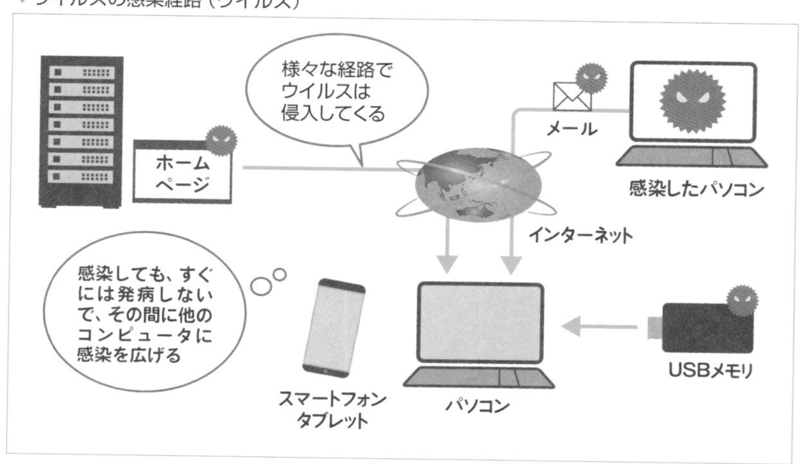

章のみならず、画像や音声をも組み合わせて公開されます。

関連▶HTML／URL

ウェブアプリ

ウェブサーバー上で動作するアプリ（アプリケーション）のこと。

スマートフォンに負担が少ない半面、大量のデータを送受信し、インターネット上にデータを保存するなど、サーバー上で処理を行うため、ネットワークエラーがあると利用できなくなります。

ウェブ（Web）サーバー

スマートフォンなどからの要求に対してネットワークを通じてデータや機能を提供するコンピュータ。

WWWに常時接続されているサーバーで、WWWサーバー、インターネットサーバーなどともいわれます。スマートフォンの利用者が操作するウェブブラウザからのリクエストに応じて内部にあるデータなどを送信します。

関連▶ウェブアプリ

ウェブ（Web）サイト

インターネット上にある情報を表示するためのページの集まり。

ホームページはウェブサイトの最初に表示されるページを指すのが本来の意味です。

関連▶ウェブ（Web）サーバー

ウェブ（Web）ブラウザ

インターネットにあるホームページなどを見るためのアプリケーション。

スマートフォンのウェブブラウザのアプリとして、Google Chrome、Microsoft Edge、Opera Touch、Firefoxがあります。そのほかiPhone専用のSafariもあります。

ウェブ（Web）メール

通常のウェブブラウザで電子メールの作成、送信、受信ができるシステム。

自身のPC以外からでも、ウェブブラウザさえ使えれば利用可能で、出張先やネットカフェ、さらにはスマートフォンでも電子メールの送受信ができます。主なものにGmail（ジーメール）やYahoo!メール（ヤフーメール）があります。

関連▶電子メール（システム）

ウェブユーザビリティ

ウェブサイトの機能上、視覚上の利用のしやすさ。

関連▶ユーザビリティ

ウォレット

暗号資産や電子マネーにおける財布のこと。

「財布」と訳されます。暗号資産の保管だけでなく、送金するときや入金を受けるときにも必要です。買い物などの支払いに使うこともできます。

関連▶**暗号資産／電子マネー**

裏技（うらわざ）

ソフトウェアやハードウェアの、マニュアルには載っていない操作方法。

特にゲームソフトなどには、制作者側が作為的に組み入れる場合もあります。

関連▶**隠しコマンド**

上書き（うわがき）

ファイル保存の際に、既存のファイルの内容を更新すること。

ファイル保存における上書きは、編集開始時に読み込んだファイルと同じ名前のファイルにデータを保存することであり、このとき編集前のデータは失われます。アプリによっては、通常の保存のコマンドを**上書き保存**、新規にファイルを作成して保存するコマンドを**別名で保存**と呼ぶものもあります。

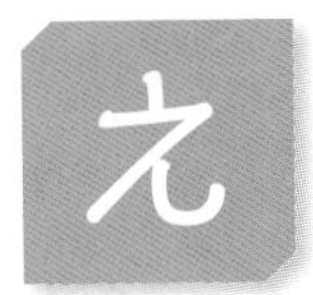

液晶ディスプレイ

液晶をガラス板にはさみ、表示装置にしたもの。

LCDともいいます。**液晶**とは、電圧に応じて液晶の向きが変わることで光の透過率が変化する物質です。液晶のデジタル表示板は古くから用いられてきましたが、**液晶セル**の小型化により、コンピュータやスマートフォンのディスプレイにも使用可能になりました。低消費電力、軽量、薄型が特徴です。

液晶パネル（えきしょうパネル）

液晶ディスプレイの表示部。

関連▶液晶ディスプレイ

液晶プロジェクター（えきしょうプロジェクター）

液晶パネルを用いて映像を拡大投影する装置。

プレゼンテーションなどにおいて、パソコンと接続して大画面で見せることができます。

関連▶プロジェクター／次段写真参照

▼液晶プロジェクター

液晶保護フィルム

スマートフォンの液晶画面の表面を汚れや傷から守る保護フィルムのこと。

エクスポート

スマートフォンからデータを出力する動作のこと。

スマートフォンにおいては、例えば、写真や動画、バックアップしておきたいデータ（連絡先、メール、ブックマークなど）をコンピュータやSDカードなどにコピーする機能のことです。

関連▶インポート

エゴサーチ

インターネット上にある自分の評価や評判を確認するために検索すること。

エゴサともいいます。一般には、自分の名前、ハンドルネーム、社名などを検索エンジンで検索します。まれに誹謗や中傷、意図しない個人情報が書かれていることがあります。

エディタ

文章や絵などを編集するためのツール。

単にエディタといった場合は、一般に**テキストエディタ**を指します。また、画像を編集するプログラムの場合は**グラフィックエディタ**ともいいます。

関連▶テキストエディタ

エフェクト

画像や音声などの入力情報に対して処理を施し、出力時に何らかの効果を出すこと。

画像を揺れたように変形させたり、音声を別人のようにしたりする処理をいいます。そのための装置を**エフェクタ**、複数の機能を持つ装置を**マルチエフェクタ**といいます。

絵文字

メールなどの文章中で、表情や物をイラストで表したもの。

笑顔や泣き顔といった表情、ケーキや自動車といった物などを目で見てわかるように表現できます。日本の携帯電話のメールサービスに収録されたものから爆発的に世界に広まったため、英語でもemojiとなっています。Unicodeで共通の絵文字が設定されるようになりました。

関連▶**顔文字／スタンプ／Unicode／次ページ[便利技]参照**

▼iPhoneの絵文字一覧

エラー

コンピュータの運用中に生じる各種の誤り。通常は、プログラム上、およびデータ上の誤りをいう。

エラーメッセージ

アプリケーションやシステム上でエラーが発生した場合に、画面に表示されるメッセージ。

炎上

インターネット上で社会的に不適切な発言をすることで、周りから一斉に非難や批判をされること。

故意の場合も意識していない場合もあ

便利技 絵文字はどうやって入力するの？（絵文字）

メールやLINE、Twitterなどのメッセージを送るときに、文面の中に絵文字を入れたいときがあります。

スマートフォンに標準で用意されている絵文字のほか、LINEで使える絵文字もあります。

絵文字は次の手順で入力することができます。

❶文字入力のときに、画面下に表示されるキーボードの左にある絵文字アイコン ☺記 をタップ➡❷絵文字の中から入力したいアイコンを選んでタップします。

Android／iPhone共通

りますが、他者への悪口や攻撃、下品な発言や行動をすることで、周囲から非難されます。また、その非難の発言を見た人がさらに発言を取り上げることで、無関係な第三者にまで幅広く、不適切な発言が広まっていきます。なお、周囲の人が発言を周りに広めてくれることから、商品のPRや個人の認知に利用するためわざと炎上させることを、**炎上マーケティング**、**炎上商法**といいます。

エンターキー

関連▶Enterキー

エンドユーザー

コンピュータシステムやアプリケーションソフトを利用する人。

一般には、アプリケーションソフトやスマートフォンのアプリの**利用者**を指します。

関連▶エントリー

エントリー

入門者、初心者のこと。

エントリーユーザーともいいます。

欧文フォント（おうぶんフォント）

英語、ドイツ語、フランス語など、欧米で使われているフォントの総称。

関連▶フォント

オークションサイト

インターネット上のオークション。

商品を出品し、競売形式で他のユーザーが購入するためのサイトです。不要な商品を換金したり、掘り出し物を手に入れたりできることから、利用者が急増しました。現在では**ヤフオク!**や**楽天オークション**、**モバオク**などのサイトがあります。

関連▶次段画面参照

オートコンプリート

過去に入力したことがあるデータを候補として表示して、入力の途中で選択できる機能。

先頭から数文字分を入力すれば自動的に候補が表示され、そこから確定することができるので、長い文章の入力などを簡略化できます。

▼オークションサイトの例（ヤフオク！）

オートセーブ

ワープロなどの機能で、作業中自動的にデータを保存する機能。

編集中のファイルを一定時間ごとに自動保存し、突然のシステムダウンなどが起きても、被害を最小限にします。**自動保存**ともいわれます。

関連▶自動保存

オートフォーカス

カメラが自動的に焦点(ピント)を合わせる機能。

デジタルカメラなどの場合は、シャッターボタン(レリーズ)を半押しすることなどによって作動します。

関連▶デジタルカメラ

オープンプライス

メーカーが小売価格、定価を設定しないで、価格を各小売店に設定させる方式。

値引率の表示によってブランドイメージ低下を招かないよう、オープンプライス制が導入されることが多くなっています。しかし、消費者にとっては、商品の適正価格がわかりにくい、比較が難しい、などの問題もあります。

お気に入り

何度も訪れるウェブサイトのアドレス(URL)を記録しておくためのもの。

ブックマークとも呼びます。ブラウザ上の「お気に入り」メニューから「お気に入りに追加」を選択することで、記録しておきたいURLを登録することができます。

関連▶ブックマーク

置き配

荷物を手渡しせずに商品が置かれ、配送完了となる配送オプション。

在宅であっても留守にしていても、指定した場所に商品を置いて配達員は帰ります。置き配対象の地域では、指定がないかぎり、玄関先への置き配が基本となります。Amazon、日本郵便、楽天、ヤマト運輸などで対応しています。

オキュラス

関連▶Oculus／Oculus Quest 2

おサイフケータイ

スマートフォンに組み込まれたFeliCa(非接触通信用チップ)を利用する電子決済のこと。

携帯電話やスマホにFeliCaのチップを搭載することで、「Suica」や「Edy」のサービスを利用できるほか、電子マネーを入金(チャージ)することができます。

関連▶FeliCa

オタク

パソコンやアニメ、ゲーム、コスプレなど、特定の趣味や興味に極度に傾倒する人のこと。

一般にはサブカルチャーに没入する若者の総称です。もともとは、誰に対しても「オタクは」と話しかけることに象徴される没人格的な人、ともすれば社会性を失い、独善的な思考をする人の意味でしたが、近年は、興味の対象への広く深い知識と大衆文化的側面から、海外でも高く評価され、世界語化しています。

オフィシャルサイト

企業や著名人（芸能人、文化人、政治家など）が自ら開設、公開しているウェブサイト。

公式サイトともいいます。著名人の場合は、特定のファンが運営するサイトを公認して（**公認サイト**）、それをオフィシャルサイトとする場合もあります。

関連▶サイト

オフ会

インターネット上のSNSやチャットで知り合った者が、実際に集まること。

ネットワーク上（on-line）での会合と分ける意味で**オフ**（off-line）**会**といいます。**オフラインミーティング**と同義です。

関連▶SNS

オプション

基本的な構成の製品本体のほかに任意に選べる追加機能や追加機器。

ハードウェア、ソフトウェア共に使われる用語で、増設メモリ、アプリケーションソフトなどもオプションといわれます。

オプトアウト

宣伝・広告などのメール配信や、サービスを利用する際の個人情報利用をユーザーが拒否することをいう。

以前は、広告メールに「未承諾広告※」と記載すれば違法ではありませんでしたが、「**特定電子メールの送信の適正化等に関する法律**」が2008年に改正されてからは、むやみに送ることはできなくなりました。

関連▶オプトイン

オプトイン

ユーザーに事前に許可を求める必要があることをいう。

オプトは「選ぶ」「決める」という意味があります。宣伝・広告などのメール配信や、サービスの利用時に個人情報を利用することについて、ユーザーによる事前の許諾が必要な場合をいいます。

関連▶オプトアウト

オプトインアフィリエイト

無料のメールマガジン（メルマガ）を紹介し、その紹介報酬を受け取ることで稼ぐアフィリエイト手法。

メールマガジン以外にもブログやNoteを紹介し、ユーザーが紹介記事経由でアクセスすることで紹介料収入を得られます。もととなるサイトや商品が不要なため手軽に始められます。その半面、情報商材の販売などのトラブルやユーザー情報の流出などの問題もあります。

オプトインメール

ユーザーがあらかじめ受け取りを承諾することにより、企業などが広告・宣伝のために送るメールのこと。

オプトインとは、送付にあたって承諾を得る必要性がある、という意味です。迷惑メールと区別できることから、広告メールはほとんど、この形式となっています。ユーザーの事前承諾なしに送付するメールは**オプトアウトメール**と呼ばれます。

オフライン

物理的または論理的に、他の機器と切り離されている状態。

ネットワークでは、端末がサーバーやネットワークに接続されていない状態をいいます。逆の状態は**オンライン**といいます。

関連▶**オンライン**

オペレーションシステム

システムやネットワークを管理し、業務システムを円滑に運用するための仕組みのこと。

オペレーティングシステム

関連▶**基本ソフト／OS**

オムニチャネル

店舗だけにこだわらず、通販、ネットアプリなどを含め、あらゆる場所で顧客と接点を持とうとする戦略。

スマートフォンの普及により、消費者の行動が多様化したため、小売業が「誰にどうやって買ってもらうか」という考えにシフトして生まれた戦略だといわれています。実店舗とECサイトの情報管理を1つにすることによって顧客をフォローし、顧客満足度を高めて機会損失を防ぎます。この場合のオムニとはすべて、チャネルとは接点を表します。

重い（おもい）

プログラムの負荷が大きく、処理が遅い状態のこと。

ヘビーともいいます。逆を「**軽い**」といいます。また、インターネットやネットワークで、サーバーやネットワーク全体への負荷が大きく、処理やレスポンスが遅い場合も「重い」と表現します。

関連▶**軽い**

オリジナル

原型、原作といった意味。

PCなどのコンピュータにおいては一般に、正規ユーザーがシステムディスクなどの複製をとった場合の、もととなる保存用マスターをいいます。

関連▶**違法コピー**

音楽配信サービス

インターネットなどを通じて楽曲データや聴取権を販売するサービスのこと。

ウェブサイトなどで試聴して気に入った曲を購入する方式です。1曲ごとに購入するものと、月額使用料を払って聴き放題になるものがあります。

▼音楽配信サービス

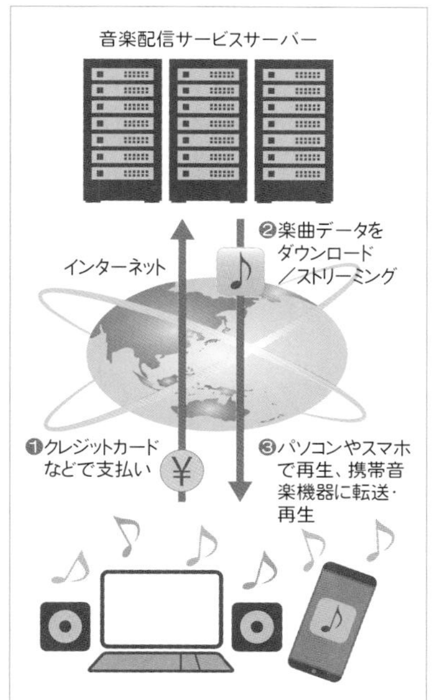

音声アシスタント

ユーザーとの音声による対話により情報の検索や端末の操作などを行う機能やサービスのこと。

自然な会話形式で、音楽をかけたり電気やテレビをつけたり、グルメ情報や交通情報を検索したりすることができます。音声アシスタントとしては、アップルのSiriやグーグルのAssistant、アマゾンのAlexaなどがあります。スマートフォンのほか、タブレットやスマートスピーカーなどに搭載されています。

関連▶**音声認識**

音声応答システム

人間の音声を使ってコンピュータに情報を入出力させるシステム。

一般に、入力には**音声認識**の技術が、出力には**音声合成**の技術が使われます。iPhoneのアプリ「Siri」などで実用化されています。

関連▶**音声合成**

音声合成

デジタル化された音声信号を使い、人工的に音声を作り出すこと。

微妙なアクセントなどを問わなければ、そう難しいことではなく、Macにおける英文テキストの読み上げなど、はじめから音声合成機能が搭載されているパソコンもあります。

音声通信

スマートフォンでいう音声通信とは、090／080／070の電話番号による通

話のこと。
LINEやSkypeによる通話は音声通信ではなく、データ通信を利用した通話です。

音声入力

音声を認識して、文字（テキスト）を入力すること。

関連▶次ページ［便利技］参照

音声認識

音声をコンピュータで解析してデジタルデータに変換する機能。
これによりキーボードやマウスを使わずに、文字入力やコマンドの選択ができます。スムーズに利用するには、事前になまりや声の癖などを認識させておく必要があります。

関連▶音声アシスタント

オンデマンド

CATVなどで、ユーザーの要求する画像や音声を提供するサービス形態。
映像の場合を**ビデオオンデマンド**、音声の場合は**オーディオオンデマンド**といいます。

関連▶ストリーミング（配信）／ビデオオンデマンド

オンライン

インターネットのようなネットワークに接続され、利用できる状態をいう。
一般には、機器同士がケーブルまたは無線で接続された状態のことです。反対の状態を**オフライン**といいます。「オンラインゲーム」「オンラインサインアップ」「オンラインシステム」「オンラインショッピング」などは、すべてネットワークに接続された状態で利用できる機能やサービスです。

関連▶オフライン

オンラインゲーム

不特定多数のユーザーが、ネットワークを通じて同時に参加するゲーム。
オンラインで協力プレイや対戦プレイを楽しむことができます。**ネットワークゲーム**ともいいます。

オンラインサポート

企業がウェブサイトや電子メールなどを利用して行うカスタマーサポート。
遠隔操作による画面共有、ビデオチャットなどを併用するオンラインサポートなどもあります。

関連▶インシデント制

オンラインショッピング

インターネットなどのネットワークを利用したショッピングサービス。
商品などの購入申し込みをインターネットで行うことができます。オンラインショッピングサービスには、受注用の独

便利技 文字を音声で入力する（音声入力）

文字を入力するには、文字入力用のキーボードを使う、音声で入力する、などの方法があります。

ここでは音声入力の方法について説明します。

❶キーボードのマイクのアイコンをタップ➡❷音声入力画面になるので、入力する言葉を音声で入力します。

音声入力の画面をタップすれば、キーボードの入力画面に戻ります。

Android／iPhone共通

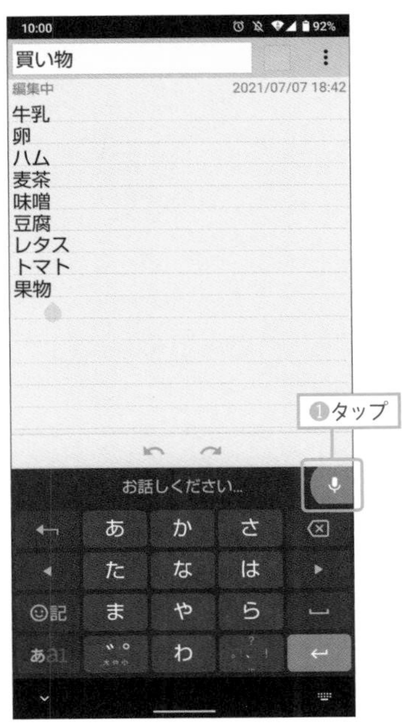

自のウェブサイトを設けている場合や、インターネットのショッピングモールの中に出店している場合などがあります。支払いには多くの場合、クレジットカードを使用します。主なショッピングモールとして**Amazon.com**や**楽天市場**などがあります。

関連▶B to C／eコマース

オンラインストレージ

インターネット上にファイルをアップロードし、共有する機能のこと。

クラウドストレージとも呼ばれます。インターネット上にファイルをアップデートすることで、円滑なデータ共有やバックアップの役割を果たします。Microsoft OneDriveやDropbox、Googleドライブ、iCloud Driveなどが有名です。

関連▶ストレージサービス／ファイル共有サービス

オンライントレード

個人投資家が回線を通じて株式などの売買を行うこと。

ウェブブラウザや携帯端末を使って、証券会社や投資会社のサイトに接続し、取引します。

オンラインマニュアル

システムの内部に組み込まれている電子化されたマニュアル（取扱説明書）のこと。

ユーザーが見たいときに、随時、ヘルプ機能やガイダンス情報として呼び出すことができます。「オンライン」といっても、必ずしもコンピュータネットワークを利用しているわけではありません。**オンラインヘルプ**ともいいます。

カーソル

現時点での画面上の入力／操作位置を示すマーク類の総称。

文字を入力する場合は**文字カーソル**、マウス位置を示す場合は**マウスカーソル**と呼ばれます。カーソルの形状はアプリケーションごとに異なり、一般に文字カーソルの場合、I型の記号（**アイビーム**）や縦棒が文字と文字の間に表示されるものがあります。

関連▶カーソルキー／次ページ［便利技］参照

▼マウスカーソルの例

カーソルキー

カーソルを上下左右に移動させるキー。

方向キー、**矢印キー**がこれにあたります。

関連▶キーボード／次段図参照

改行

文章中の任意の部分を次の行に移動させること。

▼カーソルキー

改ざん

悪用を目的として、コンピュータ内の情報を書き換えること。

ネットワークやサーバーに不正にアクセスして、データの消去や変更を行う行為を指します。金融系やオンラインショップなどでは、パスワードや口座番号、クレジットカード番号など、個人情報が盗まれる被害が発生しています。

回線

コンピュータと端末機器、あるいはコンピュータ同士を結んで、情報を送受信する通信線。

通信回線とほぼ同義です。電気事業者が提供する広域通信回線や、LAN等の構内通信回線などがあります。
関連▶LAN

ドットの細かさ、または総ドット数をいう。
ディスプレイの解像度は、ドットの大きさを示すドットピッチ、または表示可能なドットの数で表されます。ドットピッチはドット間の距離を示すもので、狭いほど高精細な表示が可能です。
関連▶ドットピッチ／dpi／次ページ図参照

か

便利技 カーソルを自由自在にドラッグ移動する（カーソル）

メールやSNSなどでメッセージを書いているときに文言の誤りを修正する場合、カーソル位置を移動する必要があります。

Androidでは、❶キーボードの「<」もしくは「>」のキーをロングタップ（長押し）➡❷点滅する縦線カーソルが表示➡❸上下左右にカーソルが移動するようになります。

iPhoneでは、❶キーボードの「空白」キーをロングタップ（長押し）➡❷縦線カーソルが表示➡❸白くなったキーボード上に指を移動するとカーソルが連動して動きます。

Android

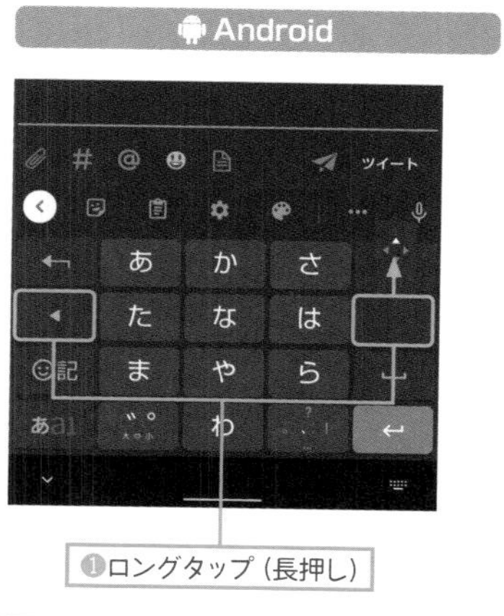

iPhone

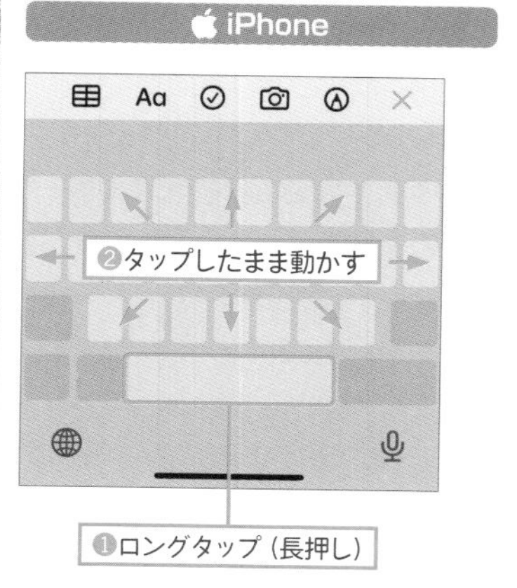

▼解像度の例

高解像度の場合

低解像度の場合

海賊版

違法コピーにより制作・販売されたソフトウェアやコンテンツのこと。

映画や音楽、ゲームソフトなどの著作物を違法にコピーしたものを指します。海賊版をオークションなどで販売し、利益を上げる行為が問題となっています。

会話型

コンピュータ側が情報を示し、人間側がそれに応答すると、次の情報が示される形式。

対話型ともいいます。会話型インターフェースの典型としては、**ウィザード**があります。

カウントフリー

特定のアプリの利用にはデータ通信量を消費しない、というサービス。

例えば、LINEなどのSNSを使ったりYouTubeなどの動画を見てもデータ通信量を消費しなくて済みます。

顔検出

人の顔を判別して顔にピントを合わせるためのカメラの機能。

撮影範囲から顔を検出して、焦点や露出を決定します。複数の顔を認識する、笑顔を認識してシャッターを切る、登録してある顔にフォーカスを合わせる、などの高度な機能を搭載した機種もあります。

関連▶デジタルカメラ

顔認識（システム）

デジタル画像の中から、人の顔を抽出・識別するためのシステム。

画像から人間の顔を識別したり、顔データを解析して個人を識別したりする技術。顔や目、鼻、口、耳などの形、位置などを認識して数値化し、データベースに登録済みのデータや顔写真などと照合して、個人を識別します。監視カメラで群衆の中から犯罪者をピックアップするなど、セキュリティシステムとして使用されることも多いようです。ユーザー認証に人体の特徴を利用する生体認証（バイオメトリクス）の一種でもあります。

関連▶**生体認証**

顔認証

カメラで人の顔を撮影して個人を識別する生体認証のこと。

コンサートやスポーツイベントの入場者チェック、監視カメラによる警備など様々な場面で使われています。スマートフォンのロックを解除する場合、パスワードを入力する代わりに使われます。

関連▶**インカメラ／画面ロック／生体認証／Face ID／下記［裏技］参照**

顔文字

記号や文字の組み合わせで書かれた顔の表情のマークのこと。

電子メールなどでよく使われます。**フェイスマーク**ともいいます。文中に自分の

裏技 マスクをしていてもiPhoneのロックを解除できる（顔認証） iPhone

マスクをしているときは顔認証ができないので、パスコードを入力してiPhoneを開くことになりますが、Apple WatchがあればiPhoneのロックを解除することができます。以下の手順で設定します。

❶「設定」アプリを起動して「Face IDとパスコード」をタップ➡❷「Face IDとパスコード」の「APPLE WATCHでロック解除」をタップしてオン（緑色）にする➡❸表示される確認画面で「オン」をタップします。

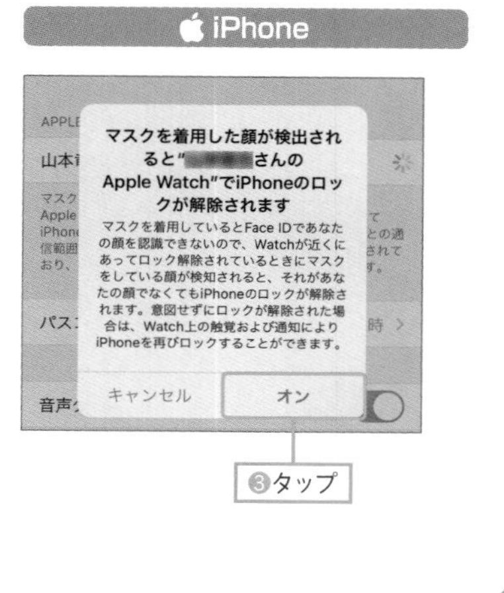

▼顔文字（フェイスマーク）一覧

顔文字	意味
(^_^)	うれしいとき（笑顔）
(^^)	
(^o^)	
(-_-;)	冷や汗（苦笑）
(^_^;)	
(;・∀・)	
(・_・;)	
(T_T)	悲しいとき（泣顔）
。・゜・(ノ∀`)・゜・。	
(;_;)	
(；；)	
(^_-)	ウィンク
(_ _)	謝っているとき
m(_ _)m	
m(__)m	
φ(..)メモメモ	メモしている
(-_-メ)	怒っているとき
(#゜Д゜)	
(・へ・)	
(;_;)/~~~	バイバイ、さよなら
(^^)/~~~	
(。-ω-)zzz...	寝ている
(-_-)zzz	
(-。-)y-゜゜゜	一服しているとき
(゜_゜)	考えているとき
(゜゜)	困っているとき
(-_-)	
(^O^)／	やあ、おーい
(^_^)/	こんにちは
σ(゜∀゜)オレ	ぼく、わたし
(*´Д`)ハアハア	興奮している

顔文字	意味
(゜∀゜)o彡	興奮している
(゜Д゜)ハア?	驚いたとき
(+_+)	
(@_@)	
(´ε`)チュッ	キス
(\´ω`)	ぐったり
_(┐「ε:)_	
☆ミ	流れ星
(・・)	目が点
(・_・)	
(´д`)=3	ためいき
(；´д`)トホホ...	とほほ
(?_?)	はてな
＼(^o^)／	大喜び（バンザイ）
(´ー`)フッ	ふっ
(^^)v	ブイ、ピース
(^_^)v	
(u_u*)	照れているとき
(*^-^*)ポッ	
(〃▽〃)	
(^^ゞ	頭をかいている

顔文字（米国式）	意味
:-)	うれしいとき（笑顔）
:->	
8-)	
:-(	怒っているとき
:-<	悲しいとき
8-(	
:-P	冗談

感情や状態を入れる場合に使われます。例えば、(^_^)は「笑顔」など、記号や文字の組み合わせ次第で様々なバリエーションがあります。米国では、:-Pは「冗談」、:-<は「悲しい」など横向きで書かれています。

関連▶前ページ表参照

書き込み

■データを何らかの記憶媒体に記録すること。

■インターネットの掲示板(BBS)に意見を掲載すること。

掲示板などにおいて読むだけで書き込まない人を、「Read Only Members」の頭文字をとって「**ロム**(ROM)」と呼ぶことがあります。

課金

アプリやソフトを利用する権利を購入すること。また、アプリ内のコンテンツを購入すること。

ゲームアプリなどでアイテムを購入する際に用いられます。課金をまったく行わないことを**無課金**、かなりの額をつぎ込むことを**重課金**と呼び、その中でも日常生活に支障をきたすようなユーザーは**廃課金**と呼ばれ社会問題となっています。

関連▶アイテム課金／ガチャ

架空請求メール

債務のない相手に対して架空の請求書を送り付ける、という詐欺行為の1つ。

アダルトサイトや出会い系サイトの大半は利用料を電子メールやSNSで請求するため、短時間に多数の相手に架空の請求書を送り付けることができます。利用者には勘違いや後ろめたさから公にできず支払う人がいることから、犯罪が成立してしまいます。架空請求メールを受け取ったら、第一に無視すること、しつこいなら、消費生活センターや各都道府県警察のサイバー犯罪相談窓口に相談します。

隠しコマンド

マニュアルや仕様書などでは公表されていない、隠された機能や命令。

隠し機能ともいいます。特定のキー操作で実行される処理のことです。開発者のいたずらなど、特にジョーク色の強いものを**イースターエッグ**(Easter egg)といいます。

関連▶イースターエッグ

学習機能

ユーザーが使用すればするほど、処理がより効率よく正確に行えるようになっていく、アプリケーションの機能。

かな漢字変換にも搭載されています。使う頻度の高い漢字ほど変換候補の上位に集まるようになって(頻度学習)、漢字変換の手間を減らしたり、読みの長い連文節も正確に変換できるようになるという利点があります。

関連▶かな漢字変換

拡張

コンピュータに様々な機器を付加し、性能や機能を向上させること。

拡張機能

関連▶アドオン

拡張現実

関連▶AR

拡張子

OSやアプリケーションソフトでの、ファイルの種類を表す文字符号で、ピリオドの後ろ数文字のこと。

ファイル形式を示す「**txt**」「**exe**(エグゼ)」「**sys**(シス)」や、アプリケーションの種類を示す「**xlsx**」「**docx**」などがあります。

関連▶ファイル／ファイル形式／次段表参照

▼拡張子の例

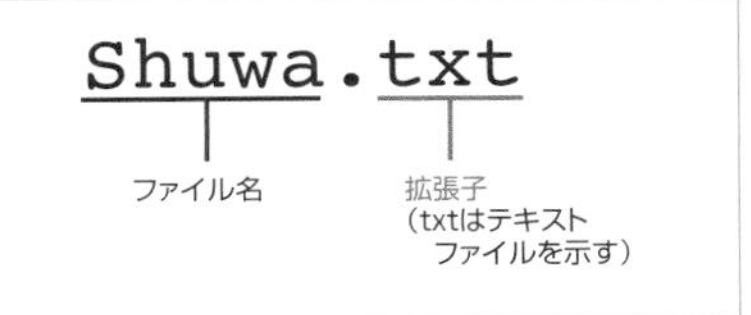

▼拡張子とファイルの種類

拡張子	ファイルの種類
exe	EXE型実行ファイル
com	COM型実行ファイル
bat	バッチファイル
txt	テキストファイル
prn	プリントファイル
sys	システムファイル
drv	デバイスドライバ
dic	辞書ファイル
hlp	ヘルプファイル

格安スマホ

格安SIMとセットで販売される安価なスマートフォンのこと。

ドコモやau、ソフトバンクなどの大手の移動体通信事業者(キャリア)ではないMVNOという種類の通信サービス会社が販売しています。MVNOの多くはドコモなどのキャリアの回線を間借りしています。格安スマホはSIMフリーです。

関連▶格安SIM／MVNO

格安SIM

スマートフォンのデータ通信量を安く抑えるためのSIMカード。

データ通信プランに制限をかけたり、サービスを最低限に絞ることで、月々に支払う通信料を安く済ませることができます。また、スペックを抑えた安価なスマートフォンを**格安スマホ**と呼びます。

この２つは併用されることが多いです。

関連▶SIM(ロック) フリー

▼FREETELの格安SIM

FREETEL提供

ガジェット

目新しい・面白い小物、携帯用の電子機器の意味。

デジタルカメラや携帯オーディオプレイヤー、ICレコーダー、スマートフォン、タブレット、携帯ゲーム機など、一般に小型のIT機器のことをいいます。

カジュアルコピー

著作権者の権利侵害を意識することなく行われてしまう、ソフトウェアや音楽などの違法複製行為。

友人から借りたものやレンタル品に対して、何気なくコピー行為をしてしまうため「カジュアル」と呼んでいます。著作権者にとって1件あたりの被害額が小さいため表面化しづらいですが、件数は膨大なものと推定されています。

関連▶**著作権**

カスタマイズ

動作オプションや操作方式を、ユーザーが使いやすいように設定すること。

関連▶**環境設定**

画素

画面、画像表示の最小単位。また、デジタルカメラなどの受光素子のこと。

ピクセル(**pixel**)ともいいます。

関連▶pixel

仮想空間

インターネット上で提供される、現実世界を模した空間。

会員登録したユーザーは、アバター(キャラクター)の操作などにより、その空間を動き回ったりチャット機能で会話したりすることができます。暗号資産を利用した買い物などもできます。PR、イベントの開催など、企業や教育機関などによる活用もあります。

関連▶AR／MR／SR／VR

仮想現実

関連▶VR

仮想通貨

関連▶**暗号資産**

画像認識

デジタルカメラなどで撮影した画像から、点や線、特定の領域などを抽出し、対象物を認識する技術。

背景と対象物の分離、輪郭の抽出、既存データの参照による対象物の特定、文字の認識などの技術が含まれます。最近は人工知能分野の応用で、画像の一部から残りの部分を連想する技術なども研究されています。スマホやPCのログイン時のパスワード代わりやIoT化された住宅の鍵といった本人認証などにも活用されています。

関連▶AI

画像認証

画像に表示されている英数字を入力させて認証を行う技術。

表示される文字はゆがんでいたり一部が隠されていたりして、機械で自動的に読み取ることが難しくなっており、この文字を読み取れるかどうかで、ユーザーが人間であるか否かを判定しています。

▼画像認証

画像に表示されている文字を入力してください。

vittac

大文字と小文字は区別されません

画像ファイル

画像データを保存したファイル。

グラフィックソフトの種類や端末機器の機種によってフォーマット形式が異なりますが、BMPやPNG形式、データ量が大きい写真データなどを圧縮できるJPEG（ジェイペグ）形式などが一般的です。

関連▶ビットマップ／JPEG／PNG

加速度センサー

物体の速度の変化率を検出するための装置。

一定時間に速度がどれだけ変化したかを計測します。ロボットの姿勢制御、乗用車のエアバッグシステム、エレベーターの地震感知器などに利用されます。また、現行のスマートフォンには、加速度センサーが搭載されており、本体の動きの検知に利用され、歩数計や位置情報サービスに使われています。

ガチャ

主にオンラインゲームやソーシャルゲーム内で行われるくじのこと。

アイテム課金でも入手できないレアアイテムを得るために、多額の料金をつぎ込むプレイが問題視されています。有料のものがほとんどですが、プレイ開始特典など無料のものもあります。**ガチャ課金**ともいわれます。

か

便利技 漢字の変換候補の一覧をたくさん見たい（かな漢字変換）

フリック入力やローマ字入力を使って文字を入力すると、変換候補が一覧となって表示されます。候補が多いときは一覧の下の部分が見えません。

そのときは、①一覧の右上にある˅アイコンをタップ➡②表示範囲が広がります。表示範囲を広げても、表示しきれない変換候補が下方向にある場合は、一覧の部分を上方向へスワイプすると残りの変換候補を見ることができます。

Android／iPhone共通

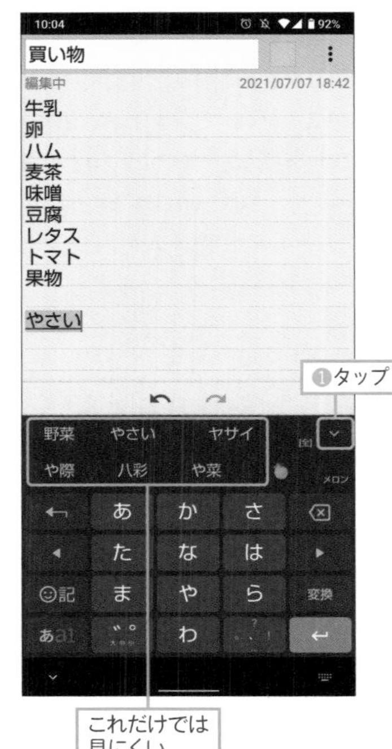

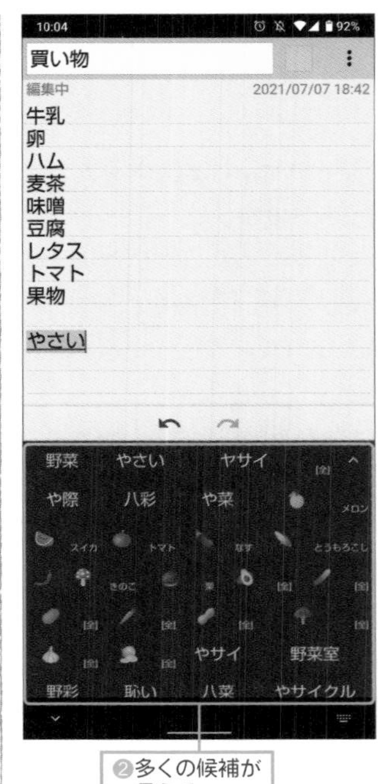

関連▶アイテム課金／基本プレイ無料／RMT

カット&ペースト

文書や画像の編集ソフトなどで、指定した範囲の文字などを別の場所に移動させる機能。

切り取って（**カット**）貼る（**ペースト**）という意味です。**切り貼り**ともいいます。ソフトウェア上では、**クリップボード**という一時的な記憶領域を介して処理します。

関連▶コピー&ペースト

かな漢字変換

キー入力された日本語の読みを、漢字かな交じり文に変換すること。

現在では、日本語入力システムのほとんどが連文節変換に対応しており、文脈から最適な漢字の変換候補を自動選択する**人工知能（AI）変換**モードを備えたものとなっています。

関連▶前ページ［便利技］参照

かな入力

かな漢字変換をする際に、日本語の読みをかなで直接入力すること。

ローマ字入力と区別していいます。**日本語入力システム**の入力モードの1つです。

関連▶フリック入力／ローマ字入力

壁紙

ホーム画面の背後（一番後ろ）に表示される絵や写真、模様などの画像。

ホーム画面やパソコンのデスクトップの背景となります。**ウォールペーパー**ともいいます。

関連▶次ページ［便利技］参照

画面分割（モード）

スマートフォンの画面を2つに分割して2つのアプリを動かすこと。

スマートフォンを縦に使う場合は上下2つの画面になり、横に使う場合は左右2つの画面になります（**マルチウィンドウ**という）。Androidの機能の1つです。

関連▶本文63ページ［裏技］参照

画面ロック

スマートフォンの画面表示や操作ができないように制限する機能のこと。

一定時間操作していない場合にディスプレイの表示が消えて操作ができなくなります。誤動作を防いだり、他人に操作されないための機能です。

ガラケー

「ガラパゴスケータイ」の略称。

独自の進化をした日本製の携帯電話が「ガラパゴス化した携帯電話」と表現されたことから命名されました。独自であっても機能的に劣っているわけではな

か

便利技 スマートフォンの壁紙を好きな写真に変更する（壁紙）

AndroidやiPhoneの背景（壁紙）は、好みの写真あるいはその他の画像に置き換えることができます。

Androidでは、❶ホーム画面の何もないところを長押し（ロングタップ）➡❷メニューが表示されるので「壁紙」をタップ➡❸「壁紙の選択」が表示されるので、画像の保存されているフォルダをタップ➡❹画像の中から壁紙にしたい写真を選択して「壁紙に設定」をタップ➡❺壁紙に設定する場所を選択します。

iPhoneでは、❶設定アプリをタップ➡❷「壁紙」をタップ➡❸「壁紙を選択」をタップ➡❹写真を選ぶので、「すべての写真」をタップ➡❺壁紙に表示する写真をタップして選択➡❻「設定」をタップ➡❼「両方に設定」をタップします。

これで、選択した写真がホーム画面とロック画面の両方に表示されます。

Android

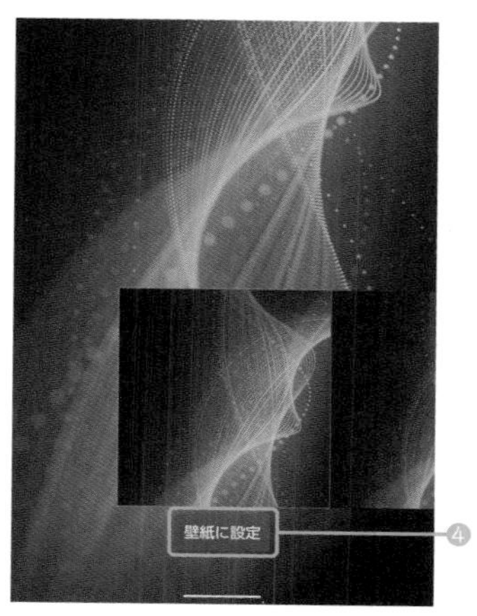

iPhone

Apple Japan提供

裏技 2画面表示を使う（画面分割）

動画を再生しながらウェブページを閲覧することもできます。

画面を上下に2分割してアプリを同時に表示する「画面分割」の機能を使います。

Androidでは、❶「履歴ボタン」(ナビゲーションの□ボタン) をタップ➡❷「履歴表示」で各画面の上部にある歯車のアイコン（アプリアイコン）➡「分割画面」をタップします。

iPhoneでは、ピクチャ・イン・ピクチャを使うと、ビデオ画面を小さくして2画面風にすることができます。❶ビデオを視聴しているときに⧉アイコンをタップ➡❷画面が隅に縮小されて表示されます。

Android

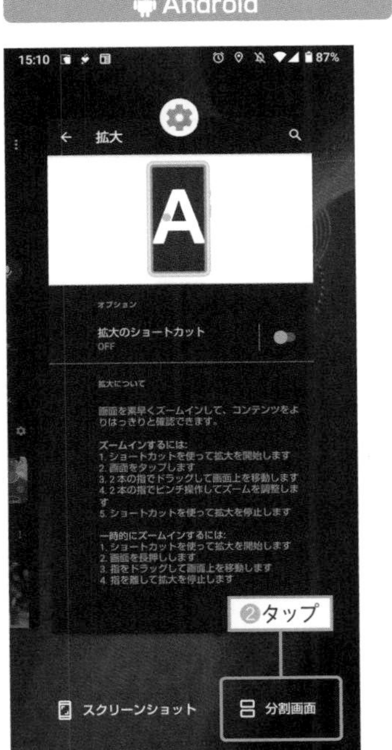

iPhone

Apple Japan提供

いため、**フィーチャー**（特徴的な）**フォン**と呼ぶこともあります。

ガラスマ（ガラパゴススマートフォン）

日本独自の機能を備えたスマートフォンのこと。

ワンセグTVやおサイフケータイなどの機能を持ちます。海外のスマートフォンにも日本独自の機能が導入されることもあります。

ガラホ

スマートフォンのOS（Android OS）や技術、部品などを利用して作られた日本のガラケー（フィーチャーフォンという）の1つ。

かつての携帯電話のように、ボタンが付いていて画面をタッチしなくても使えるデザインになっています。

関連▶**ガラケー**

軽い

プログラムの処理が速い状態を指していう。

逆を**重い**といいます。また、ネットワーク上で負荷が少なく、要求に対しての処理やレスポンスなどの反応が早い状態も、「軽い」と表現します。

関連▶**重い**

環境設定

ハードウェアやソフトウェアを自分の使用状況に合わせて設定すること。

ここで「**環境**」とは、ハードウェアとソフトウェアの設定状況、性能、メモリ容量、ネットワークの状態などを含めた、システム全体の利用可能状態のことです。主にシステム全体が目的の動作をするようにソフトウェアを通して調節することをいいます。

感染

コンピュータウイルスが侵入すること。

ネットワークやUSBメモリ、SDカードなどの媒体を通じて、ソフトウェアに悪意ある不正プログラムが組み込まれることをいいます。通常、一定期間は異常が発生しないため、感染者が知らずに、さらにほかのコンピュータにウイルスを感染させるという**二次感染**の原因となることがあります。

関連▶**ウイルス**

き

キー

■**キーボード上のスイッチ。**

アルファベット、数字、記号を入力したり、カーソルの移動、文字の挿入、削除をするためのキーボードの**ボタン**（**スイッチ**）をいいます。

関連▶キーボード

■**アプリの不正コピー防止のために用いられる機器やIDのこと。**

■**暗号処理の「鍵」のことをキーと呼ぶ。**

関連▶暗号化

キーアイコン

スマートフォンの画面の下部に表示される小さなアイコンのこと。

それぞれのアイコンに機能が備わっていて、タップすると動作します。

Androidの場合は、ナビゲーションバーの真ん中のアイコンをタップするとホーム画面に戻ります。

キー入力

キーボードから文字などを入力すること。

キー入力待ちの場合は、一般にカーソルが点滅します。

関連▶カーソル

キーボード

キーが規格に基づいて並べられている入力装置。

キーの並べ方の規格によって、JIS（ジス）**キーボード**、ASCII（アスキー）**キーボード**などの種類があります。ノートパソコンを除くパソコンのほとんどは、コンピュータ本体とキーボードが分離しています。

関連▶スクリーンキーボード／ソフトウェアキー

▼キーボードの例

キーワード

■**データベースやウェブページで情報を検索する際に入力する語句。**

関連▶キー／データベース

■情報の属するカテゴリーを示す単語。

記憶装置

情報を記憶するための装置。

CPUが直接操作できる主記憶装置（メインメモリ）と、ハードディスクなどの補助記憶装置があります。本体に直接組み込まれているものを**メモリ**、外付けのものを**外部メモリ**などと呼ぶことが多いようです。代表的なものには、ハードディスク、SDメモリ、USBメモリなどがあります。

関連▶SDメモリ（カード）／USB

ギガ

SI（国際単位系）で10億を表す接頭辞で、「G」と略される。

1G＝1000M＝100万k＝10億となります。コンピュータの世界では2の30乗を1G（ギガ）とします。「GHz（ギガヘルツ）」、「GB（ギガバイト）」などのように用います。

関連▶巻末資料（単位一覧）／ギガバイト

機械学習

人工知能が人間と同じように経験から技術や知識を身に付けていく学習方法。

目的や手法によって下表のような種類を使い分けます。身近なところでは検索エンジンや会話型学習ロボットなどで使われています。将来的には、医療診断や市場予測などでも実用化されると考えられ、そこへ向けての研究が盛んです。また、AI（人工知能）が自分で考えて特徴を抽出し、学習することを特に**ディープラーニング**と呼びます。

関連▶ディープラーニング／下表参照

ギガバイト

データ容量を示す単位の1つで、「GB」と略される。

1GB＝2^{10}MB＝2^{20}KB＝2^{30}B。**ギガ**（G）は本来は10億を指しますが、2進数を利用するコンピュータのメモリでは、2^{30}

▼機械学習の種類

学習方式	入力に関するデータ（質問）	出力に関するデータ（教師データ：正解）	主な活用事例
教師あり学習	与えられる	（○）与えられる	スパムメールフィルター
教師なし学習	与えられる	（×）与えられない	アマゾンのおすすめ商品
強化学習	与えられる（試行する）	（△）間接的：正解はないが、報酬が与えられる	将棋、囲碁など

バイト（10億7374万1824バイト）＝1Gバイトとして扱います。ハードディスクやDVDの容量表示では10^9（10億）、2^{30}のいずれかを1Gとしており、混乱の原因となっています。

関連▶巻末資料（単位一覧）

機種変更

電話会社との契約はそのままに、スマートフォンの機種を変更すること。

スマートフォンの利用者が、電話会社（キャリア）との回線契約と電話番号を、別の端末（スマートフォン）にそのまま移し替える手続きをいいます。**機種変**ともいいます。

関連▶本文387ページ参照

偽装URL

偽のアドレスをメールなどで送り付け、アクセスしてきた被害者の情報を抜き取るためのURL。

銀行の振込案内や「個人情報が漏れた」などのメールを送り付け、慌てたユーザーが表示されているURLをクリックすると、偽のサイトが開いて暗証番号や口座番号などの個人情報を入力させようとします。一見すると公式のサイトとよく似たデザインや内容のページとなっています。**フィッシングサイト**と呼ばれます。

関連▶URL

基地局

携帯電話やスマートフォンなどのモバイル端末と直接交信をするための拠点。

アンテナや通信設備などを備えた建造物で、ビルの屋上、電柱、電話ボックス、地下鉄構内などに設置され、郊外や山間部では鉄塔を使って設置されているものもあります。1つの基地局では数十m～十数kmの範囲に電波を発することが可能です。

▼基地局

キックスタンド

スマートフォンの背面に付けて、使用するときはスタンドの足を出して自立させるもの。

テーブルなどにスマートフォンを横向きに置いて画面を見るときに便利です。

き

き

キッズスマホ(キッズケータイ)

auのジュニア・キッズ向けスマートフォン/ケータイ「miraie f」、格安スマホのトーンモバイルなどがある。

GPSによって端末の現在位置を確認する機能や、カメラ付き防犯ブザー機能、出会い系サイトなどの有害サイトを閲覧不能にする機能、ウェブへのアクセスを時間で制限する機能など、子どもが使用するうえで安全を守ることを意識した機能が多く搭載されています。

既定のアプリ

ファイルやサービスを選択したとき起動するように設定されているアプリのこと。

例えばウェブブラウザは、Androidの場合はGoogle Chrome、iPhoneの場合はSafariが既定のアプリとなっています。ほかのウェブブラウザを使いたい場合は、既定のアプリとして設定されているブラウザを変更する必要があります。

技適マーク

電波法の技術基準に適合している機器であることを証明するマークのこと。

日本において無線機を利用する際には、「技術基準適合証明」「技術基準適合認定」の審査に通過する必要があります。国内のスマートフォンは問題ありませんが、海外で売っているものを購入してSIMフリーで使う場合には気を付ける必要があります。

輝度

ディスプレイなどの画面や画像の明るさ。

明るさを調節する機能を輝度調節や**ブライトネス**といいます。パソコンやスマートフォンの機種によっては、輝度センサーが内蔵されていて、画面の明るさを自動的に調節するものもあります。

関連▶ディスプレイ

起動

スマートフォンなどの電源を入れて作動させること。

ブートともいいます。これによりOSが読み込まれ、スマートフォンなどが利用できる状態になります。また、アプリケーションソフトを立ち上げることも「起動(スタートアップ)」といいます。

関連▶立(起)ち上げ

既読

LINEやメッセンジャーアプリで、送信した内容を相手が読んだかどうかわかる機能。

受信者がメッセージを開くと送信内容に「既読」と表示され、読まれたことがわかります。また、既読を付けずに返事を保留することを**未読スルー**と呼びます。既読の表示機能によって受信者が返信する義務感を抱いてしまうなど、近年はSNS疲れが問題になっています。

▼既読のマーク（LINEの例）

機内モード

アイコンをタップすることで、あらゆる通信機能をオフにするモード。

このモードに設定すると、すべての無線通信（電話、メール、インターネットへの接続など）ができなくなり、航空安全基準に従ってスマートフォンを使用することができます。カメラは使えます。

関連▶次ページ［便利技］参照

基本ソフト

コンピュータを動作させるうえで基本的な機能を果たすソフトウェア。

一般にはOS（オペレーティングシステム）を指しますが、ネットワークソフト、各種ツール群など、コンピュータが動作するために必要なソフトウェア、およびアプリケーションソフトに利用させるための基本機能を提供するソフトウェアも含めることがあります。

関連▶OS

基本プレイ無料

アイテム課金や広告収入などでプレイ料金を回収し、基本的なプレイ料金は発生しない方式。

主にスマートフォンのゲームアプリやブラウザ上で遊べるゲームに見られる料金形態です。月額課金モデルに見られる一定期間無料体験とは異なります。

関連▶アイテム課金／ガチャ

キャッシュ

OSやアプリが動作するうえで一時的に必要とするデータのこと。

使用する頻度が高いデータを保存しておくことで、処理を高速化することができます。ただし、キャッシュが多くなるとスマートフォンの動作が遅くなることがあります。

便利技 飛行機に乗るときは電源を切ったほうがいいの？（機内モード）

「機内モード」にすれば、電源を切らなくても大丈夫です。通話やデータ通信、Wi-Fi、ブルートゥース（Bluetooth）の接続を無効にすることができます。

Androidでは、❶画面の上から下に向けてスワイプをするとクイック設定パネルが表示されるので➡❷機内モードのアイコンをタップしてオンにしましょう。

iPhoneでは、❶ホーム画面の右上隅から下方向へスワイプをしてコントロールセンターを表示させ➡❷機内モードのアイコンをタップしてオンに（オレンジ色になる）しましょう。

飛行機を降りたら、機内モードを解除しましょう。

Android

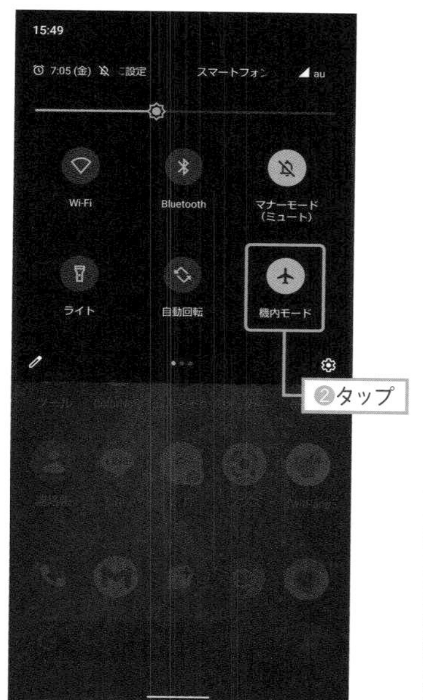

キャッシュレス決済

クレジットカードや電子マネー、金融機関の口座振替を利用して支払うこと。

ICカードやスマートフォンに保存された情報を専用の端末で読み取ることで支払いが完了します。キャッシュレスには「前払い」「即時払い」「後払い」の3種類があります。「前払い」はプリペイド方式のことで、SuicaやPASMO、nanacoのように、一定の金額をチャージしておきます。「即時払い」は、デビットカードのように支払いと同時に銀行口座から代金が引き落とされます。「後払い」は、クレジットカードのように一定の期日以降に請求されます。

関連▶スマホ決済

キャプチャー

ディスプレイに表示された内容を、画像データとして保存すること。

画面キャプチャーともいいます。また、動画をキャプチャーできる**ビデオキャプチャー**（**動画キャプチャー**）もあります。

キャリア

NTTドコモ、au（KDDIグループ）、ソフトバンク社などの携帯電話会社のこと。

電話会社、携帯電話会社など、通信設備を所有して広範囲にわたりサービスを提供する事業者が該当します。また、MVNOのように他社から通信設備を借りてサービスを提供する事業者も含まれます。

関連▶電話会社／MVNO

キャリアアグリゲーション（CA）

高速で通信を行うために、複数の周波数帯の電波を1つにまとめるモバイルデータ通信方式のこと。

キャリアメール

大手の移動体通信事業者（キャリア）が提供するスマートフォン用の電子メールサービスのこと。

NTTドコモではドコモメール、auではauメール、ソフトバンク社ではS!メールと呼ばれています。

キャンセル

意図しない操作が実行されたときに、その操作を取り消すこと。

iPhoneの場合は本体を振る（**シェイク**という）と、意図しないで行った操作を取り消すことができます。

関連▶ダイアログボックス

休止状態

関連▶スリープ

キュレーションサービス

インターネットにある情報を、特定のテーマに沿って収集、再構成するサービス。

いわゆる**まとめサイト**のことです。もとは美術館などで展示物を整理し公開することからきた言葉で、キュレーションを行う人は**キュレーター**と呼ばれます。情報を取捨選択し、キュレーターの好みが介入するという特徴があります。ニュースやつぶやき、イラストなど、いろいろなキュレーションが作られています。

関連▶まとめサイト

行

文字データ、数値データを扱う際の単位の1つ。

扱うデータによって意味が異なります。文書データでは、書籍の行と同じ扱いの場合と、段落（改行マークまで）を指す場合があります。表計算データでは、横方向への並びをいいます。

強制終了

コンピュータやスマートフォンが作動しなくなったときに使う非常手段。

関連▶フリーズ

共有

ほかのスマートフォンと、ファイルや写真を共同で保有したり公開したりすること。

モバイルデータ通信でも共有することができます。

キラーコンテンツ

製品やサービスの普及に強い影響力をもたらすコンテンツのこと。

任天堂の家庭用ゲーム機における「マリオ」シリーズなど、多数のハードウェアがある中で特定のプラットフォームを優位にするようなコンテンツのことをいいます。

キロバイト

データの容量を示す単位の1つ。

1024B（バイト）のことです。本来の**k**（**キロ**）は10^3ですが、2進数の場合、大文字の「K」を用いて記し、$2^{10}=1024$となります。

関連▶巻末資料（単位一覧）

緊急速報メール

気象庁が配信する「緊急地震速報」「津波警報」「特別警報」「災害・避難情報」の対象エリアにいるユーザーに対して知らせるサービス。

近接センサー

対象物までの距離や傾き、種類を検知し、オン、オフを切り替えるセンサーのこと。

スマートフォンの場合、耳にあてて通話するときはセンサーが働いてディスプレイの表示がオフになります。また、顔を近付けるとディスプレイがオンになります。

キンドル

電子ペーパーを使用した電子書籍リーダー。

米国アマゾン社が発売する電子書籍リーダーです。モノクロモデルのディスプレイには、液晶ではなく電子ペーパーが採用されており、高い視認性を持っています。コミックなど大容量のものをダウンロードするにはWi-Fiが必要ですが、携帯電話回線に接続する機能を持っているため、Amazon.comで販売されている電子書籍を、パソコンを介さずに直接購入して読むことができます。カラーで映画や音楽も楽しめるAndroidタブレット端末**Kindle Fire**もあります。また、PCやスマホでキンドル用の電子書籍を読むためのアプリも提供されています。

関連▶**電子書籍／電子書籍リーダー**

▼キンドル（第10世代）

Amazon.com提供

く

クイック設定パネル

Androidの設定の1つで、瞬時に切り替えたい項目の設定ができる。

Wi-Fiやモバイルデータ通信への接続の切り替え、画面の回転、位置情報の通知の有効／無効など、瞬時に設定したい項目が切り替えられる通知パネルです。設定する内容は自由に変更できます。

クイックリファレンス

アプリケーションの基本内容を簡潔にまとめたマニュアル。

簡易マニュアル。使いやすさ、引きやすさ、読みやすさなどの実用性を重視してまとめられたマニュアルの総称です。

グーグル

関連▶Google

グーグルクローム

米国グーグル社が提供するウェブブラウザのこと。

パソコン用、Android用、iPhone／ipad用共に提供されています。

関連▶ウェブ（Web）ブラウザ

空白文字

プリンタやディスプレイへの表示上では見えない文字。

半角、全角1文字ぶんの**スペース**と、数文字ぶんの空白をスキップする**タブ**の2種類があります。

関連▶スペース

ロコミレビューサイト

商品やサービスについて、消費者が感想や評価を書き込み、それを掲載することで集客を行うサイトのこと。

実際に使用したうえでの生の声を確認できるため、消費者は、より役立つ情報を入手できます。一方で、商品提供側が第三者に報酬を支払って、よい評価や感想を書かせる「やらせ」「サクラ」などの問題もあります。

関連▶ステルスマーケティング

クッキー

関連▶Cookie

クックパッド

料理のレシピを共有するためのウェブサイトおよびそれを運営する会社名。

様々な料理のレシピが登録されていて、350万品以上（2021年9月現在）のレシピがあります。利用者は自分のレシピ、レシピを見て作ってみた料理の写真やレポートなどを公開することができます。

クライアント

処理要求をほかのコンピュータ（サーバー）に出して、サービスを受け取る側のコンピュータ。

クライアントとは「依頼人」といった意味ですが、「仕える人」といった意味の、コンピュータネットワーク中のサーバーに対する概念です。

クラウド

インターネット上に写真や動画、データを保管できる機能。

関連▶クラウドストレージ

クラウドコンピューティング

インターネットを通じ、各種のソフトウェアやデータなどを、必要に応じて利用する方式。

IT業界ではインターネットをクラウド（cloud＝雲）と表現することがあり、雲

▼クラウドコンピューティングのイメージ

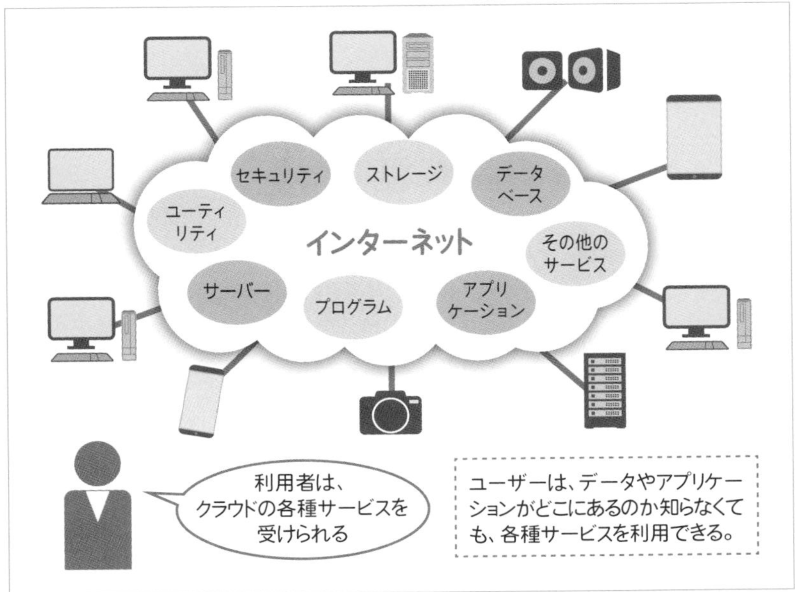

の上からソフトなどが降ってきてそれを利用する、というイメージから、このように呼ばれています。従来はユーザー各自が所有・管理していたソフトウェアやプログラムなどの機能を、インターネットサービスとして利用する形態です。Gmailなどのメールサービス、ファイルを保存するストレージサービスなど、いろいろなものが登場してきています。

関連▶前ページ下図参照

クラウドストレージ

インターネット上にファイルや写真、動画、音楽などのデータを保存するサービスのこと。

スマートフォンからでもコンピュータからでもアクセスすることができ、複数の相手と同じデータを共有することもできます。クラウドストレージの主なサービスには、Googleドライブ、iCloud、Microsoft One Drive、Dropboxなどがあります。

関連▶クラウド／Dropbox／Googleドライブ／iCloud／OneDrive

クラウドファンディング

インターネットなどを通じて、不特定多数から資金を調達する手法のこと。

商品やサービスの製品化などのプロジェクトを実現するために、出資を募るものです。出資者はプロジェクトが実現した際に、投資した金額に応じて見返りを得ることができます。日本では「CAMPFIRE（キャンプファイヤー）」や「Kickstarter（キックスターター）」などのクラウドファンディングサイトで、自分のプロジェクトを紹介し、共感してくれた人からの出資を募っています。

関連▶Kickstarter

クラスタ

Twitterなどの SNSで、同じ趣味や嗜好（しこう）を持つ人のグループを指す。

もともとのコンピュータ用語では、データを記録するディスク内などの、ひとまとまりのデータを呼ぶ単位でしたが、これが転じて、SNSなどのコミュニティサイトで同じような考えや好みを持つユーザーの集団を「クラスタ」と呼ぶようになりました。

クラック

他人のデータやプログラムを不正に盗み見たり、破壊や改ざんなどの行為をすること。

多くの場合は、インターネットなどのネットワークを通じて他人のコンピュータに侵入し、上記のような行為をします。クラックを行う人を**クラッカー**といいます。また、他人のパスワードを不正に暴くことを「パスワードクラック」といいます。

関連▶ウイルス対策ソフト／ハッカー

グラフィック

文字ベースのテキストに対する視覚的なデータの総称。

イラストやグラフ、写真などの静止画像、アニメーションやムービーなどの動画像などを表します。

関連▶コンピュータグラフィック（ス）

クリエイティブ・コモンズ

「新しい知的財産権の行使のあり方」を提唱する運動および運動を行っている非営利団体。

写真や音楽、文章など、著作権の一部またはすべてを保持しない場合について、簡便な手続きで著作物の創造、流通などの便宜を図る試みです。著作権者が、作品の使用条件をネット上で事前に明示することで、利用者側の許諾手続きを簡便化できます。

関連▶著作権

クリック

マウスを移動させずにボタンを1回押すこと。

また、画面上のアイコンや任意の位置にマウスポインタを合わせてボタンを押し、それらを選択・指定すること。**シングルクリック**ともいいます。タップと同じ操作結果となります。

▼クリック

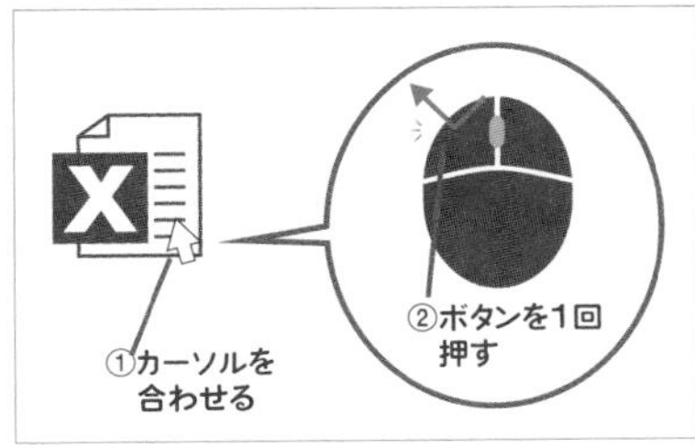

クリップボード

一時的に文字や画像データをコピーして保管する場所のことで、様々なアプリにデータをペーストして渡すことができる。

関連▶コピー&ペースト

グレースケール

色彩の情報を持たず、明度だけで画像を管理する手法。

通常、白から黒のモノクロ256階調で表示されます。

グローバルIPアドレス

インターネットで使用されるIPアドレスのことで、世界中で重複がないアドレス。

インターネットの普及により、従来のIPv4から、より多くのアドレスを管理できる**IPv6**に切り替わっています。

関連▶IPv6

グロスマ（グローバルスマートフォン）

世界市場に向けて設計されたスマートフォンのこと。

世界市場に向けた共通の仕様で製造するため、コストを抑えられるメリットがあります。

クロック

コンピュータ動作時の基準になる周期的な信号。

クロック周波数が高いほど高速に処理を実行できますが、消費電流が増えるため発熱量が上がるという難点があります。

関連▶クロック周波数

クロック周波数

コンピュータの動作タイミングの基準となる信号の周波数。

1秒間に発生するクロック信号の数のことです。コンピュータでの処理時間の最小単位でもあり、CPUの計算能力を示す尺度として使われます。クロック周波数は通常、**MHz（メガヘルツ）**や**GHz（ギガヘルツ）**で表されます。基本的には周波数が高いほど処理は速く、短時間で終わります。

関連▶クロック

クワーティ入力

関連▶QWERTY入力

け

掲示板

電子掲示板（BBS）の略称。

関連▶電子掲示板システム

罫線

ワープロ、DTPソフト、表計算ソフトなどで使う線のこと。

▼罫線の例

携帯オーディオプレイヤー

MP3などの音楽ファイルを再生するための携帯型機器の総称。

米国アップル社の「iPod touch（アイポッドタッチ）」やソニー社の「ウォークマン」に代表される、手のひらに収まる小型サイズのものが一般的です。

関連▶MP3

携帯電話

無線を利用した持ち運び可能な電話（機）。

ケータイとも呼ばれます。広義ではPHSも含まれます。日本では800MHz帯または1.5GHz帯、1.7GHz帯、2GHz帯の周波数を用い、数十m～数kmごとに設置された無線基地局で中継して通話を行います。現行の主要事業者は、NTTドコモ、KDDIグループ（au）、ソフトバンク、楽天モバイルの４社となっています。

関連▶スマートフォン／次ページ下図参照

ゲームソフト

コンピュータゲーム、およびゲーム専用機用のソフトウェアの総称。

主人公が冒険をして成長するRPG（ロールプレイングゲーム）、クイズやパズル、シューティングやアクション、シミュレーション、アドベンチャーなど、様々なジャンルのゲームがあります。

関連▶アドベンチャーゲーム

け

言語

コンピュータ分野では、プログラミング言語の通称。

機械語から、自然言語に近い構文規則を備えた言語までを、大きく**低級言語**、**高級言語**に分類することもあります。

関連▶プログラミング言語

検索

インターネット上やスマートフォン内部で情報を探し出すこと。

Google（グーグル）その他のブラウザ上の検索エンジンなどを使って、目的のウェブページを探し出すこともいいます。スマートフォン内部のデータを探すとき

▼携帯電話事業者の変遷（携帯電話）

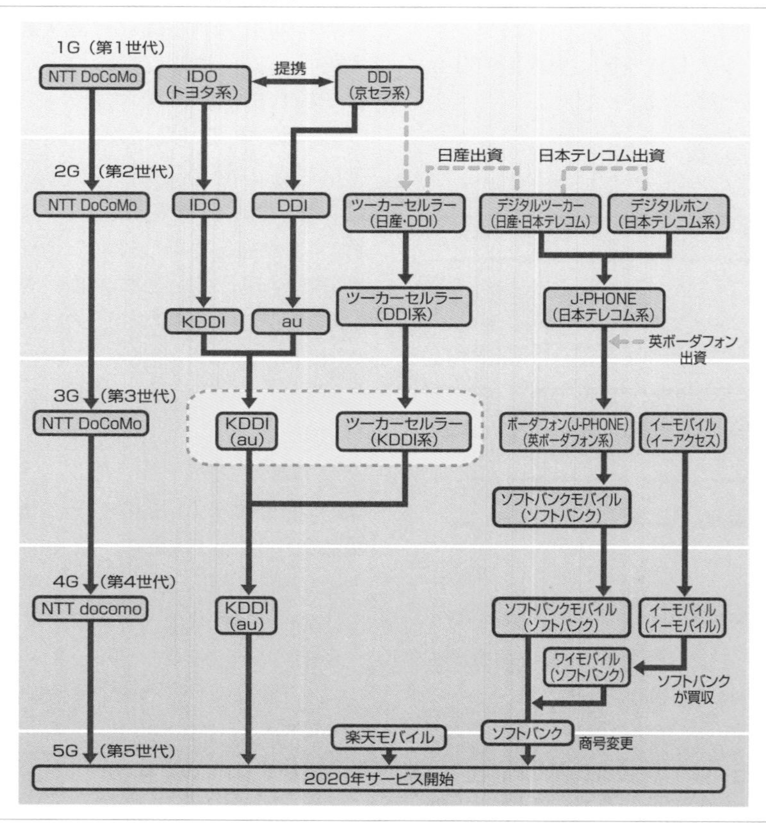

には、虫眼鏡マークの検索ボタンを選択して、キーワードを入力します。

検索サイト

効率よく情報を収集するための、ウェブページ検索用のサイト。

インターネットにあるウェブページや情報を探すことを目的としたウェブサイトのことです。**サーチエンジン**または**検索エンジン**ともいいます。ほしい情報がインターネット上のどこにあるかを探すには、その情報に関連するキーワードを入力します。関連するページのリストが表示されるので、その中から選択します。

▼主な検索サイト

Google		
	運営母体	米国グーグル社
	全文検索	自社
	概要	検索精度の高さで知られ、全世界で広く利用されている検索エンジン。多くのポータルサイトへ検索データの提供を行っている。ほかにイメージ検索やニューズグループへの参加機能も備える。
Yahoo! JAPAN		
	運営母体	ヤフー社（ソフトバンク系）
	全文検索	Google
	概要	日本で最も多くのユーザーを獲得している検索エンジン。Googleの全文検索と共に自社開発の検索エンジンを使用する。ポータルサイトとしても有名で、オークションをはじめとした多くのサービスを取りそろえている。
Microsoft Bing		
	運営母体	米国マイクロソフト社
	全文検索	自社
	概要	米国マイクロソフト社が提供する検索エンジンで、米国を中心にユーザー数が増えている。提供されるサービスとしては、ウェブや画像、動画などの検索のほか、地図検索、ニュースサイトの記事に関連する検索、ショッピングサイトの検索があり、レビューや口コミも検索できる。

け

代表的な検索エンジンに**Google**(グーグル)、**Yahoo!**(ヤフー)、**Microsoft Bing**(マイクロソフト)などがあります。

関連▶前ページ表参照

検索ボックス

検索サイトにある四角い領域で、そこに検索したい文字(文字列)を入力する。

関連▶検索サイト

検索連動型広告

検索されたキーワードに対し、表示される関連の広告。

代表的なものとしてはGoogle(グーグル)の**Google広告**があります。検索結果の上位に表示されるため、既存のネット広告に比べて、費用対効果が高いとされています。

こ

光学ズーム

レンズを物理的に動かすことで、焦点距離を変えて拡大した写真を撮る機能。

近年のスマートフォンの多くには3倍以上の光学ズームが付いています。また、本体に広角用、モノクロ用、望遠用などの異なるレンズを備えたものもあります。

関連▶3眼・4眼カメラ

広角レンズ

標準よりも広い画角で撮影できるレンズのこと。

関連▶3眼・4眼カメラ

攻撃

悪意を持ってネットワークやシステムに不正を働きかけること。不正に暗号を解読することも含まれる。

アタックなどともいいます。ネットワークシステムの実施するサービスに対して大量の要求を送信し、システムやサービスを停止させる**DoS**（ディーオーエス）**攻撃**や、これを発展させ、複数のアドレスからサイトの許容量を超えてアクセスを集中させる**分散型DoS攻撃**（**DDoS攻撃**）などは、攻撃の代表的なものです。

関連▶DoS攻撃

虹彩認証

目の虹彩のパターンで識別する生体認証のこと。

黒目にある瞳孔の周りの円形部分を虹彩といい、人それぞれに異なるパターンがあるため、それを利用して判別します。網膜スキャンとは異なります。

関連▶生体認証

公式アカウント

SNSなどのサービスにおいて、企業などがイベントやお得な情報をユーザーに対して発信するために取得するアカウントのこと。

LINEやTwitterなどで製品情報やキャンペーン情報を発信することで、企業のブランド力を高めたり、テレビ局や公的機関が提供するサービス内容の理解を広めたりすることに利用されています。

関連▶LINE／Twitter／次ページ上画面参照

公衆無線LAN

無線LANを使ってインターネットに接

こ

▼LINEの公式アカウント

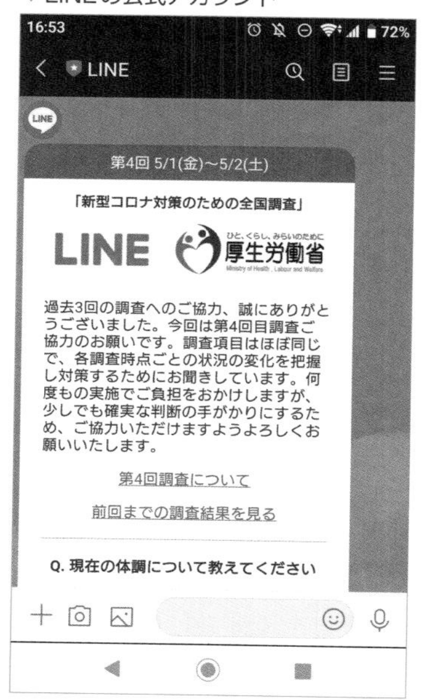

続する環境を提供するサービス。

インターネットに接続された無線LANのアクセスポイント（AP）を、飲食店や駅など人の集まる場所に設置し、ノートパソコンやスマートフォンなどによるインターネット接続を可能にする仕組みです。**ホットスポットサービス**とも呼ばれます。

関連▶ホットスポット／無線LAN

更新

関連▶アップデート

更新履歴

ソフトウェアの機能拡張や、バグの修正など、その変更点を時系列に沿ってまとめたもの、またはそのための機能。

ソフトウェアの問題点やバグの修正状況がひと目で把握できます。

関連▶履歴

公認アカウント

サービス運営者（会社／個人）が、正式な本人または企業であることを確認したアカウントのこと。

認証済みアカウントなどともいいます。取引などを行う場合、なりすましを防止することを目的として公認アカウントを取得することがあります。安全な取引のために、サービス運営会社は公認アカウントの取得を推奨しています。

コード決済

QRコード決済のこと。キャッシュレス決済の方法の1つ。

支払いには、次の2つの方法があります。スマートフォンなどでQRコードを読み取る**ユーザースキャン方式**と、スマートフォンの画面にQRコードを表示して店舗側がスキャナーで読み取る**ストアスキャン方式**です。

関連▶スマホ決済

互換性

機能の共有性を示す言葉。コンパチビリティともいう。

ハードウェア、OS、ソフトウェアのいずれかを交換しても、同じように動作したり処理したりできることです。異なる環境でも動作することを「互換性がある」といいます。

ゴシック体／ゴチック体

一定の太さの線で表現された、線上に出っ張りのない文字書体。

文字の先端部分の形により、角ゴシック、丸ゴシックなどがあります。

関連▶フォント

▼ゴシック体

角ゴシック
丸ゴシック

個人情報保護

個人の、それと識別できる情報（個人情報）を、本人が望まない利用から保護すること。

個人情報とは、氏名、住所、電話番号だけでなく、生年月日や所属、血液型など、個人を特定するために利用できるあらゆるものが該当します。

関連▶個人情報保護法

個人情報保護法

個人情報保護を目的として、2003（平成15）年5月に成立した法律。

大量（5000人以上）の顧客名簿を抱える事業者に対し、個人情報の不正な取得の禁止や、本人の同意を得ずに第三者へ個人情報を提供することを禁止しています。

関連▶個人情報保護

コストパフォーマンス

価格対性能比のこと。

コスパともいいます。購入価格やランニングコストと性能とを対比させて、製品を総合的に比較する方法です。性能の数量化の基準が複数の指標から構成され、また、どの機能を重視するかによっても評価が大きく異なるため、特定の機能と対価との比較に絞らないと、客観性が薄れてしまうこともあります。

固定（定額）制

電話網や商用ネットワークなどのサービス課金制度で、接続した時間に関係なく利用料金が一定となる仕組み。

長時間の接続が確実な場合には、**従量制**より有利です。

関連▶従量（課金）制

コネクタ

スマートフォンなどと周辺機器を接続するときに使うケーブルの接続部分。

コピー

■データを複写すること。

一般には、アプリの画面上で指定したデータを、別のところへ書き込むことをいいます。クリップボードに新たなデータが書き込まれ、コピー元のデータはそのまま残されます。

■ファイル管理で、指定したファイルを別のドライブやフォルダに複製すること。

各種OSの基本機能の1つです。

コピーフリー

提供元が提示した範囲内であれば、自由に複製、使用できること。

一見、自由に利用できるデータのように思われがちですが、提供元の利用規約に沿った用途に限られます。

コピーライト

著作権のこと。

関連▶著作権／copyright

コピー&ペースト

文字や図などをクリップボードなどのバッファにコピーし、必要に応じて取り出して文書にペーストすること。

コピペとも略します。コピーとペーストの組み合わせで、複写を行います。コピーの代わりに文書から文字を削除して、移動をすることを**カット&ペースト**といいます。

関連▶カット&ペースト

コピペ

関連▶コピー&ペースト

コマンド

コンピュータに特定の処理を実行させるための命令（語）のこと。

アプリなどでは、命令を入力する代わりに、メニューの中からコマンドを選択する方法がとられています。

ごみ箱

ファイルなどが不要になったときに、ドラッグして捨てる場所のこと。

捨てただけであれば、削除ではなくためておくだけなので、ファイルは必要に応じて復元できます。また、不要と判断したときに「空にする」機能を選択すれば、完全に削除できます。

コミュニティ

ネットワーク上での情報交換を目的とした団体、またはその情報交換ネットワークそのものを指す。

SNSや電子掲示板、オンラインゲーム、出会い系サイトなどもコミュニティの一種です。
関連▶クラスタ

コロン

「:」記号のこと。
インターネットでは、ウェブの**URL**（**アドレス**）を表記するときにプロトコル名（httpやhttps）とホスト名（www.shuwasystem.co.jp）の境界に「:」を置き、「https://www.shuwasystem.co.jp」というように使います。
関連▶URL

コンデジ

コンパクトデジタルカメラの略。
デジタルカメラのうち、レンズ交換ができない小型カメラの通称です。複雑な設定が必要なく安価なことから、カメラの入門用として人気があります。近年はSNSに写真を投稿するユーザーが多いことから、インターネットに直接接続できるように、Wi-Fi機能の付いているものがほとんどです。
関連▶デジタルカメラ

▼コンデジの例

コンテンツ

情報の内容や中身のこと。
コンピュータにおいては、電子的な手段によって提供される情報の中身を指します。画像データや音声データ、動画データ、文字情報がこれにあたります。
また、映画や音楽、コンピュータゲームなどのコンテンツをデジタル化したものを**デジタルコンテンツ**といいます。
関連▶動画

コントラスト

画面や画像データなどの表示で、明るい部分と暗い部分の明度差（比）。
コントラストが強いと、一般にメリハリのきいた画面となります。

コントロールセンター

iPhoneの設定の1つで、瞬時に切り替えたい機能の設定ができる。
機内モードやモバイルデータ通信／Wi-Fi／ブルートゥースへの接続の切り替え、画面の回転、おやすみモード、画面ミラーリング、懐中電灯（ライト）、タイマー、QRコードスキャン、音楽の再生／停止、画面輝度、音量、電卓、カメラなどの機能を切り替えて使用することができます。

こ

関連▶**機内モード／モバイルデータ通信／ブルートゥース**

コンピュータ

外部から設定された計算手順に従ってデータ処理を行う機械。

この計算手順のことを**プログラム**といいます。一般に**電子計算機**と訳され、単に**計算機**ともいいます。現在のコンピュータは、プログラム内蔵方式が特徴の**ノイマン型**と呼ばれるもので、制御装置、演算装置、主記憶装置、入力装置、出力装置の5つの要素で構成されています。

コンピュータウイルス

関連▶**ウイルス**

コンピュータグラフィック(ス)

コンピュータで画像を作成、処理すること。または、その結果得られた画像、映像のこと。

CGともいいます。三次元空間のオブジェクトをコンピュータ内に構築し、オブジェクトの色や質感、照明やアングルを自由に設定して画像を作成することなどを指します。ハードウェアの高性能化に伴いCG技術は急速に発展しました。近年は特に、動画のコンピュータグラフィックスが盛んで、テレビ番組や映画、CM映像の多くにコンピュータグラフィックスが用いられています。

コンピュータリテラシー

コンピュータを使いこなす能力のこと。

プログラムの作成からアプリケーションソフトを操作することまで、と定義の幅はありますが、ある明確な目的を持ってコンピュータを操作できる能力をいいます。基礎教育の中でコンピュータの活用能力を培う必要がありますが、これを**コンピュータリテラシー教育**といいます。

関連▶**情報リテラシー／リテラシー**

サーチエンジン

関連▶検索サイト

サードパーティ

オリジナルの製品との互換性を持たせた周辺装置やソフトウェアなどの製造、販売メーカーのこと。

サードパーティ製は純正品に比べて価格が割安になっていることが多いのですが、本体メーカーから動作の保証がされていない場合もあります。

関連▶純正品

サーバー

クライアントに対してサービスを提供するコンピュータ、またはプログラムをいう。

サーバーとは、「サービスを提供するもの」という意味です。

関連▶クライアント／次段図参照

サービスデスク

関連▶ヘルプデスク

サービスプロバイダ

関連▶ISP

▼サーバーとクライアントの例（サーバー）

再インストール

OSやアプリを、インストールし直すこと。

不具合や障害が発生したときに、この作業を行います。

関連▶インストール

再起動

スマートフォンの電源を入れ直して起動すること。

リスタートともいいます。多くのアプリを使用してスマートフォンの動作が遅くなったときなどに行います。

サイト

URLによって特定できるアドレスのあるウェブページ、もしくはウェブページの集合。

ウェブサイトともいいます。サイトは、入口となるトップページ（ホームページ）と一連のウェブページから構成され、これらは互いにリンクで連結されています。

関連▶ホームページ／URL

サイバーテロ

インターネットなどのコンピュータネットワークでの破壊活動のこと。

コンピュータウイルスの配布やデータの破壊、ネット掲示板での犯罪予告、他人のウェブサイトを改ざんして犯行声明を発表する行為などをいいます。また近年は、インターネットバンキングの不正送金事件が急増しています。日本国内では、警視庁によるハイテク犯罪対策部署の設立や、2000年に施行された**不正アクセス禁止法**、2011年に新設された**ウイルス作成罪**などによって対応しています。また、2015年には、国の責務を明らかにした法律である**サイバーセキュリティ基本法**が施行されました。これは国が地方自治体や関連業者と連携して対策する方針を示したものです。

関連▶ウイルス

▼サイバーテロの防止策（サイバーテロ）

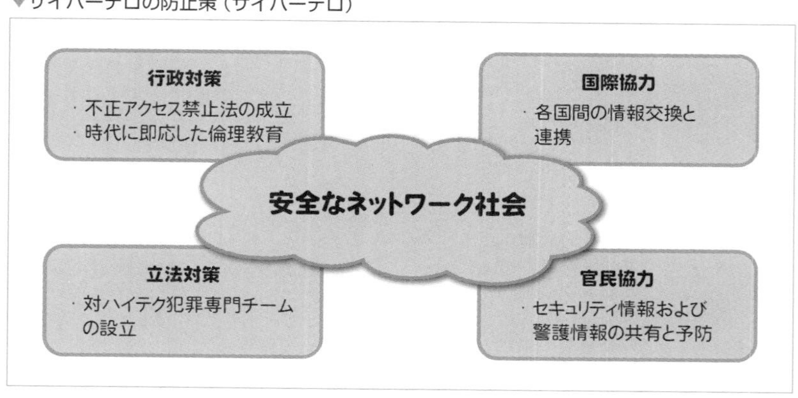

サイレントスイッチ

iPhoneで着信音や通知をバイブレーション（振動）で知らせるための切り替えスイッチ。

本体側面にあるスイッチをスライドさせてオン、オフを切り替えます。スイッチをスライドさせて赤い色が見える状態がオン（バイブレーションする）です。「設定」の「サウンドと触覚」で詳細な設定ができます。

関連▶サイレントモード／バイブ／下記［裏技］参照

サイレントモード

Androidで着信音や通知音、操作音などが鳴らなくなる設定のこと。

音量のスライドバーの上にあるベルのアイコンをタップして切り替えたり、クイック設定パネルで設定したりすることができます。

関連▶クイック設定パネル／サイレントスイッチ／次ページ［裏技］参照

サインイン／サインアウト

認証を得ること／認証を解除すること。

サインインとは、あるサービスや機器を使用するために使用者が利用する資

さ

裏技 音を鳴らさずスクリーンショットを撮影する（サイレントスイッチ）

iPhone

ウェブページの画面やゲームなどの画面を撮影して保存しておきたいことがあります。画面撮影でも、ふつうに写真を撮影するときのようなシャッター音が鳴ってしまいますが、iPhoneには静かに画面撮影をする方法があります。

❶サイレントスイッチをスライドさせてオン（赤色が見えるように）にする➡❷本体右側のサイドボタンと左側の音量上げるボタンを同時に押してから離すと画面が撮影できます。

Apple Japan提供

格があるかを確認するため、IDやパスワードを入力して認証（利用許可）を得ることです。**サインアウト**とは、認証を解除して利用を終了することです。

関連▶ログイン／ログオン／ログアウト／ログオフ

削除

データやアプリを取り除くすること。

不要なものの整理や空き容量を確保するために行います。データを削除したあとでも、AndroidではGoogleドライブに、iPhoneではiCloudにバックアップが

▼共有サービスの違い（サブスクリプション）

	サブスクリプション	シェアリング	レンタル
料金	定額	従量制	定額（延滞料あり）
所有／利用	利用	利用	利用
商品の変更	可能	可能	基本不可能
企業の収益	継続的	継続的	継続的

裏技 フラッシュさせて受信を通知する（サイレントモード）

サイレントモードの状態で画面が下向きになっている場合は、通知に気付くことができません。そんなときは、カメラのライトを光らせましょう。

Androidでは、❶（Samsungのスマートフォンの場合）設定アプリを起動して「アクセシビリティ」をタップ➡❷「聴覚サポート」の「フラッシュ通知」をオンにします。

この機能がないスマートフォンをお持ちの方でも、無料アプリをインストールすることで対応できます。

iPhoneでは、❶「設定」アプリを起動して「アクセシビリティ」をタップ➡❷「オーディオ／ビジュアル」をタップ➡❸「LEDフラッシュ通知」をタップしてオン（緑色）にします。

Android／iPhone共通

あれば、元の状態に復元することができます。アプリを削除した場合、AndroidではGoogle Playストアから、iPhoneではApp Storeから再度インストールできます。

関連▶バックアップ／復元

差出人

受信したメールに表示される送信者名。

送信者のメールアドレスや送信者が設定した名前が表示されています。

関連▶なりすまし

サブスクリプション

商品を一定期間だけ利用する権利として料金を支払う方式のビジネスモデル。サブスクともいう。

契約期間中は商品を自由に利用できますが、期間が過ぎると利用できなくなります。音楽や映画などのデータ配信サービスから一般化し、現在では自動車、洋服などの実製品、外食での食べ放題など、様々な形態で導入されています。

関連▶シェアリング／前ページ表参照

サポート

■**ある機能や機器に対応する、あるいは対応していること。**

一般に「サポートする」などと動詞のかたちで表現します。

■**製品の使用にあたっての不明点やトラブルに対するメーカー側の対応。**

各メーカーは**サポートセンター**や**ユーザーサポートセンター**を開設し、FAQや個別の質問に対処してくれます。

関連▶インシデント制

サムネイル／サムネール

画像の一覧などに表示される縮小された見本画像。

画像ファイルを開かなくても、アイコン形式での表示方法を選択した時点で表示されます。インターネットやファイル管理ツールの画面では、小サイズの見本画像として使われています。サムネイルをクリックすると元の画像が現れます。

▼サムネイルの例

三本線／3点アイコン

メニューボタンを意味するアイコンとして利用される。

三本線は**ハンバーガーボタン** ☰（アイコン）といいます。3点アイコンは**縦3点リーダー** ⋮ といいます。

関連▶キーアイコン

さ

シェア

インターネットのブログやSNSなどで見つけたコンテンツをほかの人と共有するために、引用したり拡散したりすること。

そのほか、データやアプリ、モバイルデータ通信を共有する機能や設定のことも指します。

関連▶コンテンツ／テザリング／SNS

シェアウェア

使用者に開発費の一部を分担してもらうことを目的としたソフトウェアの配布形態の1つ。

ソフトウェアを一般に公開して、ユーザーはそれを試用し、その後も継続して利用する場合に代金を支払います。

関連▶フリーウェア

シェアリング

企業や個人が持つ遊休資産をインターネットを介して結び付けるサービスで、シェアリングエコノミーのこと。

企業や個人が持つ遊休資産（時間、場所、スキルなどの無形資産を含む）を提供したい側と、それを必要としている側とを、インターネットを通して結び付けるサービスです。レンタルの場合は1回ごとに契約や支払いをしますが、シェアリングではサービス期間内にほかのユーザーが使用していなければ再び使用することができます。

関連▶サブスクリプション

シェイク

スマートフォンの本体を振る（シェイクする）ことで、あらかじめ設定してある動作や機能が実行される。

iPhoneの場合、入力している文章を誤って削除したときに、取り消すことができます。

ジェスチャー

スマートフォンのタッチパネル、トラックパッドなどで、指を使って特定の動作を実行すること。

フリックや3本指スワイプなどを行うことで、特定の動作を実行します。個々の動作はアプリやOSが対応している必要があります。

関連▶スワイプ／フリック

ジオタグ

写真のデータなどに付ける位置情報のこと。

シグネチャー

電子メールなどのメッセージの最後に付加する、4〜5行程度の個人情報。

署名ともいいます。多くのメールソフトは、送信者の名前やアドレス、会社の所属名や連絡先など、あらかじめ作成した文面（シグネチャー）をメールに自動的に挿入する機能を持っています。

関連▶下記［便利技］参照

字下げ

関連▶インデント

辞書

日本語入力システムで、読みに対応する単語（漢字や熟語）をまとめた機能。

辞書には読みと単語の対応のほかに、単語の品詞（名詞や動詞など）、活用形の情報や変換の優先順位が記録されていて、最適な変換候補が表示されるようになっています。ユーザーが追加登録した読みと単語をまとめた辞書を**ユーザー辞書**といいます。

関連▶かな漢字変換／単語登録

便利技 メールに付く「iPhoneから送信」の文言を消したい（シグネチャー）

iPhoneから送信するメールの最後には必ず「iPhoneから送信」というシグネチャーが記載されるので、少し恥ずかしい人もいるかもしれません。この一文を削除しましょう。

❶「設定」をタップ➡❷「メール」をタップ➡❸「署名」をタップ➡❹「すべてのアカウント」をタップ➡❺「iPhoneから送信」の文字をタップ➡❻「iPhoneから送信」を削除して「設定」アプリを終了します。

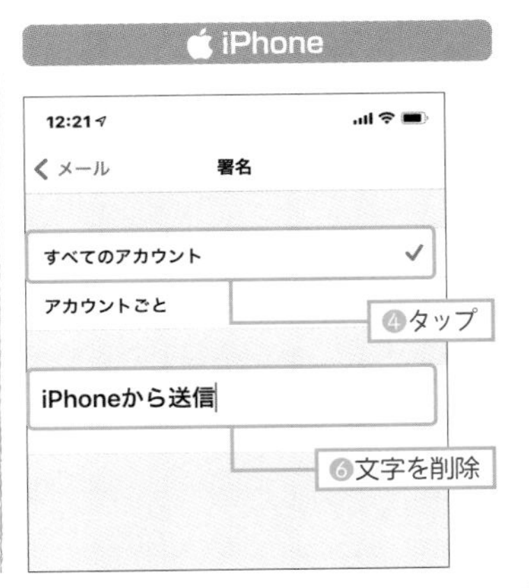

辞書攻撃

辞書に載っている単語を次々と試してパスワードを解読する攻撃手法のこと。

辞書に載っている単語や身の回りの名前、番号などがパスワードとして利用されることがあります。そのため、このような単語を次々と試すことでパスワードを見破るというハッキング手法の1つです。

関連▶パスワード

システム

ある目的を実現するために必要な部品や機能の組み合わせなどの集合のこと。

コンピュータの場合、ある目的に適したハードウェア、ソフトウェアとデータのすべてなど、複数の要素が体系化され、全体として機能する構成の総称をいいます。

システムダウン

ソフトウェアやハードウェアの不具合からシステムが動作しなくなること。

ハードウェアの故障、プログラム上のエラー、通信回線の故障、想定外の利用法などが原因で、システムダウンを起こすことがあります。鉄道や銀行などでシステムダウンが起きてサービスが停止すると、社会的影響が大きくなります。

関連▶システム／ダウン

システムファイル

コンピュータやスマートフォンのOSを構成するファイルのこと。

システムファイルは、プログラムファイルやライブラリファイル、設定ファイル、データファイルなどで構成されます。インターネットを通じたOSのアップデートでは、古いシステムファイルが交換されて、脆弱(ぜいじゃく)性の対策、機能・性能・安定性の向上などが行われます。

関連▶アップデート／基本ソフト／OS

実行

プログラムの処理を開始し、動作させること。

自動保存

設定された時間ごとに、自動的にデータを保存してくれる機能。

突然、アプリが停止しても、自動保存機能があれば、被害は比較的軽くて済みます。

自撮り

スマートフォンやデジタルカメラなどで自分自身を含めて撮影すること。

SNSへの投稿や友人知人とのコミュニケーション、旅行時の記念撮影などで行われています。スマートフォンの画面側のカメラ（**インカメラ**）を使います。**自撮り棒**（**セルフィースティック**）をスマートフォンなどに付ければ、離れて自分を撮ることもできます。
関連▶次ページ[便利技]参照

▼自撮り棒

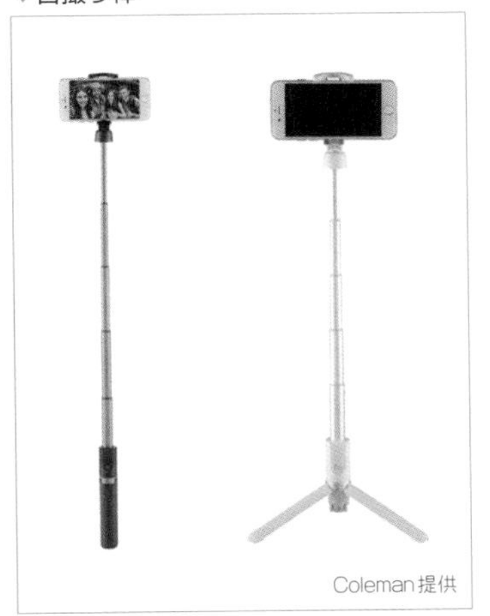

Coleman提供

シニア向けスマホ

高齢者に向けた作りになっているスマートフォン。

文字が大きくて画面が見やすい、操作方法がシンプルでわかりやすい、という特徴があります。
関連▶次段上写真参照

指紋認証

指紋により識別する認証方式のこと。

生体認証の一種で、銀行のATMやスマートフォン、タブレットなどのロック解除に用いられています。指紋を読み取る

▼シニア向けスマホの例

(株)NTTドコモ提供

▼iPhoneの指紋認証

便利技 自撮りをしてみたい（自撮り）

インカメラを使えば自撮りや自分を含めた写真撮影ができるようになります。まずは、スマートフォンの持ち方を練習して、片手でシャッターを切れるようになりましょう。また、自分を含めた撮影アングルも研究する必要があります。まずは何度も撮影に挑戦して、よいアングルで自撮りできるようになりましょう。

AndroidもiPhoneも手順は同じです。❶カメラアプリをタップ➡❷画面上の「カメラ切り替え」アイコンをタップします。

インカメラに切り替わったら、画面を見ながら撮影します。

Android

iPhone

指紋センサーには、指紋表面の模様を読むものと、表皮下の静脈を読むものとがありますが、スマートフォンは指紋表面を読み取ります。

関連▶**生体認証／Touch ID**

シャオミ（中国名：小米科技）

中華人民共和国の総合家電メーカー。

スマートフォンの「Redmi」シリーズや周辺アクセサリーを中心に、ウェアラブル端末やタブレットまで製造、販売しています。空気清浄機、炊飯器、電動バイクなど、スマート家電も手がけています。

視野角

ディスプレイを斜めから見た場合の正常に見える角度のこと。

正面からどれだけずれたかを角度で示します。この数値が大きいほど、広い角度で画面を見ることができます。上下および左右をそれぞれ角度で表示するのが一般的です。

シャットダウン

コンピュータシステムを終了するための手続き。

シャットダウンの手続きをとらずに電源を切ると、システムが壊れることがあります。

修正プログラム

アプリやOSなどのソフトウェアの不都合の解消や機能向上のために配布されるプログラムのこと。

インターネットを通じてダウンロードした修正プログラムをインストールします。

関連▶**インストール／ダウンロード**

周波数

電磁波や音波などが1秒間に振動する回数を表す単位。

Hz（**ヘルツ**：Hertz）で表記します。コンピュータのCPUの動作速度を表す**クロック周波数**は、**GHz**となっています。現在のスマートフォンのCPUでは、2～3GHz超のものが主流です。

関連▶**クロック周波数**

周辺機器

コンピュータ本体に接続され、連動もしくは管理される装置の総称。

ディスプレイやプリンタ、ハードディスクドライブなどの外付けの装置をいいます。**デバイス**とほぼ同義です。

関連▶**次ページ下図参照**

従量（課金）制

インターネットのプロバイダなどの商用ネットワークで、接続した時間やデータ量に比例する料金制度。

また、一定時間までは同一料金で、超

し

過したぶんを時間あたりに換算する場合もあります。

関連▶**固定（定額）制**

受信拒否

特定の相手からのメールを受信しないようにする機能。

迷惑メールやダイレクトメールなど、特定の相手先メールアドレスを受信しないように設定することができます。

関連▶**迷惑メール／次ページ［便利技］参照**

受信トレイ

受信した電子メールを最初に保管するフォルダ。

受信トレイは米国グーグル社の「Gmail」など、ほとんどの電子メールソフト／サービスにあります。

出力

スマートフォンなどの端末から周辺装置にデータを送ること。

またはデータを取り出すことをいいます。**アウトプット**ともいいます。プリンタで印刷することや、ディスプレイにデータを

▼周辺機器

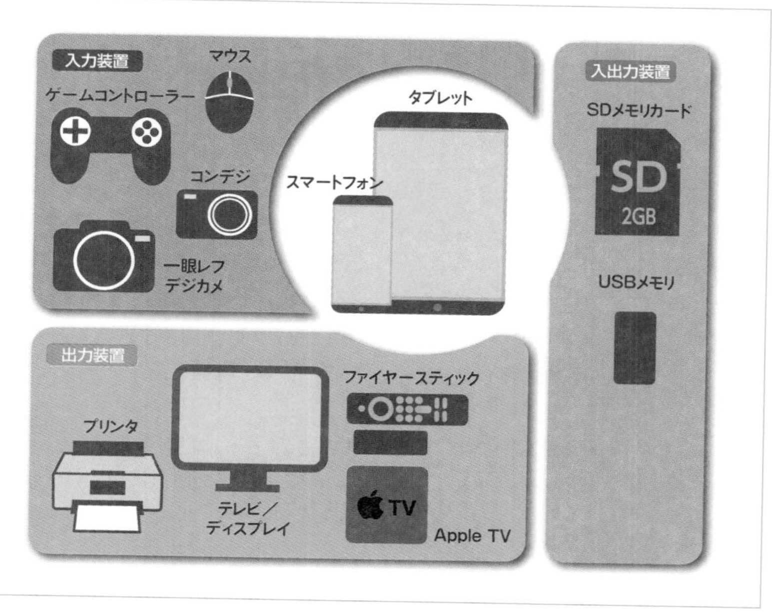

便利技 特定のメールを受信しないようにしたい（受信拒否）

特定の相手から送られてくるメールの受信を拒否することができます。

Androidでは、❶「Gmail」アプリをタップ➡❷受信拒否したい送信者のメールを表示して、メールの右上にある「⋮」ボタンをタップ➡❸「(送信者の名前)」さんをブロック」をタップします。

iPhoneでは、❶「設定」アプリをタップ➡❷「メール」をタップ➡❸「受信拒否送信者オプション」をタップ➡「受信拒否送信者としてマーク」をオン（緑）➡❹「ゴミ箱に入れる」をタップして「レ」を付ける（自動でメールがゴミ箱に移動）➡「設定」アプリを終了➡❺「メール」アプリを起動し、受信拒否したい送信者のメールを表示して、送信者の名前を2回タップ➡❻開いた画面の「この連絡先を受信拒否」をタップ➡❼「この連絡先を受信拒否」をタップ➡❽画面右上の「完了」をタップします。

Android

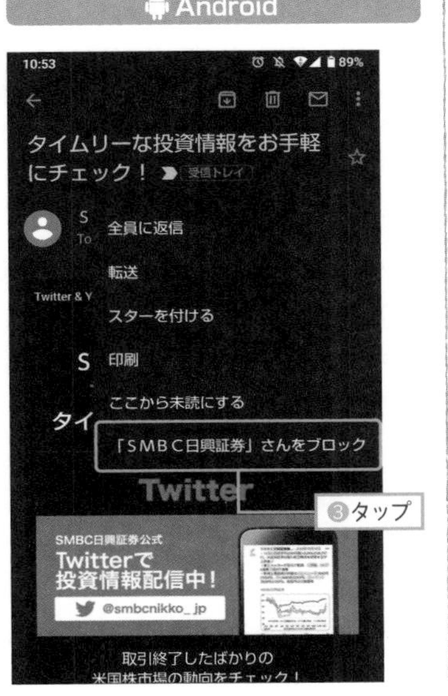

iPhone

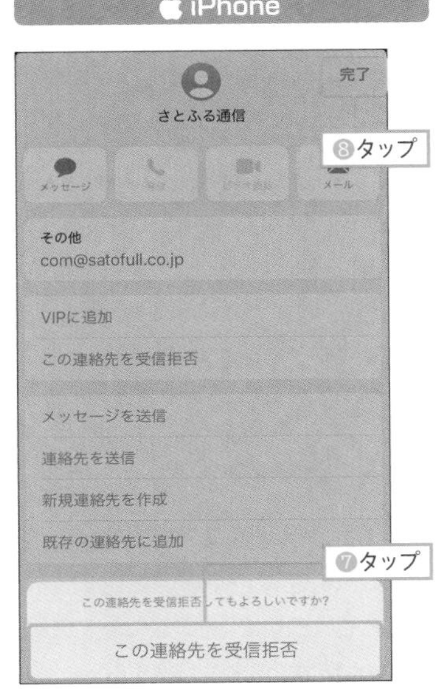

し

表示することも出力といいます。反対に、入力装置などを通して端末にデータを送ることを、**入力**（**インプット**）といいます。

関連▶アウトプット

出力装置

計算結果などを何らかのかたちで出力する装置。

ディスプレイ、**プリンタ**、**音声出力装置**（スピーカー）、**外部記憶装置**などがあります。外部記憶装置は入力装置にもなりうることから、特に**入出力装置**と分類されます。

純正品

スマートフォン製造メーカーが作ったケーブルや充電器などの製品のこと。

メーカー自身が製造した製品であるため、動作や接続が安定している半面、価格は高いものが多いです。メーカー以外で作られる製品を**サードパーティ**製といい、価格は安いですが、動作や接続で不都合が発生することがあります。

関連▶サードパーティ

仕様

ハードウェアを構成するメモリ、CPU、周辺機器などの機能や性能のこと。

スペックともいいます。ソフトウェアの機能や性能を指すこともあります。

上位バージョン

機能がより豊富なソフトウェアやハードウェア。

ある製品において、使える機能などに差を付けたバリエーションの1つ。高価でも機能が豊富なものを求めるユーザーなどのために用意されています。**上位製品**ともいわれます。反対に、機能を制限されているものを**下位バージョン**、**下位製品**といいます。

関連▶バージョン

試用期間

シェアウェアにおいて、継続して使うかどうかを判断するための期間。

使い続ける場合はレジスト（送金）して、継続的に使用するためのライセンスキーなどを受け取ります。

関連▶シェアウェア

使用許諾契約

メーカーが、ユーザーに対して、ある条件下での使用を認めるという契約。

ソフトウェアなどのインストール時に契約を結ぶことを求められる場合があります。

関連▶著作権／次ページ上図参照

常時接続

インターネットに24時間接続している状態、またはその仕組み。

▼使用許諾契約の例

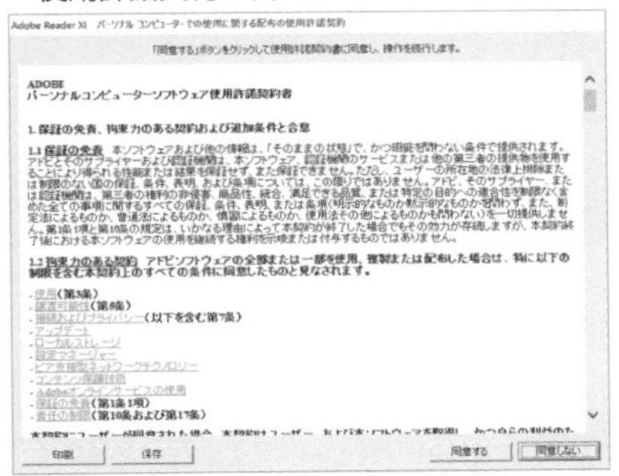

肖像権

写真、絵画など、本人の承諾なしに、他者が肖像を写しとったり、公表（使用）したりできないとする権利。

法律として明文化されていませんが、一般人の場合はプライバシー権があり、個人的な事柄をみだりに公表されることがないとされています。また、個人に関する情報を自分でコントロールする権利もあるとされています。著名人の場合は、プライバシー権に加えて、パブリシティ権もあります。これは肖像（容姿）が財産であると認め、商品として販売する権利のことです。各国は様々な多国間条約を結んで互いに著作物などを保護しています。米国人の著作権や肖像権は日本の法律によって保護され、日本人の著作権や肖像権は米国の法律によって保護されます。

関連▶著作権／次ページ［便利技］参照

常駐アプリ

コンピュータやスマートフォンで、画面の裏（バックグラウンド）で常に動いているアプリケーションのこと。

例として日本語入力の辞書があります。常駐アプリケーションが多く起動しているとスマートフォンの動作が遅く（重く）なることがあります。

関連▶バックグラウンド

情報

送り手または受け手にとって何らかの意味を持つデータや内容のこと。

物事の内容や状況、事情についての知識一般をいいます。

情報リテラシー

コンピュータリテラシーの中で、コンピュータを使って情報を管理したり活用できる能力のこと。

関連▶コンピュータリテラシー／リテラシー

ショートカット

アプリを素早く起動するために設定された機能。

スマートフォンにおいては、ある機能を実行するショートカットをアイコンにしてホーム画面に配置しておき、それをタップすることでワンタッチで起動できます。

し

ショートメール

電話番号だけで文字のメッセージを送ることができるサービス。

ショートメッセージのことです。キャリアやサービスによってはこのように呼ばれます。

関連▶ショートメッセージ／+メッセージ

ショートメッセージ

スマートフォン間でやり取りするメッセージのこと。

文字制限があります。電話番号で相手を認識します。**ショートメール**とか**ショートメッセージサービス**ともいいます。

初期化

■**USBメモリやハードディスクを初めて使う場合に、OSで使用可能な状態にすること。**

関連▶フォーマット

■**コンピュータを工場出荷状態に戻す（リセットする）こと。**

関連▶リセット／次ページ［便利技］参照

書式

文書や文字の出力時の体裁のこと。

関連▶フォーマット

便利技 友達が撮影した写真を勝手に使ってもいいの？（消像権）

撮影した友達に写真を使うことを伝えて、許可をもらいましょう。なぜなら、撮影した人が写真の著作権を持つため、勝手に使用することはできないからです。

また、もし写真にほかの人も写っていれば、それぞれが肖像権を持つので、写真を使用することへの同意を得る必要があります。

なお、著作権や肖像権の及ぶ範囲は、原則としてそれらの権利を持つ人が住む国および条例等により保護対象になっている国となります。

Android／iPhone共通

使用するには同意が必要

A 自 B

肖像権 肖像権

下取りに出すためデータをすべて削除したい（初期化）

新しいスマートフォンに替える場合には、バックアップできるデータは退避を済ませておきましょう。

Androidでは、❶「設定」アプリから「システム」の「リセットオプション」をタップします。

iPhoneでは、❶「設定」アプリから「一般」の「リセット」をタップ➡❷「すべてのコンテンツと設定を消去」をタップすると、パスコード（iPhoneのロックを解除するときに入力するパスワード）を入力する画面になるので、パスコードを入力➡❸「iPhoneを消去」をタップし、「iPhoneを消去」をタップします。

Android

14:18 100%
システム
言語と入力
POBox Plus
電源キーオプション
電源キーを2回押したときのオプションを選択します
日付と時刻
GMT+09:00 日本標準時
バックアップ
ON
❶タップ
リセットオプション
ネットワーク、アプリ、または機器をリセットできます
複数ユーザー
ログイン名:
開発者向けオプション

iPhone

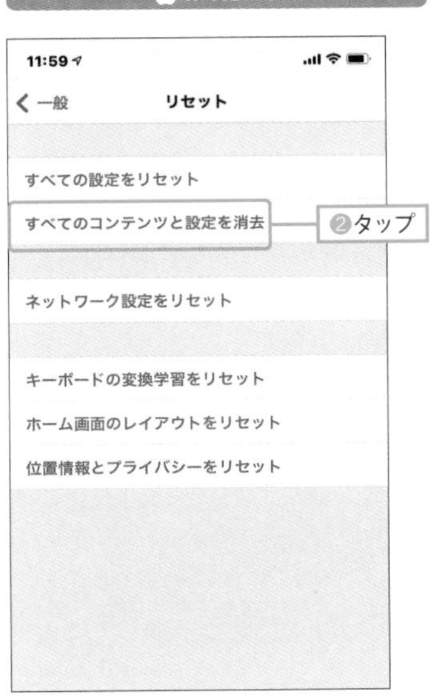

し

署名

関連▶シグネチャー

処理速度

CPUが単位時間あたりに処理できる命令数。

単位はMIPSまたはFLOPSで表されます。**MIPS**（ミップス）とは、1秒間に実行できる命令の個数を100万単位で表したものです。**FLOPS**（フロップス）とは、1秒間に実行できる浮動小数点演算の回数です。CPUなどの**処理能力**と同義で使われる場合もあります。

関連▶CPU

シリ

関連▶Siri

シリアルナンバー

製品の判別用に付けられた通し番号。

ソフトウェアのインストールやユーザー登録の際に必要です。

▼シリアルナンバー

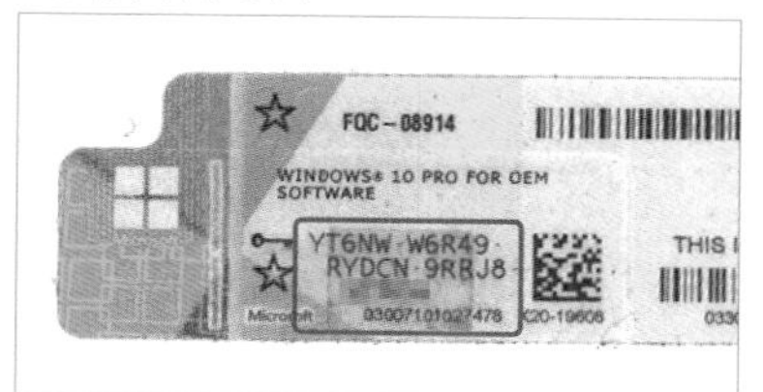

シングルタスク

OSによるプログラム管理方式の1つで、1回に1つずつ作業や仕事を処理する方式。

小さな単位の作業や仕事（タスク）を順に1つずつ処理していく方式がシングルタスクで、操作しているアプリ以外のものは動作できません。

関連▶タスク／マルチタスク

人口カバー率

総人口に対しての利用可能人口をパーセントで示したもの。

人工知能

人間の認知、推論、学習などをコンピュータで実現する技術や学問。AIとも呼ばれる。

関連▶AI

深層学習

関連▶ディープラーニング

人力検索

検索エンジンなどの機械的な検索ではなく、Q&Aのように質問して、ほかのユーザーから回答をもらうサービスのこと。

Yahoo! JAPANの「Yahoo!知恵袋」などがこれにあたります。

関連▶Q&Aサービス

す

推奨環境

メーカーによって提示される、快適に動作する環境。

OSやソフトウェアが快適に動くために必要とされる、システムやハードウェアの構成をいいます。

関連▶環境設定／動作環境

スイッチ

ある処理を選択するための装置や部品。

スーパーアプリ

スマートフォン向けのアプリで、いろいろなサービスを統合したアプリのこと。

例えば、メッセージの送受信からeコマースでの決済、送金、航空機やホテルの予約まで可能で、複数のアプリを使う煩わしさがありません。

スーパーコンピュータ

圧倒的に高い計算能力を持つコンピュータのこと。

スパコンと略されます。明確な定義はありませんが、一般には超高速の大型汎用コンピュータの通称です。地球規模の気候予測や新薬開発のための分子シミュレーションなど、膨大な計算能力を必要とする分野で利用されています。

スカイプ

関連▶Skype

スキミング

クレジットカードやキャッシュカードの磁気情報をコピーして使用する犯罪行為。

クレジットカードのスキミングの多発から、クレジットカード各社は磁気カードからICカードへの切り替えを図っています。

関連▶ICカード

スキャナー

対象に光を当てて写しとり、デジタルデータに変換する機器のこと。

このようなスキャナーの動作を**スキャン**といいます。

関連▶スキャン

スキャン

■**画像入力装置（スキャナー）で、画像などを光学的に読み込み、デジタルデータに変換すること。**

走査ともいいます。スマートフォンでは、カメラアプリを使って撮影し、対象物が文字であればテキストデータに変換し、写真や絵であればデジタル画像データに変換します。これらの動作もスキャンといいます。

関連▶スキャナー

■**特定の情報を調べたり、探したりすること。**

スクラッチ

関連▶Scratch

スクリーンキーボード

スマートフォンの画面下部に表示される、文字を入力するためのキーボードのこと。

ソフトウェアキーボードともいいます。キーの部分をタップすることで文字を入力できます。キーボードの形は様々で、フリックキーボード、QWERTYキーボード、**Gboard**アプリのGodanキーボードなどがあります。

関連▶フリック／QWERTY入力

スクリーンショット

スマートフォンの画面を撮影して静止画像として保存すること。

ブラウザに表示された商品の番号や時刻表、申し込み番号などを記録しておきたいときに、静止画として保存することができます。

関連▶次ページ［**便利技**］参照

スクロール

画面を上下方向（垂直スクロール）、あるいは左右方向（水平スクロール）に移動して、表示させること。

また、このような表示方法を**スクロール表示**といいます。画面の右端や下端にある**スクロールバー**などで表示画面をスクロールさせることができます。

関連▶カーソルキー

▼スクロールバー

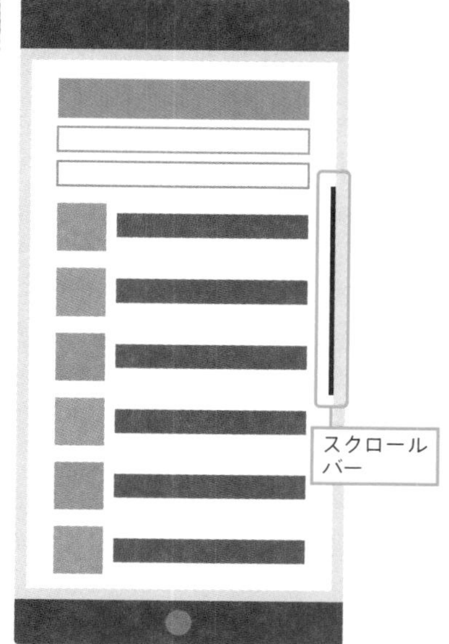

便利技 スマートフォンの画面を残しておきたい（スクリーンショット）

スマートフォンに表示されている画面の内容をそのまま残したいときは、メモ代わりに画面を撮影（スクリーンショットといいます）しましょう。

画面を撮影する方法ですが、Androidでは、❶電源ボタンと音量ボタン（下げる）を同時に押す➡❷撮影した写真は、「Googleフォト」アプリの「ライブラリ」の「Screenshots」内に保存されます。

iPhoneでは、❶電源ボタンと音量ボタン（上げる）を同時に押す➡❷保存する場所として「写真」「ファイル」の選択場面が表示されるので、どちらかを選択します。

Google提供

iPhone

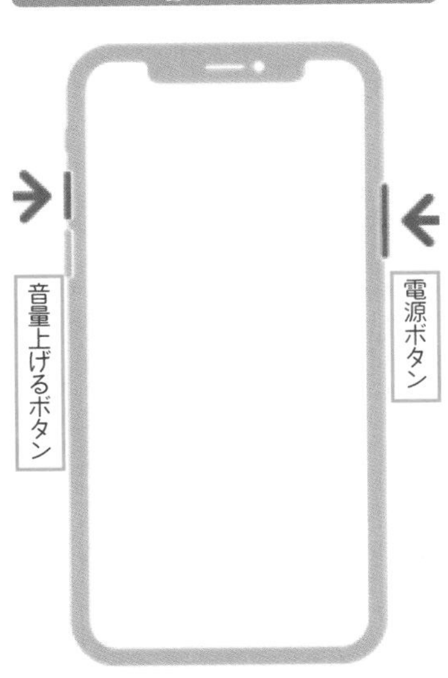

Apple Japan提供

スクロールバー

関連▶スクロール

スター（★）

「重要な通知のみ鳴動する」という設定になっている場合、Androidのステータスバーに「★マーク」が表示される。

「重要な通知のみ」とは優先度の高い通知という意味で、特定の相手だけを表示します。Androidの機種ごとに「通知設定」の名称は異なり、「通知の鳴動設定」「割り込み」「通知をミュート」などがあります。

関連▶ステータスバー

スタイラスペン

スマートフォンやタブレットで画面をタップするときに、指の代わりに使う細長い棒のこと。

タッチペン、**スタイラス**などとも呼ばれます。図形や絵を描くときに利用します。指が乾燥していて画面をタップしても反応しないときに使ったりします。

関連▶タップ／下記［便利技］参照

スタンプ

SNSサービスの1つであるLINEで、メッセージの代わりに送るイラストやアニメーション。

便利技 画面をタッチしても反応が悪い（スタイラスペン）

画面が汚れていたり、指が乾燥していたりすると、反応が悪いことがあります。画面をきれいにしても反応が悪い場合は、指の代わりとなるペン（スタイラスペンという）を使う方法があります。100円ショップでも販売されています。

指と同じように操作（タップ、ダブルタップ、ロングタップ〈長押し〉、スワイプ、フリック、ドラッグ）できますが、複数の指を使うピンチイン、ピンチアウト、マルチタップ、マルチスワイプなどには対応できません。

▼スタイラスペン

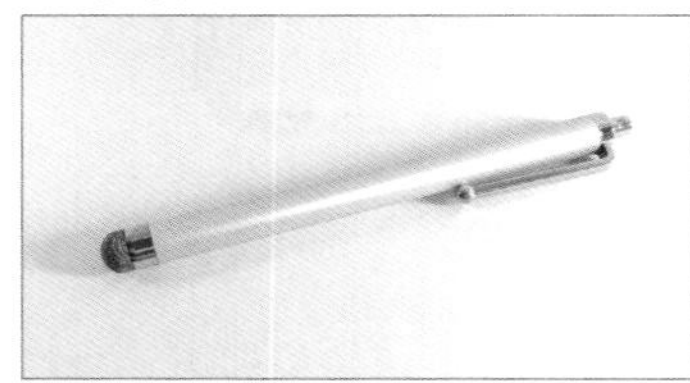

スタンプは絵文字などに比べてより感情を豊かに表現できること、有名なキャラクターなどを使えることから、コミュニケーションの手段として幅広く使われています。無料または有料の様々なスタンプがあり、個人でも作成して公開することができます。

関連▶SNS

▼LINEスタンプ

捨て垢（すてアカ）

一時的な利用を目的として作成されるSNSなどのアカウント。

「いつ捨ててしまってもかまわない」という意味から、こう呼ばれます。「垢」はアカウントにかけたもの。身元を明らかにしたくない相手とのメールのやり取り、個人情報の保護、スパム対策などの目的で利用されます。無料で複数のアドレスが作れるフリーメールを利用して取得するのが一般的で、そのようなメールアドレスは、**捨てアド**といわれます。

関連▶アドレス

ステータスアイコン

画面上部（ステータスバー）の右側に表示されるアイコンのこと。

スマートフォンの現在の状態を表すアイコンが表示されます。iPhoneの場合は、モバイルデータ通信やWi-Fiの電波の状態、機内モード設定の有無、電池の残量などです。Androidの場合は、上記に加えてマナーモード設定やアラーム設定の有無などのアイコンです。

関連▶機内モード／ステータスバー／マナーモード

ステータスバー

画面上部に表示され、スマートフォンの状態を表すアイコンが多数表示されている部分。

通知バーとも呼ばれ、右側にはスマートフォンの現在の状態を表す「ステータスアイコン」を表示し、左側には「通知アイコン」を表示します。iPhoneの通知アイコンでは時刻と位置情報サービスの状態が表示され、Androidでは上記に加えて新着メールの有無、不在着信の有無、留守番電話の有無、スケジュールの通知などが表示されます。

関連▶ステータスアイコン

す

ステマ

関連▶ステルスマーケティング

ステルス機能

無線LANのアクセスポイントでネットワーク名（SSID）やブロードバンドルータを見えなくする機能。

無線LANにおける情報セキュリティ手法の1つで、目的は、第三者による無断での使用や外部からの攻撃を避けることです。SSIDをステルスにすると近隣の人に無線LANルータの存在を知られることがなくなります。

関連▶無線LAN／SSID

ステルスマーケティング

部外者によるロコミや、客観的な報道を装って宣伝行為を行うこと。

ステマともいわれます。SNSや投稿サイトにおいて関係者であることを隠して自社製品を高く評価したり、影響力のあるブロガーが報酬を得ていることを隠して特定商品を高く評価したりすることです。販売会社から報酬をもらっていたり、第三者を装って発信することで、消費者をだます行為となることから、景品表示法や軽犯罪法に抵触する可能性もあります。

ストーリー（ズ）

Instagramの投稿方法の1つで、投稿してから24時間で削除される。

リアルタイムに見てもらいたいときに利用します。ストーリーで投稿できるのは、写真やブーメランの動画、逆再生、ハンズフリーなどです。永続的に残したいときには使いません。

関連▶Instagram

ストリートビュー

指定した地図上の場所の周囲360度を見渡すことができる。

米国グーグル社が提供するGoogleマップの機能の1つです。場所によっては施設の中に入ることもできます。

▼Googleストリートビュー

Google提供

ストリーミング（配信）

ネットワークを介して音声・動画データをリアルタイムに転送すること。

ネットワーク上で音声・動画データを転送する方式の1つで、クライアントは受信と同時にデータの再生ができます。

関連▶次ページ下図参照

ストレージ

ファイルやアプリなどのデータを保存する場所や装置のこと。

スマートフォンが内蔵するストレージや外部メモリのSDカードにデータを保存できます。保存容量はGB（ギガバイト）という単位で表します。Googleドライブ、iCloud、OneDriveなどのオンラインストレージ上にデータを保存することもできます。

関連▶ハードディスク／オンラインストレージ／SSD

ストレージサービス

インターネット上で顧客のデータを保守、管理するサービスのこと。

一般には、利用者がファイルをアップロードして保存したり、ほかのユーザーにデータを受け渡すことのできるサービスや、インターネット上にファイルをバックアップしたりできるサービスのことをいいます。

関連▶オンラインストレージ

スヌーズ

目覚ましのアラームをいったん止めても、数分後にあらためてアラームを鳴らす機能のこと。

「通知のスヌーズ」では、通知を再通知する機能があります。目覚ましアプリのような止めるまでスヌーズしてくれる機能とは異なり、通知のスヌーズは設定した回数まで繰り返します。

▼ストリーミング

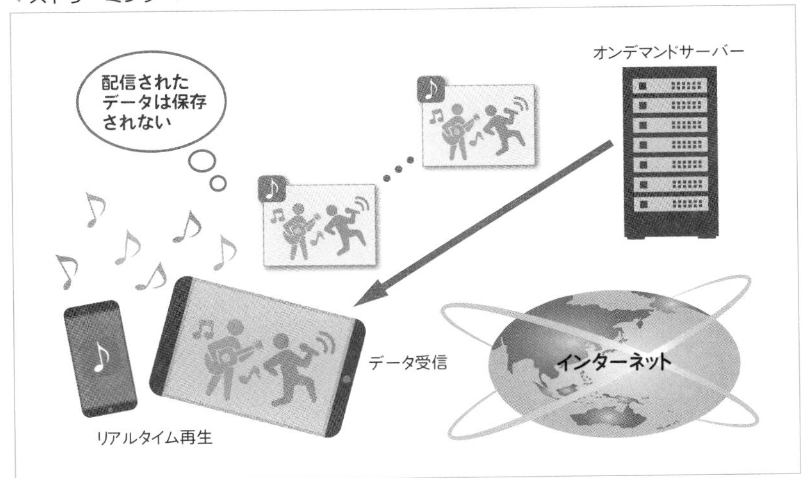

スパイウェア（個人情報送信）

コンピュータシステムの利用者の意識しないところで組み込まれ、利用環境やユーザーの行動（操作履歴）などの情報を収集するソフトウェア。

なお、広義ではコンピュータウイルス／ワーム以外の不正なプログラムを指しており、狭義では個人情報やパスワードを盗み出すプログラムのことをいいます。

関連▶ウイルス／ウイルス対策ソフト

スーパーチャット

YouTubeのチャット機能で、自分のメッセージを目立たせるための機能。

自分のメッセージを強調して長時間表示させるために、金銭で権利を購入します。手数料を除いた金額が動画配信者の収入となることから、アーティストなどを支援するために使われています。略して**スパチャ**、**投げ銭**ともいいます。

関連▶投げ銭（システム）

スパムメール

受信者の意向を無視して送られてくる宣伝や勧誘などの電子メール。

スパムとは、米国Hormel Foods（ホーメルフーズ）社の缶詰で、商品名を連呼したパロディコントが話題となったため、大量に送られる迷惑メールを、こう呼ぶようになりました。嫌がらせや犯罪目的のメールも、「スパム」と呼ばれます。

関連▶迷惑メール防止法

スペース

■**テキスト中の空白文字。**

単語と単語の区切りなどに使われます。書面に印刷する場合は、そのまま空白にするか、区切りであることを明確にするため、アンダーバー（ _ ）などで表します。

関連▶空白文字

■**記憶装置の容量を意味する。**

空きスペース、**記憶スペース**などと用います。

関連▶容量

スペック

仕様、性能といった意味。

関連▶仕様

スペルチェッカー

入力された単語のスペルが間違っていないかをチェックする機能。

英単語などのスペルが誤っている可能性がある場合、下線などで強調され、その単語の修正候補が表示されます。また、文法をチェックする**文法チェッカー**などもあります。

スポティファイ

関連▶Spotify

スマートウォッチ

腕時計のように手首に巻く端末で、スマートフォンなどと連携して利用する。

電話やメールの受信、音楽の再生、代金の支払いなどができます。近年は健康管理ツールとしての利用が増えています。デバイスとしては、米国アップル社のApple Watch、Fitbit社のFitbit、サムスン社のGalaxy Watch、ソニー社のwenaなどがあります。

関連▶ウェアラブルデバイス／Apple Watch

スマートスピーカー

人工知能が搭載されていて音声操作に対応するスピーカーのこと。

人と対話できるAIアシスタント機能を持ち、本体内蔵のマイクで音声を認識し、入力された音声を解析して、情報の検索や、連携する家電の操作を行います。**AIスピーカー**とも呼びます。Google HomeやAmazon Echoなどがあります。

関連▶音声アシスタント／音声認識／下図参照

スマートデバイス

様々な用途で利用できる多機能端末のこと。

明確な定義はありませんが、主にインターネットに接続ができ、様々なアプリ

す

▼スマートスピーカーの仕組み

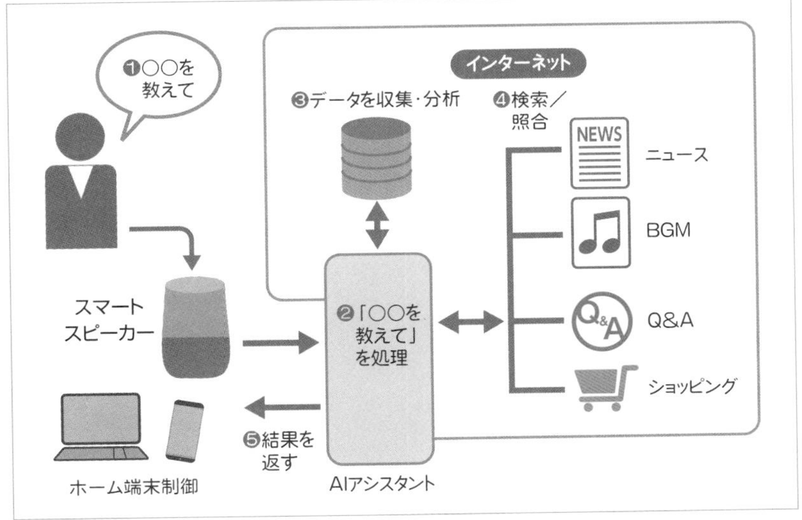

便利技 スマートフォンで支払いをしたい（スマホ決済）

コンビニエンスストアやスーパーマーケット、ファストフードなどの支払いをスマートフォンで行うには、「スマホ決済」という仕組みを使います。

スマホ決済には大きく分けて2種類があります。

●タッチ決済

JR東日本のSuica（スイカ）や首都圏の私鉄等によるPASMO（パスモ）などの交通系ICカード、イオングループのWAON（ワオン）、セブン&アイグループのnanaco*（ナナコ）などのアプリをスマートフォンにインストールしておけば、支払いの際には店舗のレジ端末にスマートフォンをかざすだけで支払いが完了します。

❶事前に支払いで使うアプリに入金（チャージ）しておく

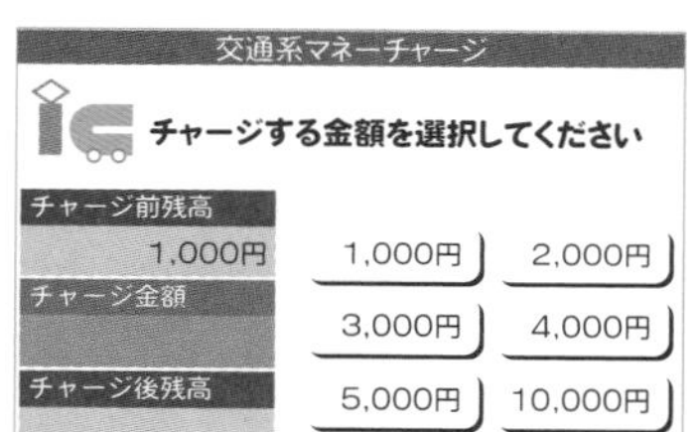

❷店舗のレジ端末にスマートフォンをかざす

❸支払いが完了する

●コード決済

専用のアプリを開いてバーコードやQRコードを表示し、店舗で読み取ってもらう、または、店舗で掲示しているQRコードをスマートフォンのカメラで読み取る、というかたちで支払いを行います。

コード決済ができる主なサービスは、LINEの「LINE Pay（ラインペイ）」、ソフトバンクの「PayPay（ペイペイ）」、楽天ペイメントの「楽天ペイ」、NTTドコモの「d払い」、auの「au PAY」などがあります。*

*nanacoはiPhoneには対応していません（2021年末までに対応予定）。

❶事前に支払いで使うアプリに入金（チャージ）しておく。ただし、携帯料金に含めて支払うときは不要
❷支払いに使うアプリをタップしてアプリを起動する
❸店舗のレジで支払う方法には次の2パターンがある

● パターン1

決済用のコード画面（バーコードやQRコード）を表示し、店舗のPOS端末で読み取って支払う方法

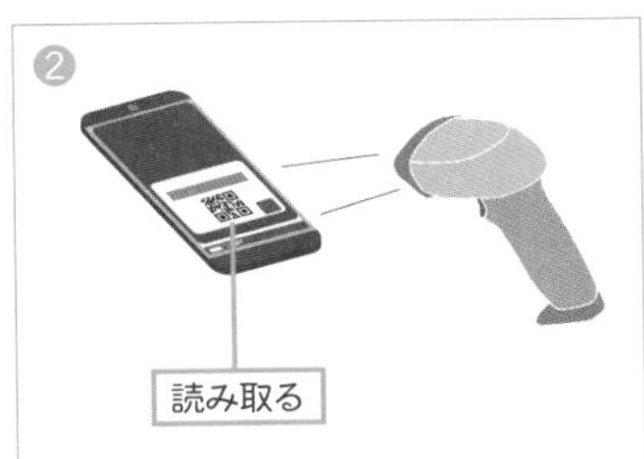

● パターン2

アプリのコード支払いをタップして店舗に掲示されているコード（バーコードやQRコード）を読み取り、支払う金額を入力して支払う方法

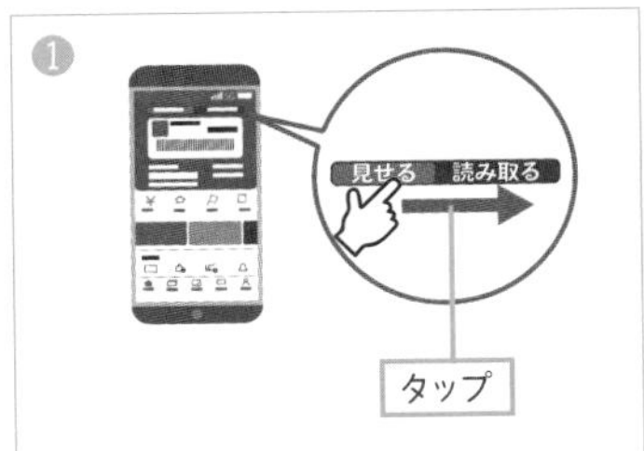

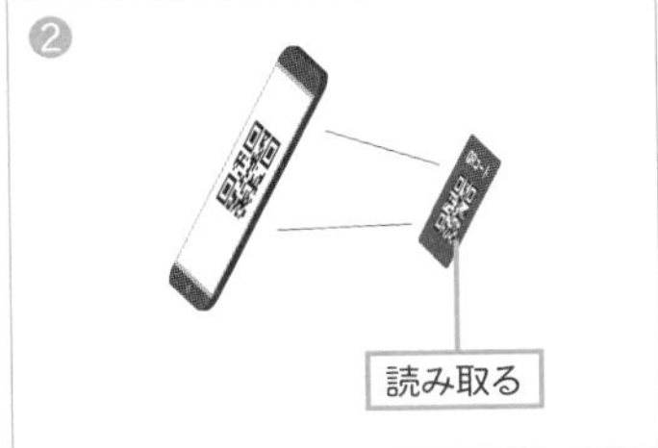

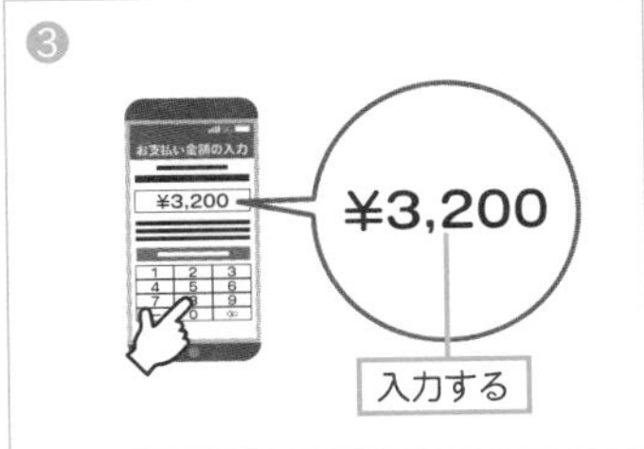

❹パターン1、パターン2共に、支払いが完了する

ケーションを利用できるスマートフォンやタブレットなどが該当します。血圧などの体調管理ができる**スマートウォッチ**や、スマートグラスなどの**ウェアラブルデバイス**なども含まれます。

関連▶ウェアラブルデバイス

スマートフォン

音声通話以外にインターネットアクセス、データ通信、スケジュール管理などの多様な機能を持った携帯電話。

略して**スマホ**と呼びます。市場拡大を牽引(けんいん)してきたのが米国アップル社のiPhoneです。スマートフォン向け基本ソフトとして米国グーグル社のAndroid（アンドロイド）を利用した**Android携帯**も急激にシェアを伸ばしています。日本メーカーによるAndroid携帯にはソニー社の「Xperia（エクスペリア）」、富士通社の「arrows（アローズ）」などがあります。

▼Androidスマートフォン「AQUOS R6」

シャープ（株）提供

関連▶iPhone／Android

スマホ

関連▶スマートフォン

スマホ決済

スマートフォンからQRコードやバーコードを読み取らせたり、専用の読み取り端末にかざして非接触決済を行う機能。

近年はLINE Pay、楽天ペイ、PayPay（ペイペイ）、d払いなどアプリを使った「QRコード読み取り型」の利用が急増しています。支払いの際は、専用のアプリで**QRコード**や**バーコード**を表示させ、店舗のPOS端末で読み取って支払いを完了します。

関連▶キャッシュレス決済／本文116~117ページ［便利技］参照

スマホ脳

スマホの使いすぎにより情報過多となることで脳疲労が起こり、脳の処理が低下すること。

脳疲労によって集中力や記憶力、判断力が低下します。アンデシュ・ハンセンの著書『スマホ脳（英題：Insta-Brain）』で定義された言葉です。

スライダー

つまみを上下左右にスライドさせせると値が増減する入力機能。

音量や明るさの調節に使われています。

関連▶スクロールバー

スライドショー

複数の画像を一定時間ごとに切り替えて表示する手法。

デジタル写真集やプレゼンテーションなどで多く使われています。

関連▶次ページ［便利技］参照

スラッシュ

「／」記号のこと。

▼主なコード決済サービス

		PayPay	d払い	楽天ペイ	LINE Pay
サービス名					
運営		PayPay （ソフトバンク／ヤフー系列）	NTTドコモ	楽天ペイメント （楽天系列）	LINE Pay （LINE系列）
アプリ画面					
支払い方法	前払い	・銀行口座 ・セブン銀行ATM ・クレジットカード（ヤフーカード） など	・銀行口座 ・セブン銀行ATM ・コンビニ など	・銀行口座（楽天銀行） ・クレジットカード（楽天カード） など	・銀行口座 ・セブン銀行ATM ・コンビニ など
	後払い	・クレジットカード	・クレジットカード ・電話料金合算払い	・クレジットカード	×
ポイントサービス		PayPayボーナス PayPayボーナスライト	dポイント	楽天スーパーポイント	LINEポイント LINE Payボーナス

出典：『スマホで困ったときに開く本　2020-2021』　朝日新聞出版刊

便利技 撮影した写真を自動で表示したい（スライドショー）

撮影した大量の写真をフリック（左右にサッと）して1枚ずつ見るのはとても大変です。そういうときは、自動で次々と表示できるスライドショー機能を使いましょう。

Androidでは、❶Googleフォトをタップ➡❷スライドショーで表示したいアルバムを開く➡❸「メニュー」から「スライドショー」ボタンをタップします。

iPhoneでは、❶写真アプリをタップ➡❷アルバムを選択（タップ）➡❸画面右上の「⋮」のアイコンをタップ➡❹「スライドショー」をタップします。

以上の操作でスライドショーが始まります。終了する場合は、画面をタップします。

スライドショーの「オプション」では、再生速度やBGMなどの設定をすることができます。

Android

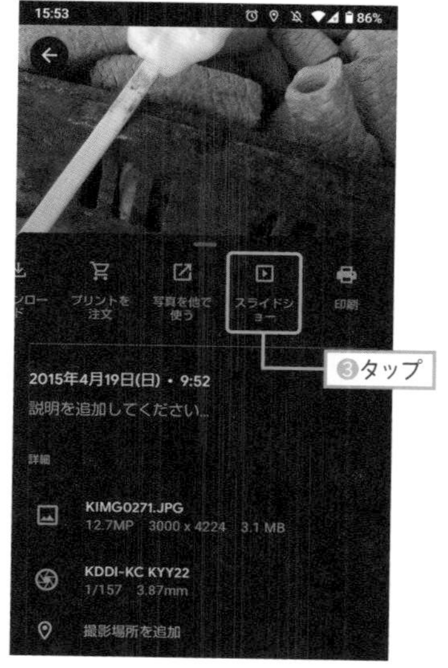

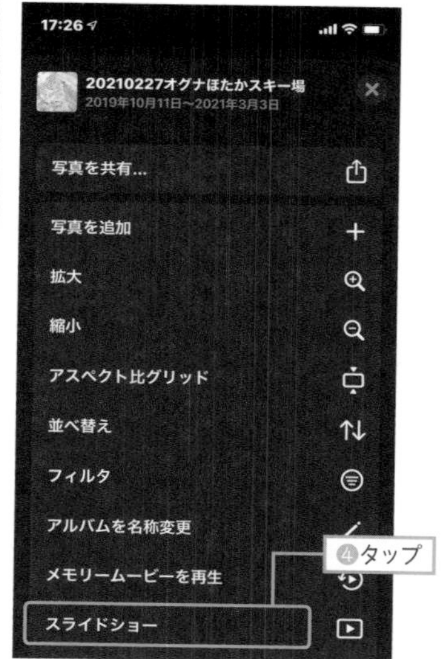

スリープ

一定時間操作しないと画面が消え、省エネモード状態になること。

消費電力を抑えるための機能ですが、電源は切れていないため、画面やボタンをタッチするとすぐに使えるようになります。そのため、メールや電話はふつうに受け取れます。スリープになるまでの時間はユーザーが設定できます。

関連▶低電力モード／下記［裏技］参照

スレッド

掲示板やメーリングリストなどで、1つの発言に関連する発言や返信をまとめて表示する仕組みのこと。

スロット

SDカードやSIMカードを挿入するところ。

関連▶SDメモリカード／SIMカード

スワイプ

画面に指を触れたまま、指を滑らせる操作のこと。

画面を上下左右にスライドしたり、カーソルを移動させたりするときの操作です。画面の切り替えやアイコンの移動に使います。

関連▶タッチパネル／ドラッグ

す

裏技 タップするだけでスリープ状態から復帰させる（スリープ）

Androidの場合は、画面を2回タップするとスリープが解除されるようにします（モーションコントロール）。❶設定アプリを起動して「画面設定」をタップ➡❷「画面設定」の「タップして起動」をオンにします。

iPhoneでは、画面をタップするとスリープが解除されるようにします。❶設定アプリをタップ➡❷「アクセシビリティ」➡タッチをタップ➡「タップしてスリープ解除」をオンにします。

正規ユーザー

公式のオンラインストアや店舗などでアプリを購入したユーザー。

市販のアプリケーションなどの正当な使用権を持ったユーザーのことで、通常はユーザー登録を済ませたユーザーを意味します。

脆弱性（ぜいじゃくせい）

ネットワークなどのシステム上に存在する、セキュリティ上の欠陥や不備のこと。

ネットワークなどへの攻撃者が不正な操作で管理者権限を取得したり、ファイルなどの情報の改変や削除を許してしまうような危険性をいいます。**セキュリティホール**とほぼ同義です。

関連▶セキュリティホール

生体認証

指紋、声紋、眼球の虹彩、指の静脈といった、個人に固有の生体情報を利用して本人を確認する方式。

バイオメトリクス認証、**バイオ認証**とも呼ばれます。生体認証は人体の特徴を利用することから、パスワード、暗証番号などの認証方式と比べて「なりすまし」が困難です。パソコンやスマートフォンの本人認証、銀行ATM、会社や家庭、自動車の鍵に代わるセキュリティとして、広く活用されています。

関連▶顔認証／虹彩認証／指紋認証

セーフモード

AndroidなどのOSが正常に起動しない場合に利用する緊急時の起動方法。

システムに何らかの不具合が生じた際、ソフトウェアやネットワークを利用せず、システムを最小限の機能で起動させることで、原因を調べたりするものです。

関連▶次ページ［便利技］参照

赤外線通信

赤外線を利用して電話番号やメールアドレス、写真などをやり取りすることができる。

一部のAndroidスマートフォンに搭載されていた通信技術です。家電製品をコントロールするリモコンとしても利用できます（テレビ、エアコン、AV機器、プロジェクターなど）。

便利技 スマートフォンの調子が悪いときは（セーフモード）

スマートフォンの動作が遅い、反応が悪い、などのときは「セーフモード」でスマートフォンを再起動してみましょう。スマートフォンの動作が改善することがあります。

Androidの本体の電源が入っているときは、❶電源ボタンを長押し➡❷「電源」をタップ➡❸「電源を切る」を長押しすると、セーフモードで起動します。本体の電源が入っていない場合は、❶電源ボタンを長押し➡❷画面が表示されたら音量ボタン（上げる／下げるのいずれか）を長押しすると、セーフモードで起動します。

セーフモードの解除は、❶電源ボタンを長押し➡❷表示されたメニューから「再起動」をタップします。

iPhoneの本体の電源が入っているときは、❶電源ボタンと音量下げるボタンを同時に押す➡❷「スライドで電源オフ」を右にスライド➡❸電源がオフになります。次にセーフモードで起動します。❹音量上げるボタンを押したまま電源ボタンを押す➡❺アップルマークが表示されたら電源ボタンを離す（音量上げるボタンは押したまま）➡❻時間や日付が表示されたら音量上げるボタンを離します。

Android

iPhone

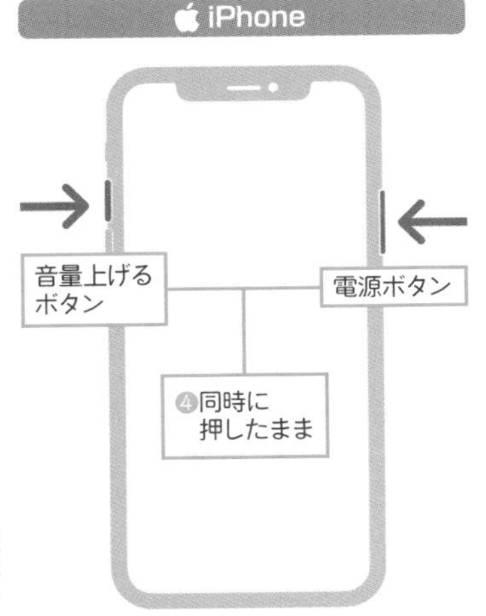

セキュリティ

安全や防御を意味する。

データやネットワーク、スマートフォンやパソコンをウイルスなどから安全に保つ機能を指します。

セキュリティ（対策）ソフト

ウイルスや不正侵入からコンピュータを守るソフトウェア。

例えば、スパムメールを除去するメールフィルタリングソフト、ウイルス感染を防止したり感染後にウイルスを除去したりするウイルス対策ソフト、ネットワークを通じた攻撃や侵入を阻止するファイアウォールソフトなどが挙げられます。

関連▶**ウイルス対策ソフト**

セキュリティホール

ネットワークやシステムのセキュリティに関する欠陥。

プログラムの不具合や設計上のミスによって発生します。このことで、侵入者が本来アクセスできないデータを取得したり変更できてしまいます。

関連▶**脆弱性**

セットアップ

ソフトウェアやハードウェアを使用する

▼セルラー方式

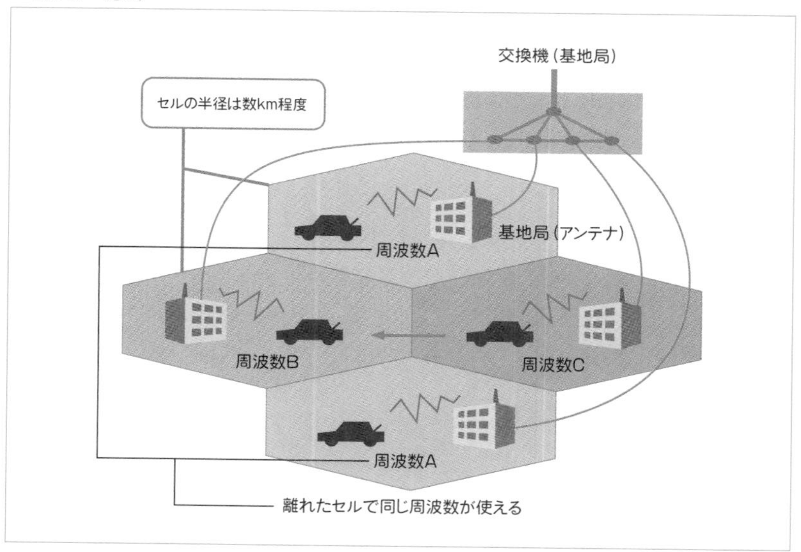

ためのインストールや環境設定、または登録作業のこと。

関連▶インストール／環境設定

セルフィー

関連▶自撮り

セルラー方式

携帯電話やスマートフォンで使用される基地局の設置方式。

広い地域を分割し、それぞれに基地局無線機を置きます。このとき、複数の基地局から同じ周波数の電波を発信しても、基地間で電波干渉を起こさないようにすれば、同じ周波数が繰り返し使えます。携帯電話のように、各地で同時に多くの通話チャネルが必要となるシステムで有効な手段です。

関連▶前ページ下図参照

全角文字

日本語ワープロの用語で、通常サイズの文字のこと。

一般に漢字やひらがながこれにあたります。全角文字の半分の幅で表示・印刷される文字は**半角文字**と呼ばれます。ただし、**プロポーショナルフォント**と呼ばれる文字では、それぞれの文字に合わせた幅になっています。

関連▶半角文字

▼全角文字と半角文字

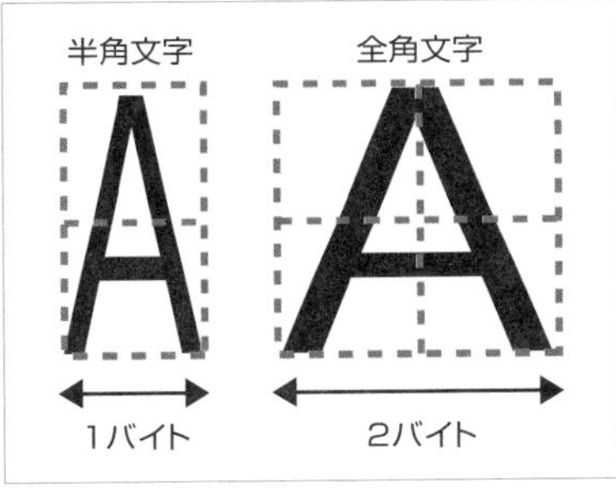

送信トレイ

送信用のメールを一時的に保存しておくフォルダ。

メールの送信が完了するまでは、送信トレイにメールが一時的に保存され、その後、**送信済みトレイ**に移動します。

挿入

すでに存在する文章の中に、文字を割り込むように追加入力すること。

文字入力方法の1つで、入力済みのデータの任意の位置に別のデータを入力すると、入力位置以降にあったデータの前に、新しいデータが割り込むかたちで入力されます。なお、挿入とは対称的に、すでに入力済みの文字を消して、新たに文字を入力する方法を**上書き**といいます。

関連▶上書き

ソーシャルアプリケーション

SNS（ソーシャルネットワーキングサービス）の機能や情報などを活用するための専用アプリケーション。

コミュニティあるいはコミュニケーションを通じた情報の共有、ほかのユーザーとのコミュニケーションなどの機能が提供されます。

関連▶SNS

▼挿入の例

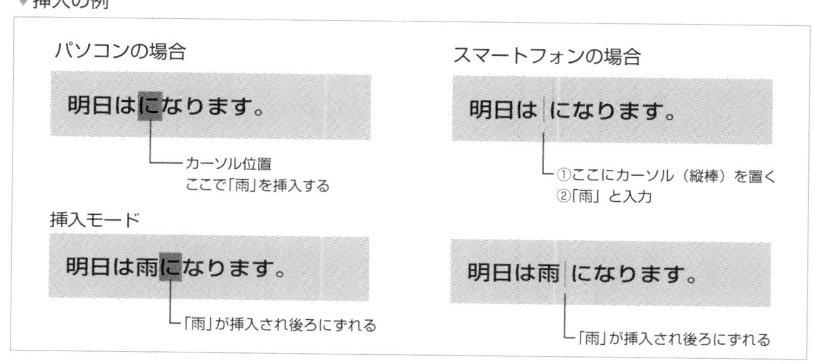

ソーシャルゲーム

ソーシャルアプリケーションのうちゲームの総称。

ゲームを通じてコミュニケーションがとれる点が特徴です。ゲームは無料で提供されるものが多いものの、ゲームを有利に進めるためのアイテムや、抽選券（**ガチャ**）といったオプションは有料になっています。

関連▶ガチャ／SNS

ソーシャルネットワーキングサービス

関連▶SNS

ソーシャルメディア

ウェブサービスで、ユーザー同士のコミュニケーションによって形成される情報メディアのこと。

ソーシャルネットワーキングサービス（**SNS**）や動画共有サイトなどがあります。ユーザー間でコンテンツの共有を行うことができます。SNSとしては、TwitterやFacebookが有名です。

関連▶Facebook／SNS／Twitter

ソース

情報などの出所、出典のこと。

情報の根拠となる情報源について明示します。プログラムコードのこともソースといいます。

ソート

データを特定の条件、規則によって並べ替えること。

数値が小さい順（**昇順**）や大きい順（**降順**）、文字の五十音順、時系列で並べ替えるなどがあります。

速度制限

契約しているデータ通信量が、月あたりの上限を超えた場合に、キャリアが実施する通信速度を遅くする措置のこと。

追加料金を払うと速度を回復することができます。

関連▶キャリア／帯域制限

外付け

パソコンやスマートフォン本体の外部に周辺機器を接続すること。

スマートフォンであれば、Wi-Fi対応携帯ストレージ（ハードディスク）、スマートフォン対応USBメモリ、モバイルプロジェクター、ブルートゥースキーボードなどで、パソコンであればハードディスクドライブなどです。現在、外付けで使われるインターフェースは、ブルートゥース、USB、Wi-Fiなどがあります。

関連▶USB

ソフトウェア

コンピュータに処理をさせる命令の集まりで、プログラムのこと。

物理的な装置としてのハードウェアと対比される用語ですが、一般には、映像や音楽のコンテンツ、ハードウェアの利用法や管理の内容をいいます。

関連▶ハードウェア／プログラム

ソフトウェアキー

文字などを入力するときにスマートフォンやタブレットの画面上に表示するキーボードのこと。

ソフトキーとも呼ばれます。キーをタップすると入力することができます。

関連▶スクリーンキーボード

ソフトバンク

1986年12月に発足した移動通信サービス企業。

鉄道通信（JR通信）社として発足し、ボーダフォン社の傘下を経てソフトバンクグループとなりました。スマートフォンなどの携帯端末の販売や固定通信、インターネット接続サービスなども行っています。

関連▶KDDI／NTTドコモ

そ

た

ダークモード

黒の背景に白の文字といった暗い配色の画面にする画面モードのこと。

黒っぽい画面では光を使わないため消費電力を抑えられます。また、画面内の光が視界に入る量が減ることで、眼への負担が減る効果が期待できます。

ダイアログボックス

メッセージ表示や設定用のウィンドウ。

チェックボックスによる選択やテキストの入力、エラーメッセージの確認などを行うウィンドウです。ダイアログとは「対話」の意味です。

帯域制限

データ通信量が規定の条件を超えた場合に、帯域を狭めて通信速度を制限すること。

帯域とは道幅のようなもので、広いほど一度に多くのデータを送信できます。サーバーへのアクセスの集中を減らし、負荷や混雑を緩和するために行われます。インターネットに接続する通信速度が抑えられ、動画などを見ることが困難になります。

関連▶速度制限／ベストエフォート型

タイピング

パソコンなどでキーを打つこと。

タイマー機能

設定した時刻になるとアラームなどで知らせてくれる時計アプリの機能。

料理や勉強など時間を決めて作業を行いたい場合やスポーツなどをする際に役立ちます。

関連▶次ページ［便利技］参照

タイムライン

- **ビデオ編集ソフトなどにおいて、作品全体の流れを時系列で管理し、編集する機能のこと。**

- **Twitterのホーム画面において、投稿されたつぶやき（ツイート）が表示される場所。**

- **自分や友人の投稿した内容が表示されるFacebookでの場所。**

便利技 YouTubeなどの再生を自動停止する（タイマー機能）

タイマーを使って、決められた時間だけYouTubeで音楽や動画を再生することができます。

Androidでは無料アプリの「Sleep Timer」を、iPhoneでは「時計」アプリを使います。

Androidでは、❶「Sleep Timer」を起動➡❷画面右上のメニュー⋮をタップ➡❸設定メニューの画面で「タイマーの終了」をタップ➡❹「アクションを実行します」をタップ➡❺「画面をオフにする」をチェックし、「停止を送信」をチェック➡❻「Sleep Timer」のホーム画面に戻り、画面中央をタップしてタイマーの時間を設定➡❼画面下の「スタート」をタップすると、設定した時間が経過したあとスマートフォンがスリープになります。

iPhoneでは、❶「時計」アプリを起動➡❷タイマーのタブをタップ➡❸タイマー終了時をタップ➡❹「再生停止」にチェックを入れて終了する時間を設定➡❺「開始」をタップします。

Android

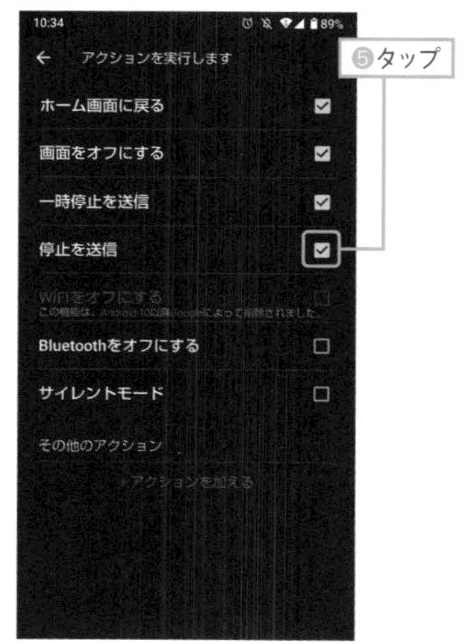

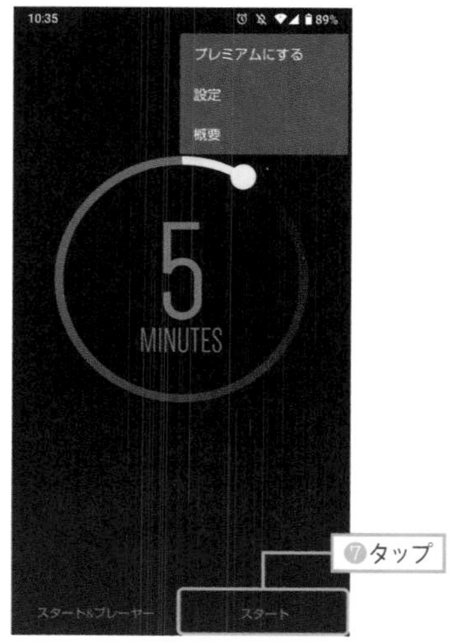

タイムラプス

何秒かに1回、もしくは数分に1回ずつ撮影した写真を連続で再生する動画のこと。

天候の変化や人と車の流れ、花の開花や昆虫の羽化など、状況の変化を短時間で表現することができます。ラプスは経過・推移を意味します。

ダイレクトプリント

デジタルカメラとプリンタをつなぎ、パソコンを経由せずに、画像を直接プリントすること。

プリンタにWi-Fi Directという機能があれば、スマートフォンとじかに接続してプリントできます。そのほか、画像データを保存したメモリカードを、プリンタに装備されたカードスロットにセットして印刷することも、ダイレクトプリントといいます。

ダウン

使用中の機器やアプリが突然、正常に動作しなくなること。

落ちる、**ハングアップ**、**暴走**、**ストール**などと同じ意味で使われます。

関連▶システムダウン

ダウンロード

インターネット上にあるアプリやデータをスマートフォンなど手元の機器にコピーすること。

インターネット上の画像や動画などをスマートフォンやパソコンに保存しておくと、いつでも見ることができます。

逆に、ネットワークにデータをコピーすることを**アップロード**といいます。

関連▶アップロード

▼ダウンロード

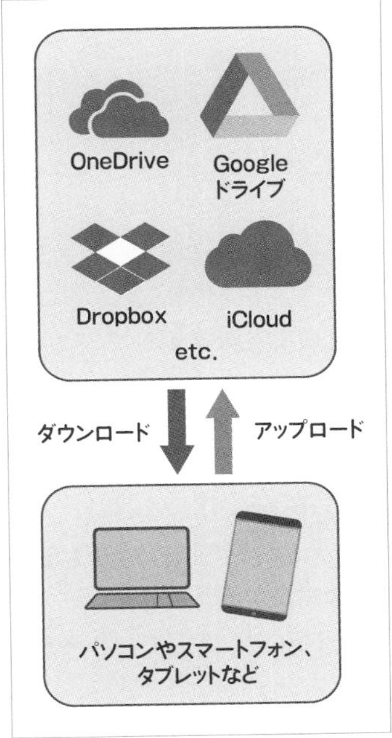

ダウンロードフォルダ

ダウンロードしたデータやメールの添付ファイルの保存先となるフォルダ。

画像や動画、PDFファイルなどをダウンロードした場合、通常はこのフォルダに保存されます。なお、設定により保存先を変更することもできます。

タグ

ICタグ、RFタグのこと。

関連▶ICタグ

タスク

コンピュータ内でOSが管理する仕事の単位。

小さな単位の作業や仕事を**タスク**といいますが、動作中のアプリもタスクの1つです。なお、1回に1つずつのタスクを処理する方式を**シングルタスク**、複数のタスクを同時に処理する方式を**マルチタスク**といいます。

関連▶シングルタスク／マルチタスク

立（起）ち上げ

スマートフォンなどやソフトウェアを使える状態にすること。

スマートフォンなどの電源を入れ、OSや特定のソフトウェアなどを実行することをいいます。

関連▶起動

タッチスクリーン

関連▶タッチパネル

タッチ操作

タッチパネルを指や専用のペンで触れることで操作すること。

関連▶スワイプ／タップ

タッチパネル

ディスプレイ上を直接、手で触れることで操作する入力装置。

タッチスクリーンという場合もあります。**ポインティングデバイス**の一種です。ディスプレイに表示される文字や画像に直接触れられるため、自然な操作性を持たせることができます。スマートフォンや金融機関のキャッシュディスペンサー（ATM）などで使用されています。

関連▶ポインティングデバイス

タップ

指や専用のペンなどでタッチパネルを軽く1回たたく操作のこと。

スマートフォンなどのタッチパネル上での操作の1つで、一般には**シングルタップ**のことをいい、マウスのクリックに相当します。

関連▶タッチパネル／ダブルタップ

ダブルタップ

タッチパネルの表面を、指や専用のペンなどで軽く2回たたく操作のこと。

パソコンにおけるマウスボタンのダブルクリックに相当します。**ダブルタッチ**ともいいます。

タブレット

タブレットPCのこと。

関連▶タブレットPC

タブレットPC

タッチセンサー付きのディスプレイを採用した一体型コンピュータのこと。

液晶画面にセンサーを搭載した、タッチパネル型のコンピュータを指しますが、キーボードがないのが一般的です。iPadなどの携帯情報端末や、店舗における在庫管理用のハンディスキャナー付き機器なども含まれます。

関連▶iPad／Surface

▼タブレットPC

Microsoft提供

単語登録

日本語入力システムの辞書に単語を登録すること。

単語を登録する場合は、単語（熟語）の文字列、単語の読み、単語の品詞の情報を登録します。登録された情報はユーザー辞書に記録されます。1単語ずつ単語登録する方法と、テキストファイルに複数の単語を記載しておいてまとめて登録する**一括登録**の方法とがあります。人名や専門用語を登録しておくと便利です。

関連▶かな漢字変換／辞書

短縮URL（たんしゅくゆーあーるえる）

長い文字列のURLを短く表示したもの。

URLの入力が楽になる、文字数制限のあるSNSなどへの投稿に引用しやすい、などの利点がありますが、URLの全体がわからないため、詐欺サイトへの誘導などにも使われることがあります。

関連▶偽装URL

た

ち

チートツール

ゲームにおいて、本来得られる結果とは異なる動作を行わせる装置やプログラムのこと。

「チート」とは、プログラムの書き換えやデータの不正な上書きなど、ゲームにおける「ずる」のことです。スマートフォンやオンラインのゲームにおいては、厳しく罰せられることがあります。

チェックボックス

質問事項などに付けられる四角いボックス（□）のこと。

タップして選択するとマーク（レ点）が付きます。アンケートや持ち物リストなどで利用されています。

地図アプリ

GPSを利用して、現在位置の確認やルート検索ができるアプリ。

デジタル化された地図データをパソコンやスマートフォンに表示し、地名、交通機関などの検索や表示ができるソフトウェアまたはサービスです。近年はARとの連携も進められています。

関連▶**地理情報システム／Googleマップ／GPS**

知的所有権

知的活動の成果に財産的価値を認める権利。

工業所有権と**著作権**が含まれます。**知的財産権**、**無体財産権**ともいわれ、財産権の一種と解釈できます。

関連▶**著作権／次ページ下図参照**

地デジ

地上デジタルテレビ（TV）放送のこと。

従来のアナログによる地上テレビ放送に代わるもので、高品質な映像や音声が楽しめます。

チャージ

QRコード決済やおサイフケータイなどの電子マネーの残高を増やすこと。入金を意味する。

多くの場合はアプリで銀行口座やクレジットカードと紐付け（ひもづ）ておき、そこから金額を決めて入金します。また、ATMや券売機など専用の機器に現金を入れて、スマートフォンのアプリにチャージできるものもあります。

関連▶電子マネー

着信音

スマートフォンなどに電話やメールが着信したときの呼び出し音。

通常設定されている音以外に、音楽や人の声などに変更したり、音が鳴らないように設定したりすることもできます。

関連▶次ページ［裏技］参照

着信拒否

特定の電話番号または特定の相手からのメールなどをブロックする機能やサービス。

迷惑電話やしつこいセールスなどの、発信者の電話番号やメールアドレスを登録することで、着信を自動的に拒否することができます。

チャット

ネットワークを介してリアルタイムにメッセージを交換すること。

同時にアクセスしているほかのメンバーと、文字メッセージを介して会話ができます。相手が複数でも可能です。

関連▶LINE／Slack

チュートリアル

アプリや機器の利用にあたって、基本操作を解説する教材のこと。

▼知的所有権の内訳

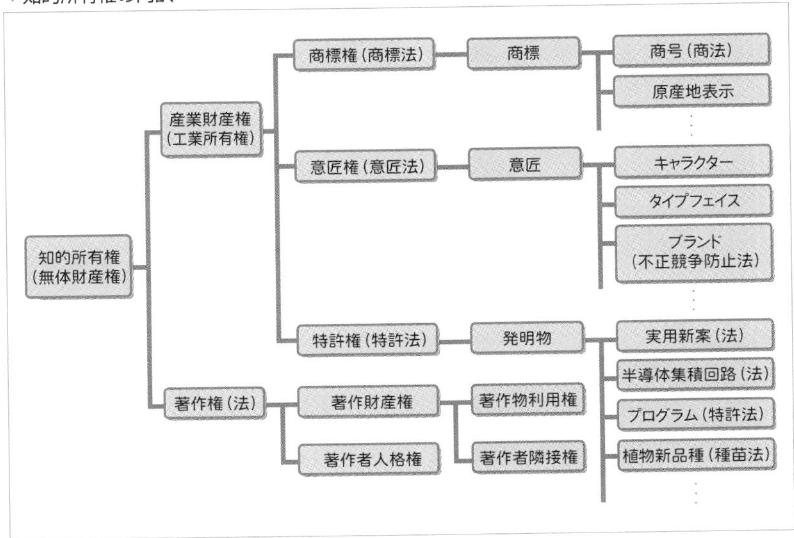

裏技 着信音やバイブレーションの音を相手によって変える（着信音）

着信した相手が音だけで判別できるように、個別に着信音を変更することができます。

Androidでは、❶連絡先アプリを起動して相手の名前をタップ➡❷「⋮」ボタンをタップ➡❸表示されたメニューから「着信音を設定」をタップ➡❹使いたい着信音のラジオボタンをタップ➡❺「OK」をタップします。

iPhoneでは、❶連絡先アプリを起動して相手の名前をタップ➡❷画面右上の「編集」をタップ➡「着信音」をタップ➡❸「ストア」「着信音」「通知音」の中から選択します（この画面でバイブレーションの設定も可能）。

Android

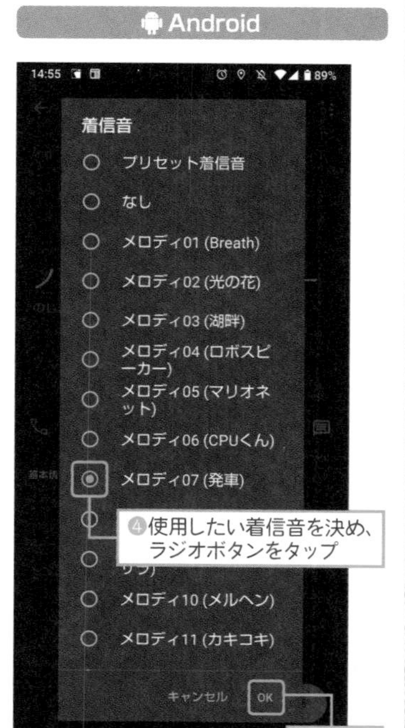

iPhone

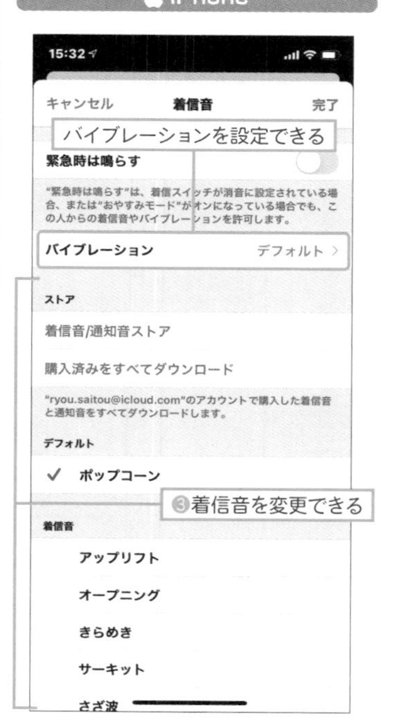

もともとは、「個別指導」などを意味する教育手法の1つですが、アプリや機器を起動すると、チュートリアルが表示されることもあります。

著作権

著作物を独占的に利用して、経済的利益を得ることができる権利。

文芸作品や音楽などの、個人が創作したものに付随する権利をいいましたが、1985（昭和60）年に改正された**著作権法**で、コンピュータのプログラムにも著作権が認められるようになりました。プログラムが**著作物**であること、複製物作成の範囲、違法複製物の使用の禁止などがあり、レンタル業務についても、その許諾権が定められています。なお、著作権の保護期間は70年です。

関連▶**知的所有権／下図参照**

▼著作権の分類

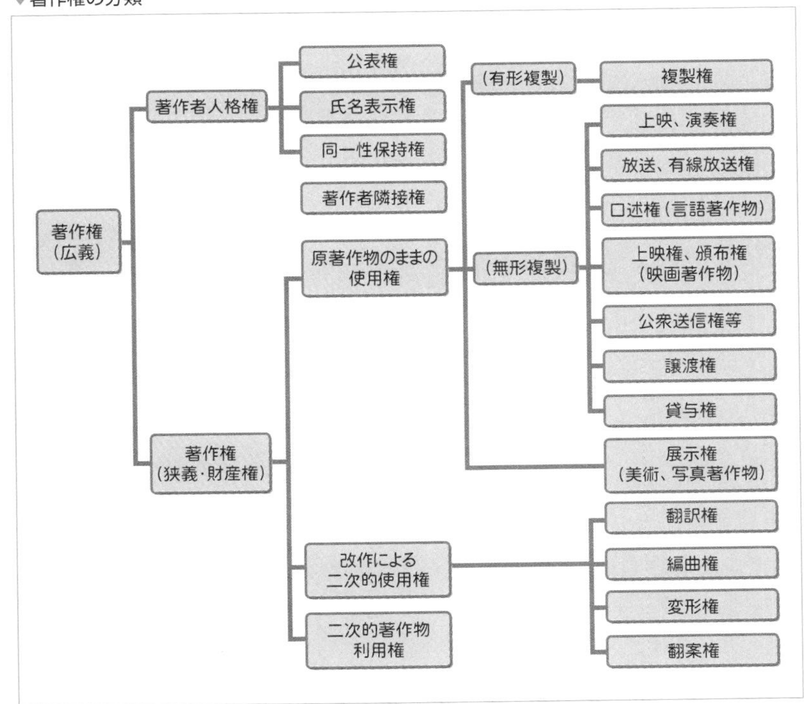

ち

著作物

思想や感情を創作的に表現した文芸や学術、音楽など、著者によって作られたものの総称。

著作権法の規定では、小説や音楽、舞踊、映画、絵画（版画）、写真、建物、地図、コンピュータプログラムなどが保護されています。

関連▶著作権

地理情報システム

位置情報に土地建物などを関連付けた地図データシステム。

コンピュータ上の地図データと土地や建物に関する情報を関連付けたデータベースです。それらの情報の検索、解析、表示などを行うソフトウェアで構成されています。GISとも呼ばれます。

関連▶地図アプリ／GPS

チルダ

「~」のこと。にょろとも呼ばれる。

スマートフォンやパソコンでは、インターネットのURLの表記で使われることもあります。

ツイッター

関連▶Twitter

通信速度

単位時間あたりのデータ伝送量のこと。データ伝送の速さを示す。

実際に伝送されるデータ量ではなく、1秒間に伝送できる、制御情報を含めたデータ量を**bps**(bit per second) で表します。数値が大きいほどデータ伝送が速いといえます。

関連▶bps

通知

メッセージやメールの着信、アプリや機能の更新、新しいニュースの到着などを知らせること。

画面上の決まった場所にメッセージやアイコンを表示したり、音や光の点滅などでスマートフォンの持ち主に知らせたりします。

関連▶着信音

通知センター

iPhoneで着信や更新のお知らせをまとめて表示する画面。

ここを見ることでアプリやSNSからのお知らせをチェックすることができます。

通知パネル

Androidで情報の詳細を確認する画面。

画面上部には、電池残量や電波状態、着信音設定などの情報をアイコンで表示しているステータスバーがあります。それを下方にスワイプすることで、より詳しい情報を確認し、設定を変更することができます。

関連▶ステータスバー

通知領域

Androidのステータスバーをスワイプして広げると表示される画面のこと。

ネットワークの接続状況やマナーモードの設定などがアイコンで表示され、この画面でそれらの設定を変更できます。

関連▶通知パネル

通報

ルール違反や犯罪行為を、アプリの開発者やサイトの管理者、警察などに連絡すること。

SNSなどでは、暴言や名誉毀損（きそん）などを通報してそのコメントを削除したり、アクセスを禁止してもらうなどの対処をしてもらいます。また、アプリの不正使用や改ざんなどは開発者に連絡し、インターネット上での犯罪行為は、対応する行政機関に連絡して対処してもらうことが重要です。

ツール

目的を絞った単機能のプログラム全般をいう。

つぶやき

関連▶Twitter

て

出会い系サイト（であいけいサイト）

主に成人男女を対象に、見知らぬ者同士の出会いを目的とした掲示板などの場所を提供するシステムの総称。

匿名性を旨とするため、売買春や援助交際などの温床にもなりがちで、社会問題化しています。

関連▶**電子掲示板システム／SNS**

ディープフェイク

人物画像などを合成すること。

画像を重ね合わせて偽物（フェイク）の動画や画像を作成する技術です。ディープラーニング（深層学習）とフェイクを組み合わせた言葉です。静止画、動画とも違和感のないものを作成できるため、フェイクニュース（虚偽の報道）や悪意のあるでっち上げに使用され、問題になっています。

ディープラーニング

コンピュータが自ら学習する機械学習の一種。

画像認識や言語解析の分野などで、大量のデータから特徴を取り出し、その作業を繰り返し行うことで精度の高い分析をする手法です。

関連▶**機械学習／次ページ下図参照**

定額制

一定の金額を払うことで、制限なくサービスを利用できる料金体系。

定額固定制（**固定定額制**）ともいいます。また、一定金額までは従量課金され、その後は追加料金が発生しない課金方式を**プライスキャップ制**、一定使用ぶんまでは定額で、それを超えると追加課金される方式を**準定額制**と呼びます。クラウドサービスが発展した現在では、アプリや音楽、ムービーの配信サービスなどを、定額制で提供する企業も増えています。

関連▶**固定（定額）制／従量（課金）制**

ディスク

円盤状の記録媒体のこと。

ハードディスクやDVDなど、記録媒体の略称として使用されることがあります。

関連▶**ハードディスク**

ディスプレイ

画像の出力装置の1つ。文字やグラ

フィックを表示する。
現在では、液晶ディスプレイ（LCD）や有機ELディスプレイなどが主流となっています。指で触って操作できるスマートフォンやタブレットなどのディスプレイは**タッチパネル**ともいいます。また、画面をスクリーンに投影するプロジェクターも含める場合があります。

ディスる

バカにする、軽蔑する、侮辱するなどを意味するスラング。
「**disる**」と書く場合もあります。英語のdisrespectから発生した言葉です。

低電力モード

必要最低限の機能以外を制限することで電力の消費を抑え、バッテリーを長持ちさせるiPhoneの機能。
Androidでは**省電力モード**といいます。

ディレクトリ

ハードディスクやSSD上で、ファイルが記録されているデータの保管場所のこと。
フォルダとも呼ばれます。ハードディスク同士は、それぞれドライブ名で区別されていますが、1つのドライブの中をいくつかの架空の入れ物に分割する場合に、ディレクトリを設定します。
関連▶フォルダ

▼ディープラーニングによる推測の例

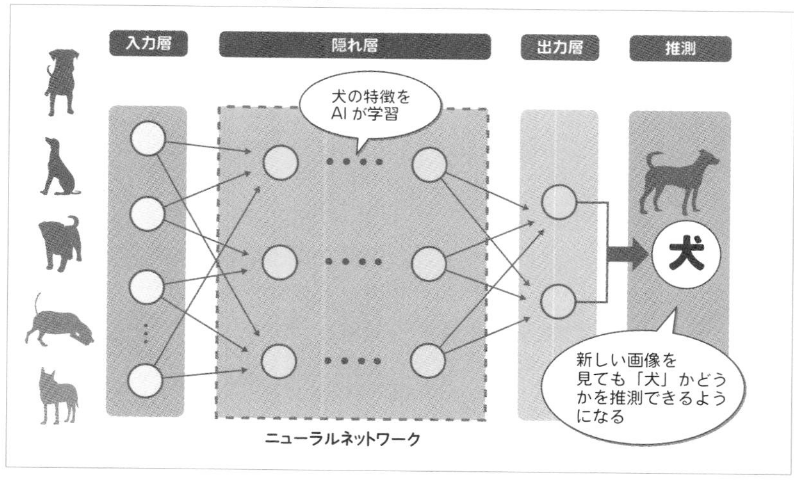

データ

文字や数値の集まりのこと。

データ圧縮

転送時間を短縮したり、使用する記憶領域や電波帯域を節約するために、データの容量を圧縮すること。

関連▶圧縮

データ形式

どのような種類のデータの集まりかを区分するための規格や方式。

スマートフォンなどの電子データでは、拡張子などでデータ形式を区別します。例えば、画像ファイルの拡張子はjpg、文書ファイルの拡張子はtxtなどです。

データ通信

スマートフォンなどの電子機器同士で、データをやり取りすること。

音楽、画像、動画などのデータ全般のやり取りはすべてデータ通信です。固定電話以外の光回線などの電話サービスも、実はデータ通信を使用しています。スマートフォンでのデータのやり取りでは、**パケット**と呼ばれる単位にデータを分割するため、**パケット通信**ともいいます。

関連▶パケット／パケット通信

データベース

目的や用途ごとにデータを蓄積、整理したファイル、またはその集合。

DBともいわれます。

テーマ

スマートフォンなどの画面のデザインを統一的なコンセプトで設定すること。

ロック画面やホーム画面の壁紙、アイコンなどについて、宇宙や自然などの特定のコンセプトで模様や色、デザインを統一する機能です。iPhoneではロック画面と壁紙のみ設定可能です。

テキスト

文字コードだけで記録されたデータ。

関連▶テキストファイル／ファイル形式

テキストエディタ

文字を入力したり、文字（テキスト）データを編集するためのソフトウェア。

関連▶ワープロ

▼テキストエディタ

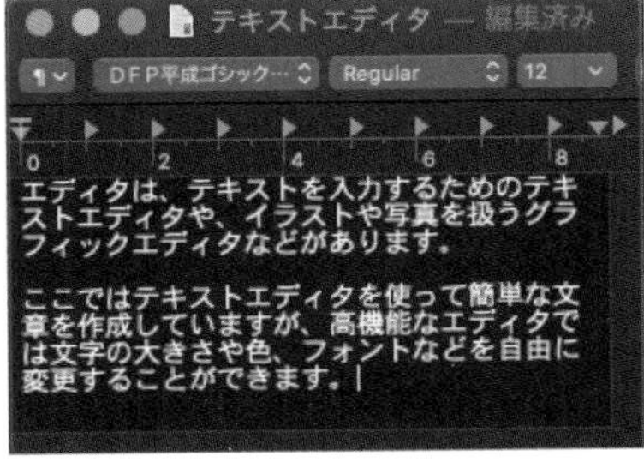

て

テキストファイル

文字（テキスト）データで構成されたファイル。

コンピュータやスマートフォン、プログラムに必要な設定情報や、書式設定のない文章を記録するために使われます。テキストファイルは文字の情報を記録し、文字以外の情報は改行、改ページ、タブなど、文字組みに必要な最小限のものだけになっています。**文書データ**を意味することもあります。

関連▶ファイル形式

テクスチャー

物体の表面や素材などの質感、風合いなどを模して作成される図柄。

3DCGでは立体物の表面に貼り付けてリアルな質感を表現します。

関連▶ポリゴン

テザリング

スマートフォンを介して、タブレットやゲーム機器など、ほかの機器をインターネットに接続する機能のこと。

関連▶ブルートゥース／Wi-Fi

デジタイザーペン

充電やペアリングなどの操作が必要なタッチパネル専用のペン。

ペアリングが不要な簡易版の**スタイラスペン**に比べ、描画時の反応や精度が高いのが特徴です。

関連▶ペアリング

デジタル

データを0と1など数字による飛び飛びの値として表すこと。

ディジタルともいいます。一般的なコンピュータでは、データは0と1の組み合わせで処理されます。これに対して、電圧や電流など、大小や強弱が連続的に変化する量を**アナログ**といいます。

関連▶アナログ

デジタル回線

デジタル信号だけでデータのやり取りをする回線。

光ファイバーやDSL、FTTH、高速専用線などはデジタル信号でデータをやり取りします。これに対し、固定電話で使用される一般加入回線を**アナログ回線**と呼びます。

デジタル家電

コンピュータを内蔵して、家庭内ネットワークの端末として接続・操作可能な家庭用電化製品のこと。

FAXや携帯電話、家庭用ゲーム機などの**情報機器**、**情報家電**に、さらにはコンピュータを搭載した洗濯機や冷蔵庫など、いわゆる**白物家電**もネットワーク接続機能が付いたデジタル家電に含めるようになりました。

関連▶ネット家電

デジタルカメラ

撮影した画像をデジタル信号として記録するカメラ。

略して**デジカメ**ともいいます。静止画を記録する**デジタルスチルカメラ**と、動画を記録する**デジタルビデオカメラ**があります。画像や動画をデジタルデータのまま、パソコンなどで手軽に扱えることから急速に普及しました。記録媒体には静止画の場合、フラッシュメモリを搭載した各種メモリカードを利用します。

関連▶顔検出／コンデジ

▼デジタル一眼レフカメラ

EOS R5　Canon提供

デジタル署名

暗号技術を用いて、データに対して電子的な署名をすること。

データの正当性を証明します。

関連▶電子署名

デジタルズーム

写真や動画の一部分を拡大する方式。

元の画像を単純に拡大しているだけなので、画質が粗くなります。これに対して、レンズの焦点を変えて拡大することを**光学ズーム**といいます。

関連▶光学ズーム／3眼・4眼カメラ

デジタルスタンプ

スタンプラリーやポイントカードなど、従来は紙で行っていたものをスマートフォン上で行えるサービスのこと。

紙の代わりにスマートフォンにスタンプ

▼デジタルスタンプの例

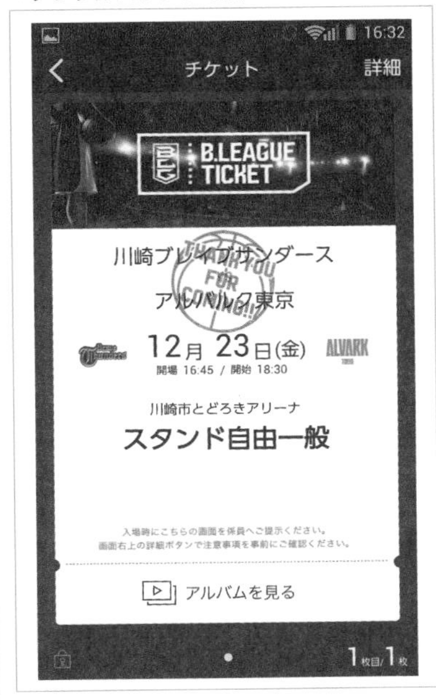

を押すことができます。実際のスタンプに見立てた装置を画面に押し付けて捺印しますが、QRコードやキーワード式のものもあります。

デジタルデバイド

スマートフォンやパソコンなどのハイテク機器や、インターネットなどのIT関連技術を利用できる人とできない人の格差のこと。

例えば、ネット通販や、役所の書類のオンライン申し込み、定額制の動画や学習サイトを見られる環境などの情報技術に触れる機会がない人が、その恩恵を受けられず、社会生活に格差が生じてしまい、貧富の差などの原因となっています。

デジタルビデオカメラ

撮影した動画をデジタルデータとして記録するビデオカメラ。

撮影後のデータ加工が容易なだけでなく、画質そのものがかつてのアナログのテープ式ビデオカメラより優れています。家庭用のものは、メモリカードなどに録画します。

▼デジタルビデオカメラ「VLOGCAM ZV-1」

ソニー（株）提供

関連▶デジタルカメラ

デスクトップ型パソコン

机の上に置いて使用することを前提としたコンピュータの総称。

据え置き型パソコンの一形式で、大きさや重さはまちまちですが、機器を追加で内蔵したり、多数のコネクタや高性能グラフィックボードを挿入できるスロットなどを備えているため、ノートパソコンよりも拡張性があります。

関連▶ノートパソコン

デバイス

装置や機器のこと。スマートフォンやタブレット、パソコンなどの端末と、その周辺機器をいう。

インターネットなどのネットワークに接続する機器だけでなく、プリンタやキーボードなどあらゆる機器のことをデバイスといいます。

デファクトスタンダード

事実上の業界標準のこと。

国際標準化機関や各国の標準化機関が規格化したものではなく、単一もしくは少数のメーカーや研究機関が作った製品が、市場のほとんどのシェアを占め

て

てしまい、その規格の製品でなければ売買が見込めない状態のことです。

デフォルト

コマンドやアプリを使用するときに適用される初期条件のこと。

初期値あるいは**既定値**ともいいます。アプリの場合は、インストールした時点で、標準的な使い方に適した条件が、すでにデフォルトとして設定されています。

関連▶**環境設定**

手ブレ補正

写真や動画の撮影時に、手ぶれによって起こる揺れを軽減する機能。

レンズが手ぶれに反応して揺れを抑える方向に移動したり、データ上で修正をかけたりするなどの方式があります。これによりピンボケの画像がなくなり、鮮明な写真や動画を撮ることができます。

デュアルレンズ

近接用・望遠用、静止画・動画など、用途の異なる2つのレンズを搭載したカメラ機能のこと。

望遠レンズと広角レンズなど用途別のレンズを用意することで、小さなレンズでも高画質な画像を撮ることができます。さらに用途を分けたレンズを加えることもあります。

関連▶**広角レンズ／3眼・4眼カメラ**

テラバイト

情報量の単位の1つで、ギガの上位。

TBと略します。10^{12}（ギガの1000倍）です。

テレワーク

通信技術を活用し、従来、会社などで行われていた作業を遠隔地（自宅など）において行うこと。

遠隔地勤務と訳される場合もあります。ネットワークの拡充やオンライン会議アプリの普及、クラウドによるデータの共有など環境が整ってきましたが、テレワークの普及に伴い、社団法人日本サテライトオフィス協会（現・一般社団法人日本テレワーク協会）など、推進機関も設立されました。2020年からの新型コロナウイルス感染症（COVID-19）の流行で、企業での導入が急速に広がりました。

テンキー

0から9までの数字入力専用のキー（キーボード）、または入力画面。

数字以外に、+、=などの数学記号を入力することができます。一般にデスクトップ型パソコン用キーボードの右側に集中している電卓のようなキー部分をいいます。

関連▶**キーボード／次ページ上図参照**

て

▼テンキー（フリック入力時）

電源ボタン

スマートフォンなどを起動するための物理的なボタン。

スマートフォンでは本体の右側あたりに存在します。指紋認証機能が付いていたり、長押しすることで強制終了することができたりします。iPhoneでは**サイドボタン**ともいわれます。

伝言メモ

不在着信のときに、相手のメッセージを録音するための機能のこと。

電子インク

電気的に白黒反転できる特殊な粒子。

この電子インクを使用した表示装置を**電子ペーパー**といいますが、折り曲げることもできます。表示画面は電源を切っても消えることがなく、また、電子的に書き換えが可能です。電子書籍リーダーである米国アマゾン社の「キンドル（Kindle）」や楽天社の「コボ（Kobo）」のディスプレイは、この技術を用いています。

関連▶**キンドル**

電子掲示板システム

ネットワークを利用し、メッセージを交換するシステム。

略して**BBS**ともいいます。

電子決済

アプリなどを使って、商品やサービスの代金をデータのやり取りによって支払うこと。

QRコード決済や**おサイフケータイ**による支払い、各種ポイントカードなどでの支払いを指します。クレジットカードも電子決済に含まれます。実物のお金を使わないことから**キャッシュレス決済**ともいいます。

関連▶**キャッシュレス決済**

電子コンパス

スマートフォンに搭載されている磁気センサーによって方角を知ることができる機能。

GPSと共に地図アプリやナビゲーションアプリで使用されています。

関連▶**地図アプリ／GPS**

電子書籍

小説、雑誌、漫画をはじめとする書籍を電子データにして、専用のアプリで読めるようにしたもの。

PDF化されたものや、電子書籍用フォーマットに変換されたデータを、専用のアプリや端末で表示させます。

関連▶電子書籍リーダー／PDF

電子書籍リーダー

電子書籍を閲覧するための端末やソフトウェアの総称。

専用のハードウェアとしては、米国アマゾン社の「キンドル（Kindle）」、楽天社の「コボ（Kobo）」などがあります。多くの電子書籍ストアでは、専用ソフトを用いてパソコンやスマートフォンで表示させます。

関連▶キンドル

電子署名

デジタル文書データの正当性（作成者が本人であること、内容に改ざんがないこと）を示すための情報。

電子捺印（なついん）ともいいます。文字、記号、マークなど情報の中身については限定されていません。本人であることや改ざんのないことを保証するものを特に**デジタル署名**と呼び、本人のものであることを証明する仕組みに**認証局（CA）**があります。

電子透かし

画像や動画、音声などに著作権表示などの情報を埋め込み、オリジナルであることを判別できるようにする技術。

対応ソフトで分析することで、各種情報を確認できます。アナログコピーやトリミング、拡大縮小といった加工後も有効で、画像などの不正転用に広く対抗できる技術として利用されています。

関連▶著作権

電磁波

電界、磁界の変動する波動のこと。

周波数により超低周波、高周波、可視光線、電離放射線などと呼ばれます。パソコンは超低周波、携帯電話やスマートフォンは高周波（**マイクロ波**ともいう）を発生します。

電子ペーパー

関連▶電子インク

電子マネー

お金を電子化（数値化）したもので、コンピュータネットワークなどでの決済に用いられる。

決済方法には、次の5種類があります。①**クレジットカード**：インターネットなどでショッピングや申し込みをしたときにカードで決済する。②**ICカード**：あらかじめ設定した金額ぶんだけ使用でき、

て

交通系や流通系などは預金口座などからチャージできる。**③プリペイドカード**：インターネット用の**ビットキャッシュ**など、あらかじめ支払った額（カードの額）だけ使用できる。カードに関する情報の扱いだけで済み、個人の認証などが不要な点で使用が容易である。少額決済向き。コンビニなどで販売している。**④デビットカード**：銀行のキャッシュカードを使用して決済するシステム。即時決済で、預金残高分しか支払えないため、クレジットカードのような使いすぎは起こらず、信用リスクが小さいのが特徴。**⑤QRコード**：スマートフォンなどにQRコードを表示させて、そこから決済する。入金はQRコードにチャージしておいた金額から支払う、クレジットカードや銀行口座と連携させる、などの方法がある。

関連▶キャッシュレス決済／チャージ／電子決済

電子メール（システム）

ネットワーク上で特定の相手にメッセージを送るシステム。

email（イーメール）あるいは単に**メール**ともいい、郵便の手紙に相当します。公開された**電子掲示板**と異なり、メールを受け取った人だけがメッセージを読むことができます。また、送り先の人がネットワークにアクセスしていなくても送信でき、受信者は好きなときに自分の**メールボックス**を見て、着信したメールを読むことができます。

関連▶下図参照／電子掲示板システム

電子メールソフト

電子メールの送受信を行うためのソフトウェア。

メーラー、**メールソフト**ともいいます。

関連▶電子メール（システム）

テンセント（中国名：騰訊）

中国のインターネット関連会社で、パソコンやスマートフォン向けのオンラインゲーム、動画や音楽などの配信サービスも行う。

中国版LINEであるSNSアプリの「We Chat（微信）」が有名です。

▼電子メールのアドレス規則

ユーザー名	区切り	所属		部署名		会社名		種別		国名
krkr	@	fd	.	be	.	ss	.	co	.	jp

krkr：ユーザー名／@：区切り／fd.be：サブドメイン／ss.co.jp：ドメイン名（組織のアドレス）

転送

送られてきたメッセージやデータファイル、情報を別の場所に送ること。

職場に送られてきたメールを自宅に転送したり、スマートフォンに送られてきた画像データをパソコンに転送し、保存や印刷を行うことができます。

電池

電気エネルギーを化学的に蓄え、放出する装置。

一般に**一次電池**と**二次電池**が存在し、前者は乾電池などの使い切りのもの、後者はモバイルバッテリーのような充電により再度使用可能なものを指します。このほかに、太陽光を利用して発電する**太陽電池**や、ガスなどの燃料を使って発電する**燃料電池**などもあります。

関連▶バッテリー／リチウムイオン電池

添付ファイル（てんぷファイル）

電子メールに添えられて、いっしょに送られるファイルのこと。

メールと共に、音声や画像などのファイルも送ることができます。**アタッチメント**ともいいます。

関連▶電子メール（システム）

テンプレート

頻繁に使用する定型のフォーマット。

ひな形ともいいます。計算式の埋め込まれた表計算ソフトの各種帳票や、ワープロソフトのハガキ、申請書など、定型パターンの一部を変更して使用できるデータフォーマットなどがあります。

電話会社

音声通話サービスなどを提供する電気通信事業者のこと。

音声通話やデータ伝送、インターネット接続サービスなどを提供します。**キャリア**と呼ばれることもあります。インターネットを利用することで長距離通話のコストを下げたIP電話などに特化した会社もあります。主な日本の事業者にNTT東日本、NTT西日本、KDDIなどがあり、NTTドコモ、ソフトバンク、楽天モバイルなどは、特に**携帯電話会社**ともいわれます。

関連▶キャリア

て

と

動画

アニメーションやビデオなど、動きのある画像の総称。

映像ともいいます。自然な動きに見せるためには、1秒間に30コマ以上の画像データが必要です。

関連▶フレームレート／MPEG

動画投稿サイト

ユーザーが作成した動画をアップロードして、インターネット上で公開することができるサービス。

動画共有サイトともいいます。YouTubeによって火が付きました。ニコニコ動画やTikTokなど、様々な投稿サイトがあります。アップロードされた動画にコメントを付けたり、他の動画や音楽を使って編集し直したMADと呼ばれる作品を発表するなど、コミュニティが活発化しています。テレビ（TV）局が独自に番組をアップロードしたり、ミュージシャンが新曲のプロモーションに利用するなど、新たなビジネスツールとしても活用されています。一方で、アニメやドラマ、映画などが違法にアップロードされている問題があります。

関連▶ニコニコ動画／TikTok／YouTube

同期

2つ以上の異なる端末で、同じファイルやデータを共有し、その状態を保つこと。

近年ではスマートフォンとパソコンのデータを同期するのがよくあるケースです。同期には、Googleアカウントや Apple IDを使用します。機器を起動したときに自動的に同期が行われる場合と、自分で同期するファイルを選択して実行する場合があります。

投稿

電子掲示板などに、自分の意見や記事を発信すること。

関連▶Facebook／Instagram／LINE／Twitter

動作環境

OSやアプリなどを使用する際に必要とされる条件。

プロセッサ（中央処理装置）の処理能力やメモリ、ディスク容量といったハードウェアだけでなく、OSの種類やバージョンも含みます。

盗聴
インターネットを使って送った情報（データ）が第三者によって盗み見られること。
セキュリティ対策の甘いECサイトでショッピングをする際にクレジットカード番号が盗み見られたり、企業の間でやり取りする電子メールなどが盗み見られたりすることがあります。
関連▶なりすまし

同報メール
電子メールで、同じメッセージを複数の相手にまとめて送る機能。
関連▶BCC／CC

トーク
SNS上でメッセージのやり取りをすること。
LINEの機能が有名です。特定の相手とやり取りしたり、グループを設定してグループ内の複数の相手のメッセージを見たり送ったりすることができます。

ドキュメント
一般には文書、書類のこと。

トグル入力
文字入力の一種で、行の頭文字を複数回押すことで、その行の任意の文字を入力するもの。
例えば「お」を入力したい場合は「あ」のボタンを5回押します。
関連▶フリック入力

ドック
よく使うアイコンがまとめて並べられた、ホーム画面下部の場所のこと。
通話やメール、SNS、ブラウザ、カメラなど、頻繁に使う機能が常に表示されていて、タップで起動することができます。表示させるアイコンを変更することもできます。

ドット
ディスプレイやプリンタで、文字や画像を構成する最小単位の点（ドット）のこと。

ドットコム
インターネットのサイトで末尾が「.com」となっているサイト。
商業用のサイトを意味し、Amazon.comやヨドバシ.comなど、商品を販売するサイトで使われています。

ドットピッチ
ディスプレイに表示されるドットの中心間の距離のこと。
ドットピッチが細かければ、それだけ画面表示は精細なものになり、美しく、見やすいものとなります。
関連▶ドット

トップページ

ウェブサイト上で一番最初に表示されるページのこと。

そのサイトが何のためのサイトかの説明や、各ページへのリンクなどが表示されています。画像やデザイン、文字のレイアウトなど、そのサイトへの印象が決まるため、ユーザーの好感度が高くなるようにデザインされています。

関連▶ホームページ

ドメイン名

インターネット上のコンピュータ（サーバー）を特定する名前。

DNSサーバーの内部で、ドメイン名がIPアドレスに変換されます。ドメイン名はピリオドで区切られた文字列で、右側のものがより大きな分類、左側に行くに従って細かな分類となります。特に一番右側の分類をTLD（トップレベルドメイン）と呼びます。

関連▶DNS／IPアドレス／URL／下図参照

ドライブ

ハードディスクなどの記憶装置、あるいはその駆動部分。

ドラッグ

アイコンや指定範囲の先頭を長押しし、そのまま指をスワイプさせて動かすこと。

スマートフォンやマウスの操作方法の1つです。移動先や範囲指定の終点で指（ボタン）を離します。ファイルの移動やウィンドウ操作などに使われます。

関連▶クリック／ドラッグ＆ドロップ／次ページ上図参照

ドラッグ＆ドロップ

アイコンをドラッグして目的の位置でボタンや指を離すこと。

例えば、あるアイコンを別の場所にドラッグ＆ドロップすれば、ホーム画面の別の場所に移動します。

関連▶ドラッグ／次ページ下図参照

▼ドメインの命名規則

▼ドラッグ

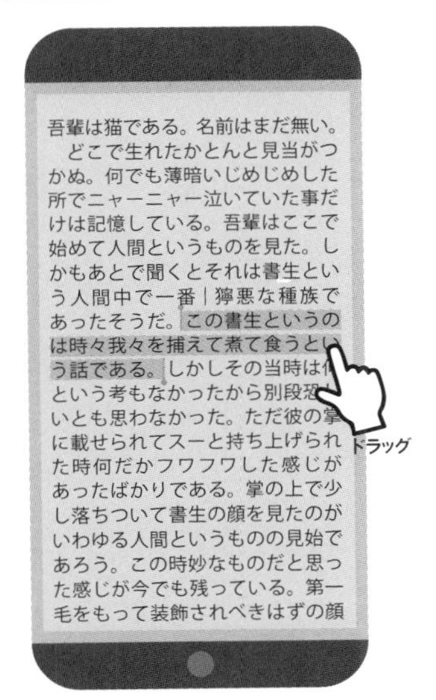

▼ドラッグ＆ドロップ

トリミング

画面や画像の一部だけを切り取ること。

写真などの画像で、必要な部分だけを残してきれいに整えることをいいます。

▼トリミング

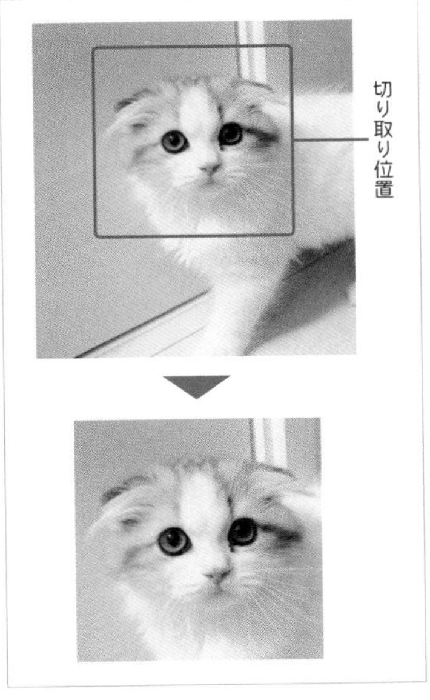

ドローン

ヘリコプターの羽根のようなプロペラを複数持ち、GPSなどを使用して自律行動ができる無人小型航空機。

もともとは軍事用に開発されたものですが、近年は、商業用や民間用として普及しています。小型のドローンは、災害現場やへき地など人が容易に立ち入れない場所で空撮や物資の投下などの役割を担います。

▼飛行中のドローン

ドロップシッピング

オンラインショップでは商品を持たず、メーカーから直接発送される販売代行の仕組み。

アフィリエイトと異なる点は、商品の価格を自分で決めることができ、仕入れ価格と販売価格の差額が利益となることです。

関連▶アフィリエイト／オンラインショッピング

ドロワー

Androidスマートフォンで表示されるアプリ一覧の画面のこと。

英語で「引き出し」を意味します。ドロワーからアプリを選択（タップ）することで起動できます。また、よく使うアプリは長押ししてホーム画面に追加することもできます。

関連▶長押し／ホーム画面

な

長押し

画面上のアイコンやボタンを数秒押したままにすること。

アプリの削除やコピー、保存など、アプリの起動以外の機能を選ぶことができます。**ロングタップ**や**ホールド**ともいいます。

関連▶ロングタッチ/ロングタップ/ホールド

ナナコ

関連▶nanaco

投げ銭(システム)

無料のコンテンツに対して、支援する意味合いで、ウェブサイトやアプリを利用して少額を支払うこと。

VTuber(バーチャルYouTuber)、ミュージシャン、芸人、イラストレーターなどに対して支払うことが多いです。

ナノ秒

時間単位の1つ。

10億分の1秒(10^{-9}秒)。**ナノセカンド**ともいいます。「ns」と表記します。

ナビゲーションシステム

航空機や自動車の航行、運転を支援するシステム。

カーナビゲーションシステム(カーナビ)では、地図データと、GPS(全地球測位システム)で得られた位置情報をもとに、現在位置を表示したり、最適経路を表示したりします。

関連▶位置(情報)サービス/GPS

▼アプリのナビゲーションシステム

Google提供

なりすまし

他人を装って、電子掲示板などで発言したり様々なサービスを受けること。

他人の名前やメールアドレス、顔写真やアイコンなどを使って、サービスを不当に利用することをいいます。ほかのコンピュータのIPアドレスをかたって通信を妨害したり、情報を盗んだりすることもあります。このような行為を防ぐために、

な

メールアドレスや個人を特定できるような情報を、安易に公開しないようにします。

関連▶IPアドレス

ナンバーポータビリティ（MNP）

スマートフォンの通信会社を変えても電話番号は引き続き使えるサービス。

このサービスの開始によって、ユーザーがより自由に通信会社を選べるようになりました。しかし、キャリアメールのアドレスなどは引き継ぐことができません。

関連▶キャリアメール／MNP

に

ニアバイシェア（Nearby Share）

Androidスマートフォン同士でファイルなどを共有できる機能のこと。

OSのバージョンがAndroid 6.0以降のAndroidスマートフォンで利用できます。**ブルートゥース**やWi-Fiを利用して、すぐにファイルなどの交換ができます。

関連▶次ページ［裏技］参照

ニコニコ動画

株式会社ドワンゴが運営する、動画投稿サイト。

公開された動画に対して、リアルタイムでコメントを付けることができます。「**ニコ動**」とも呼びます。

関連▶動画投稿サイト

日本語入力システム

かな漢字変換のためのソフトウェア。

キーボードからローマ字あるいはカナで入力された文字を、漢字かな交じり文に変換します。

関連▶かな漢字変換／IME

入出力装置

入力装置と出力装置の双方を備えているものの総称。

USBメモリやハードディスクなど、データの読み込みや書き込みのできるデバイスの総称です。入力装置と出力装置をまとめてこう呼ぶこともあります。

関連▶周辺機器／出力装置／入力装置

入力

スマートフォンなどの端末に文字などのデータを書き込むこと。

インプットともいいます。

関連▶出力

入力装置

コンピュータにデータを入力する装置。

キーボード、マウス、スキャナー、カメラ、マイクなどのことです。なお、ハードディスク、USBメモリなどは出力装置ともなるため、特に**入出力装置**と呼びます。

関連▶キーボード／マウス

認証

ネットワークセキュリティ技術の1つ。

受け取ったメッセージが確実に送信者から送られたものかどうかを確認するものと、ユーザーあるいは発信者が本人

裏技 ファイルや写真をそばにいる人へ素早く送る（ニアバイシェア）

Androidのスマートフォン同士、またはiPhone同士で、そばにいる人に、いま見ているウェブページや写真、動画、メモ、地図、連絡先などの情報を、メッセージやメールを使わずに瞬時に伝える機能があります。

Androidの場合は、ニアバイシェア（Nearby Share）を使います。あらかじめ設定しておきます。「設定」をタップ➡「Google」をタップ➡「デバイス接続」をタップ➡「ニアバイシェア」をタップしてONにします。デバイスの公開設定は「非公開」とします。

iPhoneの場合は、AirDrop（エアドロップ）の機能を使います。

Androidでは、❶クイック設定パネルにあるニアバイシェアを起動➡❷渡したい写真や動画などを選んだあと、共有ボタンをタップ➡❸「ニアバイシェア」をタップ➡相手の端末名のアイコンをタップ➡❹相手の承認後に送信が開始されます。

iPhoneでは写真を送る場合を例とします。❶写真アプリを起動して、送りたい写真を開きます。➡❷画面左下の[共有]ボタンをタップ➡❸AirDropをタップ➡表示された相手をタップ➡❹送信します。受信側のiPhoneに通知が届くので、「受け入れる」ボタンをタップしてもらいます。

Android

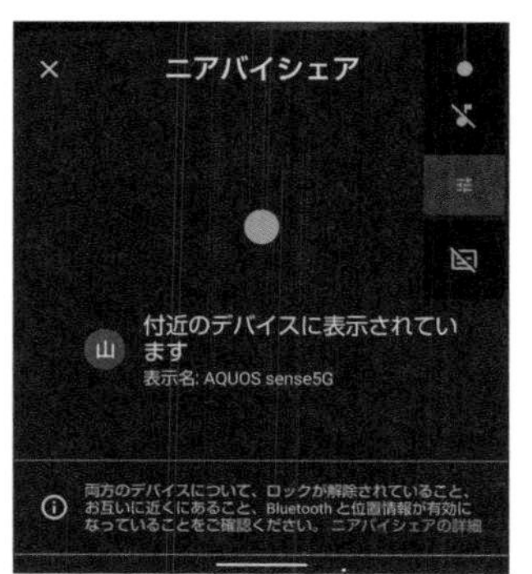

iPhone

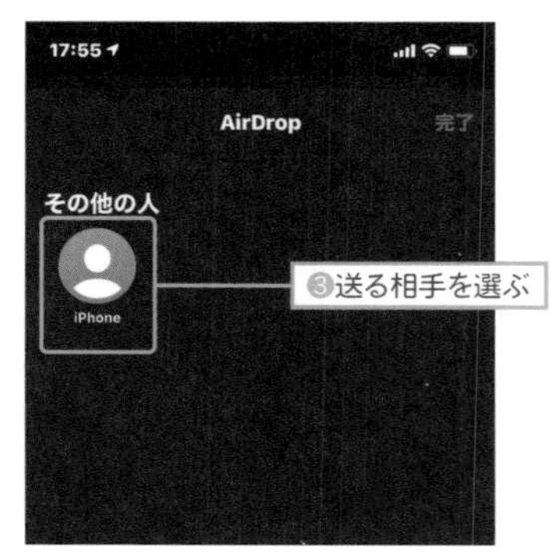

に

であるかどうかを確認するものとがあります。例として、前者ではメッセージを変更できないようにすることや、暗号技術を応用して認証コードをメッセージに埋め込む方法、後者ではパスワードを用いてユーザーを確認するなどの方法があります。

関連▶**暗号化**

ね

ネット

ネットワークの略。

ネットとは網のことですが、一般的にはインターネットを指します。

関連▶ネットワーク

ネットオークション

インターネットを通じて行われる競売のこと。

サービス提供会社への登録者が、値段を付けてオークションサイトへ出品、最高値を付けた者が落札します。サービスを利用する際には手数料を支払う必要があります。

関連▶オークションサイト／eBay／Yahoo!オークション

ネット家電

インターネットに接続する機能を持つ家電製品の総称。

ネット家電は、ウェブ閲覧機能が付いた製品と、遠隔操作などの機能が付いた製品の2つに大まかに分けられます。ウェブ閲覧機能でレシピを表示できる冷蔵庫や電子レンジ、外出先からスマートフォンや携帯電話で録画予約ができるHDDレコーダーなど、多様なものがあります。

関連▶デジタル家電

ネットショッピング

インターネットなどのネットワークを利用したショッピングサービス。

商品などの購入をインターネットで行うことができます。ショッピングサービスには、受注用の独自のウェブサイトを設けている場合や、インターネット上のショッピングモールの中に出店している場合などがあります。主なショッピングモールとしてAmazon.comや楽天市場などがあります。

関連▶B to C／eコマース

ネットスラング

インターネット上で使用される俗語のこと。

通常の言葉を略したり（kwsk＝詳しく）、当て字（林檎（りんご）＝アップル社）を使ったり、入力の誤変換がそのまま使われるようになったり（がいしゅつ＝既出）、インターネット上で流行（はや）ったネタが独立した意味を持って使われるようになったものです。

ネットバンキング

銀行などの金融機関のサービスを、インターネットを通じて利用すること。

オンラインバンキングとも呼ばれます。ATMで対応している預金の残高照会、入出金照会、口座振込などのサービスを利用することができます。

ネットビジネス

インターネットを使って収入を得ることの総称。インターネットビジネスの略。

コンテンツの提供を中心としたビジネス、広告主導型のビジネス、インターネット電子商取引など、様々な形態があり、今後も新たな形態のビジネスモデルが登場する可能性があります。

ネットワーク

データの送受信を行う通信網。

ネットワークとは、もともと人脈や交通、物流などが網状になった仕組みのことですが、複数のコンピュータで構築されたシステム（**コンピュータネットワーク**）をいいます。広義には、加入者の端末を結ぶ電気通信回線網のことで、ネットワークはその形態や規模によっては**LAN**に分類されます。

関連▶LAN

ネットワークアドレス

ネットワーク上に接続されたコンピュータを識別し、区別するために割り当てられた識別番号。

ネットワーク上のコンピュータ同士の通信を行うための**ネットワークレイヤ**で用いるアドレスで、**IPアドレス**などがあります。

関連▶IPアドレス

ネットワーク犯罪

インターネットを使用した犯罪の総称。

インターネットなどでの誹謗（ひぼう）中傷、ネットオークション詐欺、悪質なハッキング（クラック）、クレジットカードナンバーの盗用など、ネットワークに特有の犯罪の総称です。

関連▶サイバーテロ／ハイテク犯罪

ノートパソコン

ノートに近いサイズで持ち運び可能な携帯型パソコンの一種。

ノートブック型コンピュータ、ノートPCともいいます。もともとは、移動中や出先での使用を想定したコンピュータですが、小型・軽量で場所をとらないことから、据え置き用としても人気があります。

▼ノートパソコン「VAIO Z」

VAIO（株）提供

覗(のぞ)き見防止（ベールビュー）

画面を覗(のぞ)き見されないように、正面以外からは見えにくくすること（機能）。

満員電車など公共の場で隣の人から画面が見えないように、正面以外からは画面が真っ暗に見えるようにします。画面に特殊なフィルターを貼る場合が多いですが、スマートフォン独自の機能として搭載されている場合もあります。

ノッチ

スマートフォン上部の画面のくぼみ（切り欠き）のこと。

ノッチには顔認証のためのカメラや、通話時の音声を出すスピーカー、人が画面を見ているかをチェックする近接センサーなどのセンサー類がまとめられています。

▼ノッチ

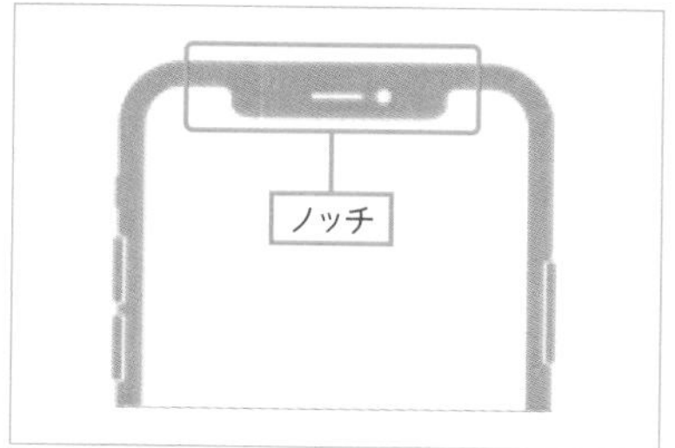

乗っ取り

外部から不正な手段を使って、機能やサービスを勝手に使用する行為。

SNSアカウントが乗っ取られると、勝手

に書き込みなどをされたりします。また、銀行口座やクレジットカードを使用するための情報がとられると金銭的被害が生じます。さらには、スマートフォンそのものの権限を乗っ取られると、カメラでの盗撮やマイクによる盗聴、GPS機能による住居や所在地の把握、個人情報の盗み見などの被害を受けてしまいます。アカウントのパスワードを盗む方法のほかに、メールなどで偽サイトに誘導したりして、アクセス権限の許可をさせて乗っ取る方法もあります。

関連▶なりすまし／不正アクセス禁止法

上り／下り

上りはデータを送信すること、下りはデータを受信することを意味します。

データ通信速度の目安として表示されることが多く、上りは容量の大きな画像や動画を送る場合の速さ、下りは同じく動画を見る際の快適さやアプリをダウンロードする際の時間に関係してきます。通常は上りのほうが下りよりも遅くなっています。

関連▶アップロード／ダウンロード

野良アプリ

Google Playストアでの審査や認証を受けず、独自に提供しているアプリ。

Google Playストアでの制限を受けないため、より便利になっているアプリもありますが、その半面、審査を受けていないため、勝手にスマートフォンのデータにアクセスして個人情報を盗んだり、データを破壊する悪質なアプリもあるので注意が必要です。iPhoneでは、App Store以外で公開されたアプリを使用することができないようになっています。

関連▶Google Play

の

は

バーコード

製造元や商品番号、価格などの情報を、白と黒の平行線の組み合わせでコード化したもの。

通常はこの**一次元バーコード**を指します。読み取りには専用の**バーコードリーダー**を使います。光学式のため汚れには弱いのですが、読み取りが速く、正確で、操作が簡単なことから、食料品や雑誌、衣料品など、流通、販売の現場はもとより、身分証明書や図書カードなどでも使われています。近年は二次元に図案化することで、全方位からの読み取りを可能とした**QRコード**などの**二次元バーコード**（二次元コード）もあります。

関連▶スマホ決済／ICタグ／QRコード

▼二次元バーコードの例

バーコード決済

レジでバーコードを読み取らせて、代金の支払いをするサービスやシステムのこと。

あらかじめ銀行口座などに入金しておき、スマートフォンのアプリが表示するバーコードを、レジのスキャナーで読み込ませて代金の決済をします。QRコードを利用するものを**QRコード決済**ともいいます。

関連▶スマホ決済／QRコード

バージョン

ソフトウェアやハードウェアの改良に応じて製品に付ける番号。

「Ver.1.0」などと記します。出版物の「版」にあたる英語です。一般に小さな内容変更は、バージョン番号のうち、小数点以下の数字を変えることで対応しますが、番号の付け方に規則があるわけではありません。なお、性能や機能を向上させるたびにバージョン番号を上げることから、ソフトウェアやハードウェアを改良、改善することを**バージョンアップ**といいます。

関連▶互換性

パーソナルコンピュータ

個人で使用できる小型の汎用コンピュータの総称。パソコンともいう。

大型で高速な業務用・研究用のコンピュータに対し、個人で利用する小型のコンピュータという程度の意味で、**パソコン**または**PC**（ピーシー）ともいいます。ネットワークに接続する端末として欠かすことができません。

関連▶下図参照

バーチャル背景

ビデオ会議などで、部屋の様子がわからないように背景を変更する機能。

テレワークでビデオ会議を行う際に、自分の背景を静止画や動画にしてしまえば、自宅のプライバシーを保護することができます。

バーチャルリアリティ

関連▶VR

バーチャルYouTuber
（バーチャルユーチューバー）

日本発祥で、CGキャラクターをアバターとして使い、YouTubeに動画の投稿や配信を行う人のこと。

YouTube以外のサービスを使う人も含めて、**VTuber**や**バーチャルライバー**と呼ぶ場合があります。

ハード

関連▶ハードウェア

▼パソコンの形による分類

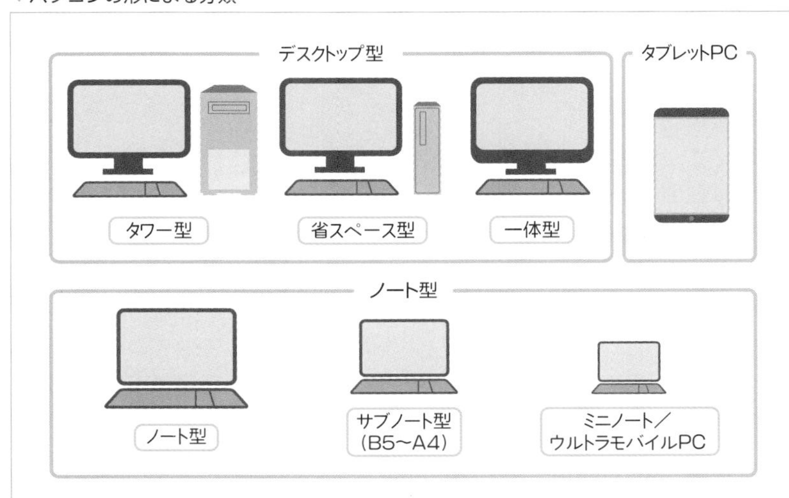

は

ハードウェア

コンピュータ本体や周辺機器などの装置全般を指す言葉。

CPUやハードディスクからディスプレイ、キーボードまで、コンピュータシステムを構成する装置や部品をいいます。データやプログラムなどの**ソフトウェア**と対比されます。

関連▶ソフトウェア

ハードディスク

コンピュータ用の外部記憶装置の1つ。

ディスクはガラスなどで作られた硬質の磁気媒体でできていて、ディスクの交換はできません。**HD**、**HDD**、**固定ディスク**などともいいます。

関連▶記憶装置

ハイエンド

製品やサービスの最上級群を指す際に用いられる区分。

価格、機能、性能などで対象となる製品が属するカテゴリーが高いものを指します。反対に最も廉価な一群をローエンドと呼びます。

関連▶上位バージョン

バイオメトリクス

関連▶生体認証

配信

インターネットなどを通じて、動画を公開したり、データをダウンロードできるように公開したりすること。

YouTubeやSNSの動画配信サービスなどで個人でも気軽に配信できるようになっています。

ハイテク犯罪

コンピュータネットワークや電子情報技術全般を悪用した犯罪のこと。

ネットワークを利用したウイルス配布やサイトへの不正アクセス、政府機関を対象にしたサイバーテロやマネーロンダリング（犯罪資金の浄化）などのほか、身近なところではわいせつ画像や無許可薬品の販売、ねずみ講のような詐欺行為なども、ハイテク犯罪に含まれます。

関連▶サイバーテロ

バイト

コンピュータで使われる情報量を表す単位。

8ビット（bit）で1バイト（byte）といいます。アルファベットで「B」と表記する場合もあります。1バイトで256種類のアルファベット、数字、カナなどの半角文字が表現できます。日本語の漢字を表現するには2バイト以上が必要となります。スマートフォンの通信量で使われる

は

ギガは、約10億バイトを表します。
関連▶ビット

バイドゥ（中国名：百度）

中国最大の検索エンジンを提供するポータルサイトの会社。

中国国内で圧倒的なシェアを持ち、全世界でもGoogle、Yahoo!、Bingと並び称されます。

バイブ（機能）

機器内のモーターによって振動させる機能。

音を出さないマナーモードでは、振動によって、電話の着信やメッセージの受信を知らせることができます。また、文字入力やボタン選択時に振動するように設定しておけば、入力漏れや選択漏れがないことを確認することもできます。**バイブレーション**を略したものです。
関連▶マナーモード

バイラルCM

インターネット上で動画などによるCMを流すことで、口コミによって商品の宣伝を行う広報活動。

バイラルは「ウイルスの」という意味です。ブログや掲示板、SNSサービスなどで話題にしてもらい、ウイルスのように口コミが広まっていく様子を表現しています。**口コミ広告**ともいいます。

バグ

プログラム中の誤り。構文的には正しいが、プログラマーの意図に反した動作をするプログラム。

虫ともいいます。プログラマーの予期しない動作をするため、システムの誤動作や破壊をもたらすこともあります。バグに対して、プログラミング言語の構文的な誤りを**エラー**といいます。プログラムを修正してバグをなくす作業を**デバッグ**や**バグフィックス**といいます。
関連▶エラー

パケット

スマートフォンでデータをやり取りする際に、分割されたデータの単位。

インターネット上でデータをやり取りする際には、送るデータを細かく分割して送信し、受信先で1つのデータにまとめることで、回線を無駄なく使っています。これを**パケット通信**といいます。当然、動画など容量の大きいデータは、パケット量も多量になります。
関連▶データ通信／パケット通信

パケット通信

パケットと呼ばれる一定の単位に分けて情報をまとめて送る通信方式。

パケット料金

データをパケットでやり取りした際にかかる通信料金のこと。

回線が混雑しているときには通信時間がかかりますが、パケット料金は送受信したデータ量、つまりパケットの数によって決まるので、通信時間に左右されません。

関連▶データ通信／パケット通信

パスコード

アプリや機能を利用する際に入力する番号のこと。

パスワードが英字や記号なども使うのに対して、パスコードは数字の組み合わせのみです。iPhoneでは**パスコード**、Androidでは**PINコード**などと呼ばれます。

バズる（バズってる）

インターネットの世界で、SNSや各種メディアで一躍話題となる様（さま）を指す。

英語のbuzzを日本語化したもので、buzzには騒ぐ（ハエなどがブンブン飛ぶ）という意味があります。

パスワード

コンピュータシステムに正当なユーザーであることを識別させる文字列の組み合わせ。

一般には暗号として記録されており、外部からは読み出せないようになっています。キャッシュカードの**暗証番号**などがこの例です。文字や数字を用い、ユーザー名と共に使われます。ユーザーID（ユーザー名）との組み合わせが、あらかじめシステムに登録されたものと合致するかどうかで、正規ユーザーかどうか識別します。

関連▶認証

パソコン

関連▶パーソナルコンピュータ

ハッカー

仕事や趣味でコンピュータ技術に深い関心を示し、技術の取得に没入する者の総称。

本来は、コンピュータの高度な知識を持つ者への尊称です。通信ネットワークが発達してからは、自らの技術力を示すため、ネットワーク上でほかのコンピュータへの侵入やデータの改ざんをする犯罪者「**クラッカー**」の意味に誤用されています。

関連▶ホワイトハッカー

ハック

合法的ではあるが、通常とは異なる方法でコンピュータネットワークにアクセスすること。

ハッキングともいいます。これに対し、非合法なアクセスを**クラック**（cracking）といいます。

バックアップ

データを保存するために、別の機器やクラウドにコピーしておくこと。

スマートフォン内の画像や動画、連絡先などのデータをクラウドやパソコンに保存しておくことで、スマートフォン本体が壊れてしまったり、買い替えたり、初期化した場合でも、元の状態に戻すこと（復旧、復元）ができます。

関連▶**復元／次ページ［便利技］参照**

バックグラウンド

スマートフォンの画面に表示されずにアプリが動作している状態のこと。

例えば、音楽を聴きながらブラウザを見ている場合は、音楽アプリがバックグラウンドで動作しています。ウイルス対策ソフトなど、アプリの中にはユーザーが意図していない場面でも動作しているものもあります。

関連▶**常駐アプリ**

バックライト

液晶ディスプレイの横または裏側から発光させて、ディスプレイを見やすくする装置。

液晶ディスプレイの後ろや横から蛍光管やLEDなどを使って光を当て、光を遮るように液晶を表示する仕組みです。画面が明るくなり、明暗の差もはっきりしますが、消費電力が増えるのが欠点です。パソコンやスマートフォンのディスプレイ、携帯ゲーム機の画面などで使われています。

バッジ

アプリのアイコンの右上に表示されるチェックマークや数字のことで、お知らせがあることや、その件数を示すもの。

SNSなどでは数字が表示されることが多く、その数のぶんだけ新しい投稿があったことを示します。チェックマークなどの場合は、アプリの更新やお知らせがあることを示します。

ハッシュタグ

SNSなどへ投稿する際に、検索で見つけられるように付けるキーワードのこと。

ツイート（つぶやき）などに「#○○」と入れて投稿することで、その単語を検索して一覧表示できます。ハッシュタグを決めて発言すれば、同じ話題の参加者同士で最新情報などを共有することができます。

関連▶**Instagram／Twitter**

バッテリー

スマートフォンなどに内蔵されている電池のこと。

便利技 スマートフォンのデータを保存しておく（バックアップ）

トラブルはいつ起きるかわかりません。写真を撮ろうとして海の中にスマートフォンを落としたりすることがあるかもしれません。そうなる前にスマートフォンの中のデータをバックアップ（保存）しておけば、スマートフォンがなくなっても、新しいスマートフォンにデータを保存し直すことができます。

Androidでは、メモリカードのSDカードにデータのバックアップを作成する例を説明します。❶「設定」アプリを起動➡❷「システム」をタップ➡❸「データ引継」をタップ➡❹「SDカードにデータ保存」をタップ➡❺メモリカードに保存するデータをタップ（レマークが付く）➡❻「保存」をタップすると、SDカードにバックアップが作成されます。

iPhoneでは、iCloudにバックアップを作成します。iPhoneがインターネットに接続している必要があります。❶「設定」アプリを起動➡❷「自分の名前」をタップ➡❸「iCloud」をタップ➡❹「iCloudバックアップ」をタップ➡❺「iCloudバックアップ」をオン（緑色）にすると、iPhoneのデータがiCloudに自動的にバックアップされます。

Android

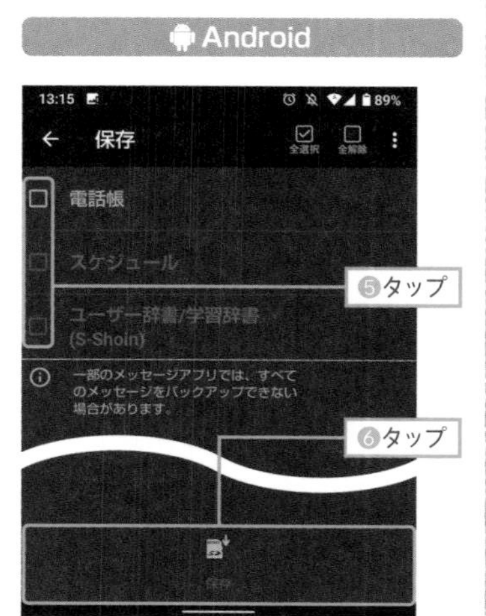

iPhone

充電して繰り返し使えるリチウムイオン電池が使われています。画面を明るくする、音を大きくするなどのほか、アプリをたくさん起動する（つまりバックグラウンドで行う処理が増える）ことも、バッテリーの減りが速くなる原因となります。スマートフォンを充電するための外付けバッテリーを長時間の外出時などに使うと便利です。

関連▶次ページ［便利技］参照

バナー

ウェブページやアプリに表示されている宣伝・広告用の画像のこと。

▼バナーの例

バナー広告

バナー型で表示される広告のこと。

商品を紹介する画像や動画、場合によっては音声が流れ、タップするとリンク先に移動し、そこで購入することができます。無料アプリやサービスでは、ユーザーからお金をとらない代わりに、バナー広告を表示することでスポンサーから広告料金を得ています。

パノラマ

カメラの機能で、横方向の広い範囲を1枚の横長の画面に収めて撮影する機能。

もとは広い眺望のことを意味します。広角レンズを使ったり、スマートフォンを横に動かして撮影した景色をデータ上で合成することにより、パノラマ写真を撮ることができます。

パフォーマンス

アプリや機能の性能や能力のこと。

パブリックドメイン

著作権の消滅や放棄により、著作権法に基づく著作権者が存在しない状態の著作物。

原則として、日本で著作権が消滅するのは著作権者の死後70年が経過して保護期間が終了した場合です。また、パソコンのソフトには、作者が著作権放棄を宣言したものがあります。日本の著作権法には著作権放棄に関する規定が存在しないにもかかわらず、実質的にパブリックドメインとして扱われ、作者が著作権を主張するフリーソフトと区別されています。

関連▶著作権

便利技 節電してバッテリーを長持ちさせたい（バッテリー）

バッテリーの消費を抑えるには、以下の項目の見直すとよいでしょう。バッテリーを節約する節電モードに切り替えて、なんとか乗り切ります。

- 画面の明るさを変更する
- 通信関連の設定を使うときだけオンにする（Wi-FI、ブルートゥース、GPSなど）
- 不要な通知はオフにする
- 最新のソフトウェア（OSやアプリ）に更新する
- バッテリーを節約モードにする

Androidには、機種によって名称が異なりますが、バッテリーを節約するモード（「バッテリーセーバー」「省電力モード」など）、iPhoneでは低電力モードがあります。

Androidでは、❶「設定」アプリを起動➡❷「電池」をタップ➡❸「長エネスイッチ」をタップ➡❹「今すぐONにする」をタップしてオンにします（例はAQUOS sense5Gの場合）。

iPhoneでは、❶「設定」アプリを起動➡❷「コントロールセンター」をタップ➡❸「コントロールをカスタマイズ」をタップ➡❹「低電力モード」をタップしてオンにします（緑色）。

Android

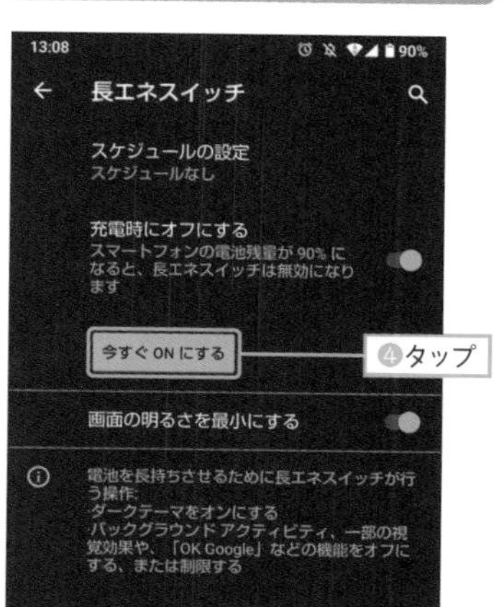

Apple Japan

張る

リンクの行先を表示すること。

URLなどのリンク先をテキスト上で開けるようにすることをいいます。

関連▶リンク

貼る

テキストなどを画面上で貼り付けること。

ペーストともいいます。カットまたはコピーしたテキストなどのデータを貼り付けることをいいます。

関連▶カット＆ペースト／コピー＆ペースト

半角文字

全角文字の縦はそのままで、横を1/2の大きさにした文字。

また、縦横半角文字は縦横共に全角文字の1/2の大きさにした文字で、**1/4角文字**ともいい、**上付き文字**、**下付き文字**、**ルビ**（**ふりがな**）などとして用います。

関連▶全角文字

▼半角文字（上）と全角文字（下）

ハングアウト

米国グーグル社が提供する、ビデオ通話による会話を中心としたアプリ。

同時に多人数のグループでビデオチャットができるので、オンライン会議などで活用されています。

関連▶テレワーク

ハンズフリー

手で持たずに通話などができる機器のこと。

車の運転をしているときやパソコンなどの作業をしながら通話をすることができます。

半導体

導体と絶縁体の中間の性質を持つ物質のこと。

代表的なものに**シリコン**があります。半導体は多くの電化製品や交通、通信のインフラに使用されています。

ハンバーガーアイコン（メニュー）

関連▶三本線/3点アイコン

ひ

光通信

光ファイバーを使った高速な有線通信のこと。

ADSLなどの銅線や無線通信に比べて、レーザー光を使うため高速で、ノイズを受けにくく通信が安定しているのが特徴です。

光ファイバー

光通信においてケーブルとして使われる通信媒体。

ケーブルテレビ(CATV)、公衆通信、FTTHなど広く利用されています。

ピクセル

関連▶pixel

非接触型ICカード

カード内部のICに電波の受信機能を組み込んだもの。

外部の読み取り装置から微弱な電波を発信してカードと交信することで、データをやり取りすることができます。Suica、PASMOをはじめとして、電車やバス、電子マネーなどの決済に広く使われています。

関連▶PASMO/PiTaPa/Suica

非通知モード

通話やSNSなどの着信や更新を知らせる、通知アイコン、音、振動などによる通知をオフにする機能。

自分の作業に集中したいときに、通知をシャットダウンすることで、そちらに意識を向けなくて済むようになります。

ビッグデータ

既存のデータベースや管理ツールでは整理しきれない膨大なデータのこと。

インターネットやスマートフォンの普及で大量に蓄積されたデータの総称です。企業のデータベースなどの構造化されて可読性の高いデータから、SNSやメールなどの通信ログ、音楽や動画などのマルチメディア情報まで、世界にはあらゆる種類の大量のデータが眠っています。こうしたデータを収集し、分析、視覚化などの処理を施し、隠された傾向や相関をつかむことで、ビジネスや社会に役立てることができます。

ビット（bit）

コンピュータで使われる最小の情報量の単位。

情報や記憶量などを表す基本単位で、1ビットは2進数の0と1にあたります。ビット（bit）とは**2進数**（BInary digiT）の略です。8ビットで**1B**（byte：**バイト**）となります。

関連▶バイト

▼ビットの概念

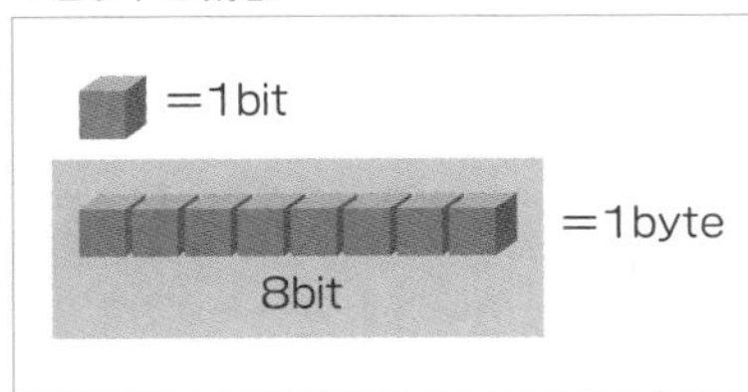

ビットコイン

関連▶暗号資産

ビットマップ

着色されたドット（点）で記録した画像。

ペイント系グラフィックソフトで描画した画像は、基本的にビットマップになります。拡張子が「.bmp」のファイルを、特に**ビットマップファイル**ということがあります。

関連▶ペイント

ビットレート

動画の1秒あたりのデータ量を表す数値のこと。

単位は**bps**で表します。高解像度で高画質の動画ほどビットレートは大きくなります。ビットレートが高いと鮮明な動画を見られますが、YouTubeなどに動画を投稿する際に、あまりに大きな動画はアップロードするのに時間がかかりすぎるため、サイズを調整する必要があります。

ビデオオンデマンド

視聴者が好きなときに見たい番組をリクエストできるという動画配信システム。

サーバー型の**双方向テレビ（TV）サービス**の1つです。**VOD**ともいいます。

関連▶オンデマンド

ビデオ（通話）チャット

スマートフォンなどを使って、お互いの顔を見ながら音声通話をする機能。

カメラとマイクを使って音声と画面をリアルタイムで送ることで、オンライン上でチャットをすることができます。ZoomやSkype、Teamsなどのアプリがあります。

関連▶Skype／Teams／Zoom

ひな形

関連▶テンプレート

ビューワ

データやファイルを表示するためのソフトウェア。

ビューアともいいます。電子書籍を読む

ひ

ためのビューワは**リーダー**と呼ばれることがあります。

関連▶ブラウザ／PDF

表計算ソフト

表形式の数値データの各種計算を行うプログラム。

行と列で構成される個々のマス目を**セル**といい、セルにデータや計算式を入力することで集計します。**スプレッドシート**ともいいます。米国マイクロソフト社の「Microsoft Excel(マイクロソフトエクセル)」などがあります。

標準搭載アプリ

スマートフォンを購入した際に、最初からインストールされているアプリのこと。

通話、インターネットなどの必須機能をはじめ、カレンダー、翻訳、計算機などの便利で使うことが多いアプリなど様々なものがあります。

関連▶プリインストール

ピン

PINコードのこと。

関連▶PINコード

ピンチ

タッチパネル式の画面をつまむように、2本の指で触れてその間隔を開いたり閉じたりする動作。

画面を拡大したり縮小したりすることができます。

関連▶ピンチアウト／ピンチイン

ピンチアウト

画面を2本の指で触れ、その間隔を広げて、画面を拡大する動作。

地図や書類を拡大して、文字を読みやすくしたりします。

ピンチイン

画面を2本の指で触れ、その間隔を狭めて、画面を縮小する動作。

地図や書類を縮小して、全体の状況を把握しやすくします。

ひ

ふ

ファイアウォール

ネットワークの安全のために、許可のないアクセスをブロックするなどの機能を持つプログラムまたは装置。

ファイアウォールとは防火壁のことです。インターネットに接続されたコンピュータは、インターネット側から自由にアクセスされてしまいます。そのため、ネットワークのセキュリティを確保するために、アクセスに条件を設けます。この条件を設けたプログラムやネットワーク機器などのシステムをファイアウォールといい、他のサーバーとつながる出入口、一般にLANとインターネットの間に設置します。

関連▶インターネット／下図参照

ファイル

コンピュータで扱うデータをまとめたもの。

ファイルには名前（**ファイル名**）と、OSで管理されている場合には、ファイルの種類を表す**拡張子**や性質を表す**属性**を付けます。

▼ファイアウォールの仕組み

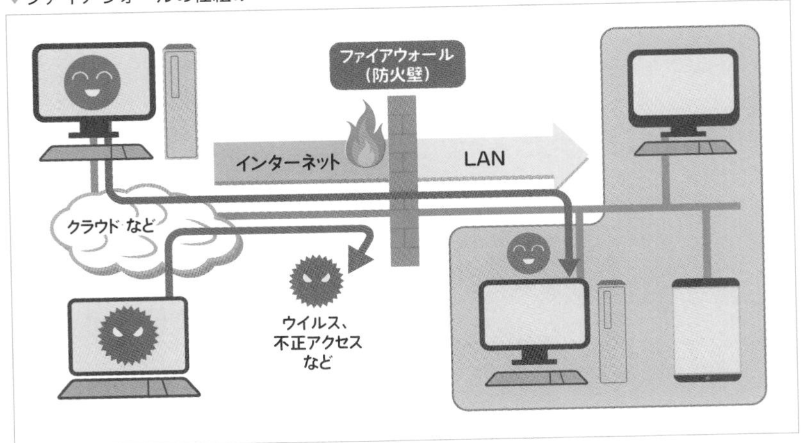

ファイル共有サービス

インターネットを通じて大容量ファイルを共有するためのサービス。

関連▶オンラインストレージ

ファイル形式

ファイルの種類のことで、データ形式と同義で用いられる。

スマートフォンやパソコンなどで扱うファイル形式には、テキスト(文書)、静止画、動画、音声、表計算データなどがあります。また、インターネットで使用されるHTMLや、アプリケーションごとの独自のファイル形式もあります。

関連▶拡張子

ファイル名

ファイルに付けられた名前。ファイルネームともいう。

関連▶拡張子/ファイル形式

▼ファイル名の付け方

フィーチャーフォン

スマートフォンより前の世代の携帯電話のこと。日本ではガラケーを指す。

通話、メール、最低限のインターネット程度の機能しか備えていない半面、電池の持ちがよくコストパフォーマンスに優れています。「フューチャーフォン」と書かれることもありますが、これは間違いです。

フィード

ニュースサイトやブログなどで、内容が更新されたことを知らせるファイルのこと。

フィードを**フィードリーダー**に登録しておけば、サイトが更新されたときに自動的に通知が送られてくるので、いちいち確認をしに行く必要がなくなり、また見逃しもなくなります。

フィッシングメール

送信者を偽り、偽造したサイトにアクセスさせることで、口座番号や暗証番号などの個人情報を盗み出す犯罪行為。

銀行や役所からのメールなどに見せかけて、「問題が発生したのでこちらにアクセスしてください」などの文面とURLを記載し、そこへアクセスさせるなどの方法でクレジットカード情報などを盗みます。心あたりのないメールに記載されたURLは安易に開かないようにします。

関連▶セキュリティ(対策)ソフト

フィルター

画像アプリなどで、撮影した写真に特殊な加工を施す機能。

モノクロに加工したり、食べ物をおいしく見える色味にしたり、顔を笑顔にしたり目を大きくするなどの加工ができます。

フィルタリング

有害サイトへのアクセスを制限すること。

年齢制限のあるコンテンツなどへのアクセスを制限したり、セキュリティを確保する目的で使われます。

ブースト

余計なアプリの動作を止めたり、削除したり、再起動することで動作を軽くすること。

「スマートフォンの最適化」のことを指します。スマートフォンを長時間使っていると、メモリにデータがたまるなどして、スクロールがガタついたり、ボタンを押してから反応するまで時間がかかるようになります。そうした際にアプリを終了（ブースト）することで、動作が軽くなります。

フェイクニュース

事実ではない情報や、不確実な内容に基づくデタラメやウソの情報のこと。

SNSなどインターネットを通じて発信・拡散されますが、報道機関やマスメディアによる故意の誤報も含めます。悪意を持って発信されたり、世論操作を目的に発信されることが多いです。本人は正しい行いをしているつもりで、誤った情報を拡散する場合もあります。

フェイスブック

関連▶Facebook

フェリカ

関連▶おサイフケータイ／FeliCa

フォーマット

■**データベースや表計算ソフトでの表示形式。**

用途によっては必要なデータのみを表示することもできます。

■**ワープロでの文書や文字のスタイルなどの書式設定。**

文書や文字、誌面などの出力時の体裁をいいます。

■**ハードディスクやUSBメモリなどの記録形式（ファイルシステム）。また、その記録形式に従って初期化すること。**

関連▶初期化

■**広義には入出力のデータ形式を指す。書式ともいう。**

フォトレタッチ

写真データのコントラストや明度、彩度、色調などをパソコンで修正、加工すること。

ソフトウェアとしては米国アドビ社の「Photoshop」が有名です。

関連▶Photoshop

フォルダ

ファイル管理システムで、ファイルやプログラムを入れる場所。

フォルダには自由に名前を付け、その中にファイルを入れて分類できます。また、フォルダの中にさらにフォルダを作って細かく分類することもできるので、写真や動画、書類ファイルの管理がしやすくなります。

関連▶ディレクトリ

フォロー

他のユーザーの投稿を追いかけることができるように、その人のアカウントを登録すること。

Twitterでは、フォローしたユーザーが投稿を行うと、自分のタイムラインに投稿内容が表示されるようになります。お互いにフォローし合っている状態のことを「相互フォロー」といいます。

フォロワー

TwitterなどのSNSで、他のユーザーの投稿を追いかける人のこと。

投稿内容が見られるようにすれば、投稿が更新されるとフォロワーのタイムラインに表示されます。

フォント

文字の書体や大きさを表す言葉。文字フォントともいう。

書体としては、明朝、ゴシック、クーリエ、イタリックなどがあり、毛筆体、教科書体などをフォントに含めているものもあります。大きさは**級数**や**ポイント**などで表されます。

▼各種フォント

明朝フォント
ゴシックフォント
Courier Font
Condenced Font

復元

ファイルを削除したり、アプリをアンインストールしたりした場合に、その操作をとりやめて元の状態に戻すこと。

誤操作で削除してしまった場合や、一度必要ないと判断して削除したもののあとから必要になった場合には、復元の操作をすることで、ファイルを戻したりすることができます。ただし、一定の期間が過ぎてしまっていたり、データを完全に消去してしまった場合は、復元できないことがあります。

複合現実

関連▶MR

不正アクセス

コンピュータネットワークにおいて、アクセス権限を持たない者がサーバーなどに侵入する行為のこと。

不正アクセス禁止法

2000年2月に施行された、不正アクセス行為を取り締まる法律。正式名称は「不正アクセス行為の禁止等に関する法律」。

この法律によって、他人のIDやパスワードを不正に使用したり、インターネットを通して他人のコンピュータに侵入する行為を、1年以下の懲役、または50万円以下の罰金、という処罰の対象として認定しました。

復活

削除したファイルや再フォーマットしたドライブの中のファイルを以前の状態に戻すこと。

なお、削除した領域に新しいデータを書き込むと、上書きされて、古いデータを復活させることはできなくなります。

関連▶フォーマット／復元

ブックマーク

ウェブページのURLを記録しておき、ページの名前を選択するだけですぐ開けるようにするブラウザの機能。

ブラウザによっては**ホットリスト**、**お気に入り**ともいいます。ブックマークとは、「しおり」の意味です。

関連▶お気に入り

▼ブックマーク（お気に入り）の例

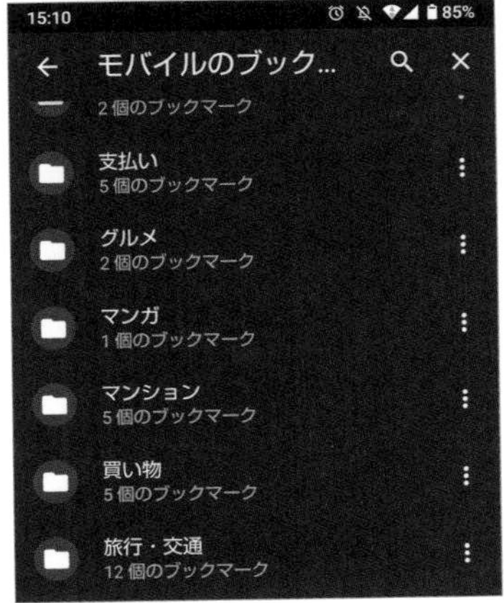

プッシュ通知

アプリやニュースサイト、SNSなどで内容の更新があったことを自動的に通知してくる機能。

機能の更新を見逃さないように伝えられるほか、企業などは新商品情報をユーザーにタイムリーにお知らせできるなど利便性が高いため、よく使われています。半面、通知が多すぎるとユーザー

ふ

にとっては確認の負担が大きくなるため、通知を切ったりするなど適宜管理する必要があります。

プライバシー保護

コンピュータシステムにおいて、顧客情報などの個人情報が、外部に漏れないように保護すること。

また、そのためのソフトウェアやハードウェアの仕組み、法的な整備など、全般的な措置の総称のことです。

関連▶**個人情報保護**

プライバシーポリシー

個人情報の取り扱いについて定められた文書のこと。

企業などが、メールによる問い合わせを受け付けるなど個人情報を扱う際には、個人情報保護法に基づきプライバシーポリシーを定めて公表し、誰にでもわかるようにしておく必要があります。

関連▶**個人情報保護法**

ブラウザ

通常は、インターネット上のウェブページを見るためのウェブブラウザのこと。

ブラウザには、複数の画像を一度に表示させるアルバム的なものや、インターネットを閲覧する**ウェブブラウザ**などがありますが、単にブラウザというと通常はウェブブラウザを指します。ウェブブラウザとしては、グーグル社の「**Chrome**（クローム）」、マイクロソフト社の「**Edge**（エッジ）」やアップル社の「**Safari**（サファリ）」などがあります。

関連▶**ウェブ／ビューワ**

フラグ

アニメやゲームなどで、特定の動作を行う条件がそろったことを表す表現。

条件を満たしたことを「**フラグが立った**」といいます。死亡フラグや恋愛フラグなど、ゲームやドラマなどでも使われるようになっています。

プラスメッセージ

関連▶**+メッセージ**

ブラックリスト

フィルタリングサービスにおいて、有害と認められたサイトを閲覧不能にする方式。

逆に、キャリアの認証を受けたサイトのみを閲覧可能にする**ホワイトリスト**方式と呼ばれる方法もあります。問題のない安全なサーバーだけをリストアップし、それ以外のデータを遮断するセキュリティ方式です。

フラッシュ・マーケティング

短期間に、販売および見込み顧客の情報収集を行うマーケティングのこと。

スマートフォンならびにTwitterなどの

ソーシャルメディアの普及により、短時間・短期間（フラッシュ）で広範囲のユーザーへ情報を伝達する環境が整ってきたことが背景にあります。特典付きクーポンや割引価格の期間限定商品を、インターネット上で告知・配布・販売する方式などが代表的です。時間・数量の限定感で購買意欲を刺激するマーケティング手法です。

フラッシュメモリ

基板上に搭載したまま、電気的にデータ消去ができる読み出し専用の不揮発性メモリ（EEPROMの一種）。

フラッシュPROMともいいます。プログラム格納用に各種電子機器に内蔵されたり、**SDメモリカード**、**CFカード**（コンパクトフラッシュカード）、**メモリースティック**などに搭載されています。パソコンなどではハードディスクの代わりとしても利用されており、**SSD**と呼ばれています。

▼フラッシュメモリの例

関連▶SDメモリカード

プラットフォーム

アプリなどを動かすための基礎や土台となるもの。

物理的な意味ではスマートフォンやコンピュータを指し、プログラム的な意味ではiOSやAndroidなどのOSや、音楽サイト、ショッピングサイトなどを意味することもあります。

フラップ（スマホケース）

手帳型で画面を覆うタイプのスマートフォンケースのこと。

フラップを開いて画面を表に出すため、液晶画面を守ることができます。

フリー

英語として、「自由な」「無料の」という意味がある。

フリーコンテント（内容を自由に利用でき、複製や変更を行って再配布が可能）、フリーウェア（無償で利用可能なソフトウェア）、著作権フリー（著作権がない）などがあります。

フリーウェア

無料で自由に配布したり利用できるソフトウェアのこと。

ただし、著作権はフリーウェアの作者にあります。**フリーソフトウェア**、**フリーソフ**

トともいいます。同じように、無料で自由に配布・利用できるソフトウェアに**PDS**（**パブリックドメインソフト**）がありますが、PDSは作者が著作権を放棄している点でフリーウェアとは異なります。日本の著作権法では、著作権を完全に放棄することはできないので、厳密な意味でのPDSは存在しません。

関連▶シェアウェア

フリーズ

キーボードやマウスなどの入力ができなくなり、PC（コンピュータ）が操作不能になること。

ストール、**ハングアップ**、**固まる**ともいわれます。この場合、ハードウェアリセットなど、強制的なリセット（再起動）が必要となります。

関連▶**強制終了**

フリーメール

登録するだけでアカウントが配布され、無料で使用することができるメールアドレスのこと。

通信会社と契約した際に提供されるアカウントとは異なり、自分でサービスを選んで申し込みをする必要がありますが、複数のアドレスを取得して仕事用や趣味用などと使い分けることができます。また、Gmailなどのようにサーバー上にデータを保存したり、他のサービスと連携したりすることができるものもあります。銀行などの公共性の高いサービスでは使えないこともありましたが、最近はフリーメールでも使用できるようになってきています。

プリインストール

あらかじめスマートフォンに入っていて、最初から利用できるアプリのこと。

メーカーによってプリインストールされているアプリは異なります。

関連▶**標準搭載**アプリ

フリーWi-Fi（フリーワイファイ）

駅など公共の場所や、飲食店などの店が提供している、無料で使用できるWi-Fi接続サービス。

フリーWi-Fiを選択して、メールやSNSなどのアカウントを登録することで利用できます。料金プランの通信量を消費せずインターネットに接続できますが、誰でもアクセスできるため、通信傍受や盗聴などの危険性もあります。

フリック

画面を指で触れて左右や上下にスッと払う動作。

画面の切り替えや、スクロールなどにも使われます。スマートフォンの文字入力は基本的にフリック入力で行います。

関連▶トグル入力

フリック入力

主にスマートフォンのタッチパネルで採用されている文字入力方式。

テンキー風に配置された各行のあ段を長押しすると、周囲に他の４段（い、う、え、お段）が配置されるので、目的の文字の方向に指をスライドさせると文字を入力することができます。

▼フリック入力

プリペイドカード

品物の購入に現金の代わりとして用いるカード。

コンビニや家電量販店で購入できます。あらかじめ代金を支払っておき、その金額ぶん、現金と同じように買い物ができます。磁気カードやICカードに残高が記録されますが、そのカードを総称して「プリペイドカード」と呼びます。また、オンラインショッピング用の**BitCash**（ビットキャッシュ）やGoogle Playストアで利用するGoogle Playギフトカードなどがあります。

プリペイド方式携帯電話

基本料金と一定時間ぶんの通話料を前払いしておく携帯電話サービス、およびその端末。

ソフトバンクがサービスを行っています。従来は身分確認が不要でしたが、犯罪に使用されるケースが増えたため、身元確認を要するようになりました。MVNOを利用した**プリペイド式SIMカード**もあります。

関連▶格安SIM／出会い系サイト／MVNO

フリマアプリ

フリーマーケットのように、オンライン上で物品の売買ができるスマートフォンアプリのこと。

代表的なものに**メルカリ**、**ヤフオク!**、**ラクマ**、**ショッピーズ**などがあります。フリマアプリでの取引は個人間で行いますが、アカウントの取得や売り買いの敷居が低く、若い女性を中心に若年層の支持を得ています。

関連▶メルカリ

プリンタ

コンピュータのデータを紙に出力（印刷）するための装置。

印刷方式によって**インクジェットプリンタ**、**レーザープリンタ**などに分類されます。

プリンタの印刷品質は1インチ幅に印刷できるドットの数（dpi）で表されます。

プリント

画像や文書ファイル、PDFファイルなどを印刷すること。

スマートフォンとプリンタを無線で接続して印刷することができます。

ブルートゥース

デジタル家電やパソコン、スマートフォンなどを無線でつなぐ、短距離通信の世界共通規格。

スマートフォンにブルートゥース接続ができるイヤホンを登録することで、ケーブルなしで音楽を聴くことができるようになります。スマートフォンだけでなく、ノートパソコンやデジタルカメラ、AV機器、ヘッドセットやマイク、マウス、キーボードといった各種入力装置など、様々な機器同士を無線接続することができます。

関連▶無線通信／Wi-Fi／次段上図参照

▼ブルートゥース

ブルーライト

光の中で青色に見える強いエネルギーを持つ光のこと。眼への負担が大きい。

380〜500ナノメートルの波長のものを指し、スマートフォンなどの画面からも大量に出ていることから、画面を長時間見続けることで眼精疲労や睡眠障害などの悪影響があるとされています。ブルーライト対策として、ブルーライトをカットするための画面に貼るフィルムや眼鏡などが販売されています。

関連▶次ページ［便利技］参照

ブルーレイディスク

DVDの約5〜6倍の記録容量を持つ光ディスクの統一規格。

大きさはCDやDVDと同じ直径12cmですが、片面1層で25GB、高画質のフルHD映像を約2時間録画できます。

関連▶フルHD

便利技 夜間はブルーライトをカットする（ブルーライト）

　ブルーライトが出ているスマートフォンの画面を夜間に見続けると、生体リズムが崩れ、睡眠などの健康面に影響を与えかねません。Androidには「リラックスビュー」という機能があり、iPhoneには「Night Shift（ナイトシフト）」という機能があります。

　Androidでは、❶設定をタップ➡❷ディスプレイ➡❸詳細の設定➡❹リラックスビューをタップ➡❺「今すぐONにする」をタップします。

　iPhoneでは、❶画面を上から下へスワイプ➡❷コントロールセンターの画面の明るさを調整する部分をロングタップ（長押し）➡❸「Night Shift」アイコンをタップします。

Android

11:30
リラックスビュー
今すぐ ON にする
❺タップ
輝度
スケジュール
使用しない
リラックスビューを利用すると画面が黄味がかった色になります。薄明かりの下でも画面を見やすくなり、寝付きを良くする効果も期待できます。

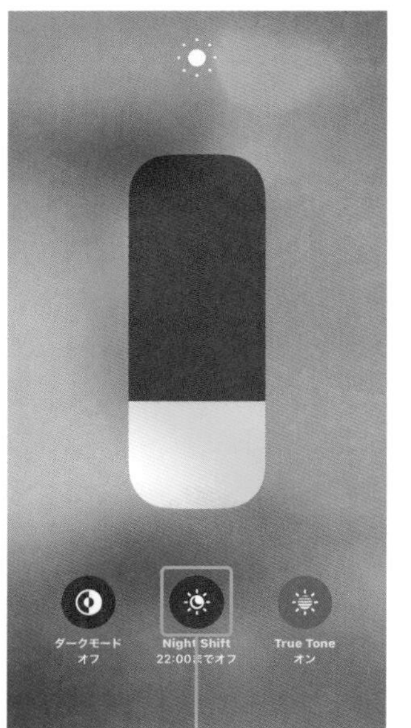

フルカラー

人間が目で見ている自然な色。

コンピュータの画面では、1ピクセルあたり、RGBの各色を256段階として、1677万7216種類の色を表現できるものを指します。**24ビットカラー**（**32ビットカラー**）ともいいます。

フルスクリーン

ディスプレイの画面全体に1つのウィンドウの内容を表示すること。

フルスクリーン表示とも呼ばれます。ウィンドウからタイトルバー、タスクバー、ウィンドウ枠などがすべて取り払われ、ウィンドウの内容のみがディスプレイいっぱいに表示された状態を指します。

フルセグ

地上デジタル放送で12のセグメントを使った方式。

通常のデジタル放送のことです。これに対して**ワンセグ**とは13のセグメントのうち1つを使った放送のことで、携帯電話やカーナビ用に開発されました。現在は通信容量の増大や高解像度のデータを受信できるようになっていることから、スマートフォンなどでもフルセグに対応していることが多くなっています。

関連▶ワンセグ

フルHD

画面のきめ細かさを表す用語で、ハイビジョンより解像度が高く、4Kより解像度が低いもの。

フルハイビジョンのことです。1920×1080画素で2Kともいわれます。ちなみに4Kは3840×2160画素、8Kは7680×4320画素となっています。解像度が高いほどきれいで情報量が多い画面を表示できます。

プレイステーション®

ソニー・インタラクティブエンタテインメント製の家庭用ゲーム機。

PSなどとも略称されます。初代から音楽CDなど他メディアも楽しめました。現在のPS5もゲーム以外に多くのエンタテインメントが楽しめる設計になっています。それまで二次元が主流だったゲームの世界に三次元の映像表現で革新をもたらし、ソフトウェアメーカー各社からミリオンセラーを記録するタイトルが多数発売されました。

▼プレイステーション®5

プレイリスト

気に入った曲やビデオを集めたリストのこと。

音楽アプリや動画アプリなどでプレイリストを作成し、リストを再生することで音楽を聴いたり、動画を見たりすることができます。元は放送における楽曲のリストのことでした。

関連▶Apple Music／Spotify

フレームレート

動画の1秒につき静止画が何枚で構成されているかを示す数値。

単位はfpsで表します。パラパラ漫画の枚数が多いほど滑らかに見えるように、フレームレートが高いほど動画がスムーズに見えます。当然、フレームレートが高いほどデータ量が大きくなるので通信量も増えます。インターネット上の動画は30fpsが多く、ゲームや映画などでは60fpsのものもあります。

フレッツ光（ひかり）

NTT東日本/西日本社が提供しているインターネット向け総合FTTHサービスの名称。

両社は、NTT法によりISP（インターネットサービスプロバイダ）とはなれないため、インターネット接続にはフレッツ光だけでなく、別途、ISPとの契約も必要となります。通信回線に光ファイバーを利用しているのが特徴です。

プレビュー

印刷などの正式な出力の前に、ディスプレイ上に出力後のイメージを表示する機能。

ブロードバンド

厳密な定義はないが、動画や音声の配信に適する広帯域、大容量、高速なインターネット回線の総称。

通信速度が数百万（メガ）ビット/秒以上の回線で、大きく有線系と無線系に分けることができます。有線系としてはxDSLやCATV、FTTHなどがあり、無線系には無線LANスポットサービスなどがあります。

関連▶FTTH

ブロードバンドルータ

ADSLやCATV、光ファイバーなどの高速回線で、主に個人やSOHO（ソーホー）向けに、インターネットに常時接続する際に使われるルータ。

通常のルータの機能に加えて、認証機能や、複数のイーサネットポートを装備しています。また、外部からの不正アクセスを遮断する簡易ファイアウォール機能なども搭載しています。

関連▶ブロードバンド／ルータ／次ページ上写真参照

▼ブロードバンドルータの例

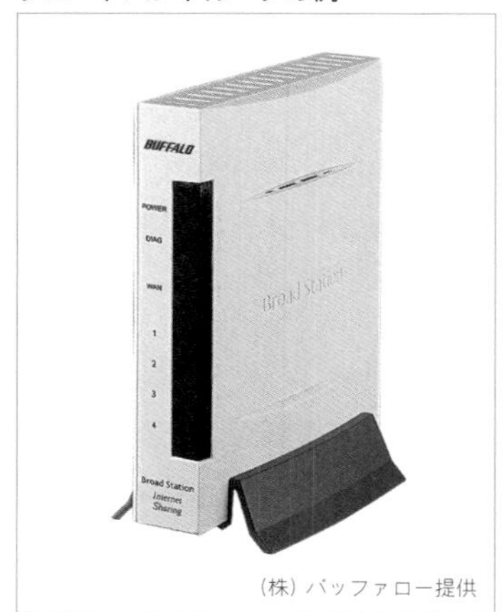

（株）バッファロー提供

ブログ

web log（ウェブログ）の略称。ウェブサイト上に時間を追って記述された日記や記事のこと。

ブログ（blog）の発祥については諸説ありますが、インターネット黎明（れいめい）期に多くの個人がウェブページを作り、自分や家族を紹介して近況を伝えていたものが発展して、1999年頃に成立したものといわれています。現在では著名な技術者やジャーナリストを含めた多くの人がブログを執筆しており、情報発信の手段となっています。ブログを付けている人のことを**ブロガー**といいます。

プログラマー

プログラムを作成する技術者。

ソフトウェアの開発で、システムエンジニアが作成した仕様書に従って、仕様どおりのプログラミング言語に置き換える（**コーディング**）作業を受け持ちます。仕様からコーディングを行うので、**コーダー**（coder）ともいいます。

プログラミング

コンピュータのプログラムを作成すること。

仕様の決定からソースプログラムの作成、実行可能なファイル形式への変換までの作業が含まれます。

プログラミング言語

コンピュータが直接、または間接的に理解できる人工言語。

プログラム言語、**コンピュータ言語**ともいいます。プログラミング言語は自然言語と機械語の橋渡し的な存在であり、人間とコンピュータ間のコミュニケーションを目的とした言語で、もっぱら文字や記号のみが使われます。プログラミング言語にはJava（ジャバ）、C、PHP、Python（パイソン）、Perl（パール）などがあります。

プログラム

コンピュータの動作を規定、記述した命令文の並びのこと。

狭義には、プログラミング言語を使って書いたソ**ースプログラム**をいいます。

ふ

関連▶ソース

プロジェクター

スクリーンに画像を映し出す機器。

関連▶液晶プロジェクター

プロセッサ

コンピュータの本体、データ処理装置。

狭義では**演算装置**と**制御装置**を指し、広義では**主記憶装置**も含みます。本体は**中央処理装置**（CPU）ともいいます。

プロダクトキー

ソフトウェアの利用許可を得るために、各パッケージに付く固有の番号。

メーカーが登録ユーザーの管理に用いるほか、不正コピーを防止するために、ソフトウェアをインストールする際、ユーザーにプロダクトキーの入力を要求し、正しい番号が入力されない場合はインストールできないようにする仕組みです。

ブロック

SNSで特定のアカウントの投稿や通知が表示されないようにしたり、メッセージのやり取りができないように設定すること。

フォローはしているものの意見が合わないときや、スパムアカウント、投稿が頻繁すぎて情報をとるのに支障が出る場合などに、ブロックにより対処することができます。これに対してリムーブは、アカウントのフォローを完全に解除することです。

ブロックチェーン

システムの管理権限を1カ所に置かずに分散させる技術、もしくは分散型ネットワークのこと。

データの破壊や改ざんが困難なネットワークを構築することができます。一度記録すると、ブロック内のデータを遡及的に変更することはできないため、ビットコインなどの**暗号資産**で利用されています。

▼ブロックチェーンの仕組み

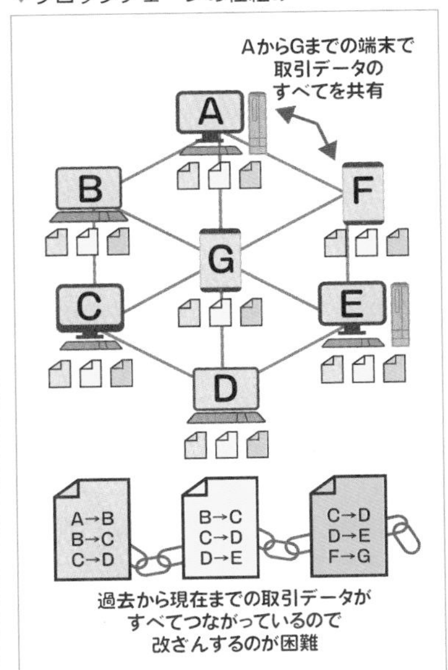

ふ

関連▶**暗号資産**

プロバイダ

インターネットへの接続を仲介するサービス業者。

インターネットプロバイダ、正式には**インターネットサービスプロバイダ**（ISP：Internet Service Provider）といいます。インターネットに接続するには、プロバイダと契約し、電話回線や光ファイバーなどを介してインターネットに**IP接続**をします。ユーザーはプロバイダと契約することで、電子メールやWWW、SNSや電子掲示板システムなどのインターネットのサービスを低料金で享受することができます。接続料金は**従量制**（接続時間による課金）、**固定制**（期間内は定額）、**併用制**（従量制と固定制を組み合わせた課金）と様々です。

プロフ

ウェブ上で利用されている、自分のプロフィールのページを作成して公開できるサービス。

「プロフィール」を略した用語です。多くの場合、会員制がとられていますが、無料で利用できるものが多くなっています。会員に登録し、入力フォーム上で名前、趣味など用意された項目に記入することで、自己紹介ページを作成することができます。項目を追加して、オリジナルの自己紹介を作成できるものもあります。

関連▶SNS

フロントカメラ

スマートフォンのユーザー側に向けられたカメラのこと。

インカメラともいいます。画面にはカメラで撮れる画像が表示されるため、内容を確認しながら撮影できます。また、ビデオ通話の際に、相手側に表示される自分の顔もフロントカメラで撮られたものとなります。自撮りやビデオ会議などの際に役に立ちます。

ペアリング

特定の機器同士を登録することで認識させ、利用できるようにすること。

ブルートゥースに対応しているスマートフォンと無線型のイヤホンをペアリングすることで、自分のスマートフォンからの音だけをイヤホンに流すことができるようになります。

ペアレンタルコントロール

子どもが使うアプリや機器の機能を制限するための機能やシステムのこと。

内容によって表示できるウェブサイトやコンテンツを制限したり、許可なくゲームを起動できなくしたりできます。一般には、親が内容を取捨選択してルールを決めます。インターネット接続やスマートフォン、CATV、ゲーム機など幅広い分野で使われています。

関連▶レーティング／次段図参照

▼Google Playの保護者による制限

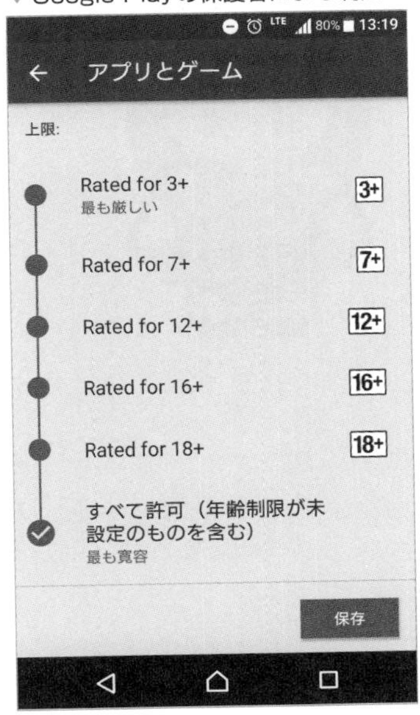

ペイパークリック

バナーなどのリンクをウェブページに張り、クリックされた回数に応じて、リンク元のウェブサイトやブログの管理者に報酬が支払われるシステム。

クリック保証広告ともいいます。

関連▶ページビュー

ペイペイ

関連▶PayPay

ペイント

ドットの集まりである画像を塗りつぶしの手法で描くこと。

このようなソフトウェアを**ペイント系グラフィックソフト**といいます。

▼ドット単位の塗りつぶし例（ペイント）

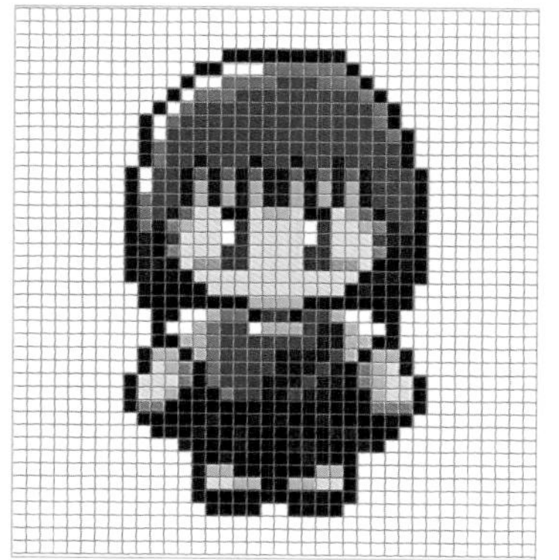

ページビュー

ウェブサイトで、そのページが何回アクセスされたかを示す数値。

PVとも表記します。ページビューが高いサイトは、たくさんの人によく見られている人気のサイトであるといえます。広告料などの基準となるほか、企業のサイトではどれだけ顧客を集められたかの指標となります。

ベータ版

開発中のハードウェアやソフトウェアの製品化前の試用版のこと。

ベールビュー

関連▶覗き見防止（ベールビュー）

ベストエフォート型

安価に供給する代わりに、通信速度や安定性などを保証しない通信サービス。

ADSLやFTTH、CATVのインターネットサービスは、この方式を採用しています。一方、**SLA**（Service Level Agreement）などと呼び、最低速度やダウン時間（一定期間内に使用できない時間の上限）などを保証しているものを、**ギャランティ型**と呼びます。

ヘッドセット

ヘッドホンとマイクが一体となった、頭部に装着する機器。

両手が空いたまま通話できるため、コールセンターやオンラインゲームなどで使われています。

ヘッドマウントディスプレイ

関連▶HMD

ヘルツ

1秒あたりの波や振動のサイクル数のこと。

振動数、**周波数**の単位で、**Hz**と記します。ドイツの物理学者H.ヘルツにちなんで名付けられました。

ヘルプ

プログラムの操作説明や解説、ヒントを画面に表示する機能。

インターネット上のウェブページから呼び出すヘルプを**オンラインヘルプ**と呼ぶこともあります。

ヘルプデスク

社内などのコンピュータユーザーを技術的に指導する人、または部署。

それに対して**サービスデスク**は、顧客からの問い合わせ全般に対応するだけでなく、社内スタッフからの問い合わせにも対応します。専門性が高く、企業の窓口的な存在です。

関連▶サービスデスク

返信アドレス

送信時とは異なるアドレスへ返信してもらいたい場合に指定するアドレスのこと。

ほとんどは、メールソフトの設定で指定することができます。Reply-to:ヘッダーで指定します。一般には、通常使うメールアドレスと返信用アドレスは、同じものを使います。

関連▶アドレス

ペンタブレット

ペン型の入力装置で、タブレットの画面をなぞることで文字や絵を描くことができる機器。

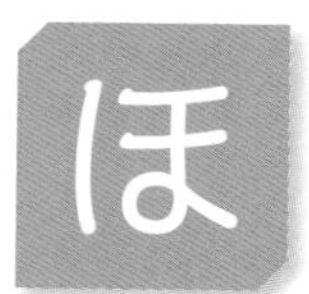

ポインタ

ポインティングデバイスを操作する際に表示されるカーソルのこと。

マウスカーソル、**マウスポインタ**、**Iビームポインタ**、**グラバーハンドポインタ**などの総称です。

関連▶ポインティングデバイス／カーソル

▼ポインタの例

ポインティングデバイス

画面上の特定の入力位置を指し示す装置。

座標入力が主な使い方ですが、得られた座標から図形を選択する際にも使われます。必要とする入力精度や操作方法によっていろいろな装置があり、**ジョイスティック**、**マウス**、**ライトペン**、**タッチパッド**、**タブレット**などがあります。

関連▶次ページ下図参照

ポイント

■文字のサイズのこと。

欧米の活字がもとになっていて、1ポイントの大きさは約0.35ミリです。

■画面上の特定の場所を指し示すこと。

マウスでポイントしたうえでドラッグなどをすると、アイコンなどを移動することができます。

暴走

プログラムの誤りやデバイスの不具合などで、コンピュータが制御不能の状態になること。

ディスプレイ上に無意味な文字列が現れたり、入力が不可能になったりします。

ポータルサイト

インターネットへの入口（玄関）となるウェブサイト。

ブラウザ起動時に最初に表示させて、様々なサイトへジャンプする、ベースとなるページのことです。検索サイトの多くは、検索機能の提供だけにとどまらず、ニュースや企業へのリンクなども提供しているため、ポータルサイトとして利用されています。

ホームアプリ

Androidで表示されるホーム画面の機能やデザインを設定するアプリのこと。

デザイン、表示項目、バックアップ機能、アイコン数などをカスタマイズすることができます。

ホーム画面

スマートフォンを起動した際に、一番最初に表示される画面。

現在時刻やよく使うアプリなどが表示されています。自分の使いやすいように変更したり、好みの写真を壁紙に設定するなど、カスタマイズすることができます。ホームボタンをタップすると、この画面に戻ります。

▼主なポインティングデバイスの例

ほ

ホームページ

インターネットのウェブサーバーで最初に表示されるタイトル画面。

一般には、1つのウェブサーバー全体を指してホームページという場合も多いようです。なお、ホームページの本来の意味である表紙となるページを**トップページ**、それを含むすべてのページを**ウェブページ**、単に**ページ**などと使い分ける場合もあります。

関連▶インターネット

ホームページアドレス

ウェブページのインターネット上の住所。

そのページが世界中のインターネットのどこにあるかを示す文字列で、**URL**ともいいます。

ホームボタン

スマートフォンで、ホーム画面に移動するためのボタン。

Androidの場合は画面下端の中央に表示され、タップすることでホーム画面に移動します。ダブルタップでアプリを切り替えたりスリープモードにするなどの機能もあります。この機能はiPhoneではiPhone Xから廃止されました。

ホールド

画面を数秒押したままにすること。

長押し（ながおし）ともいいます。

ポケモンゴー

関連▶Pokémon GO

ほしい物リスト

Amazon.comで買いたいと思ったものをリスト化して、商品入荷やセールの通知をしてもらう機能。

インターネット上に公開することもでき、それを見た友人・知人などは商品を購入してプレゼントすることもできます。

関連▶ウィッシュリスト

ボタン

画面上に表示される、機能や操作を選択するスイッチ。

カーソルを合わせてタップすると、その機能が動作します。

▼Androidのボタン

ボット

■人間が行う処理を、自動的に実行するプログラム。

近年は、メーカーのサポート窓口で対話型の問題解決サービスとしてチャットボットが利用されています。ボットの語源はロボットです。Twitterにおいては、その機能を用いて作られたプログラムによる自動発言システムを指し、サイトの

ま

更新情報を自動で配信するボット、特定の時間だけに発言するボットなど、多様なものがあります。単純な繰り返し作業に向いています。

関連▶オンラインゲーム

■ **ロボット型検索エンジンの略。また、エンジンの収集用プログラム。**

検索ロボット、**クローラ**ともいいます。データベースを作成するためにウェブページを収集するプログラムです。

ポッドキャスト

インターネットでラジオ番組を配信する仕組みのこと。

サーバーに上げた音声データへのリンクを公開することで、ソフトウェアやウェブ上から、その音声データを保存、再生する技術です。更新されたデータは、ディスクや携帯型オーディオプレイヤーに自動的に転送することもできます。米国アップル社のiPod（アイポッド）と、放送を意味するbroadcasting（ブロードキャスティング）を組み合わせた造語です。

関連▶iTunes

ホットスポット

いつでもインターネットが利用できるようにした無線ネットワーク環境サービス。

レストランや駅、空港、ホテルのロビー

▼ホットスポットのイメージ

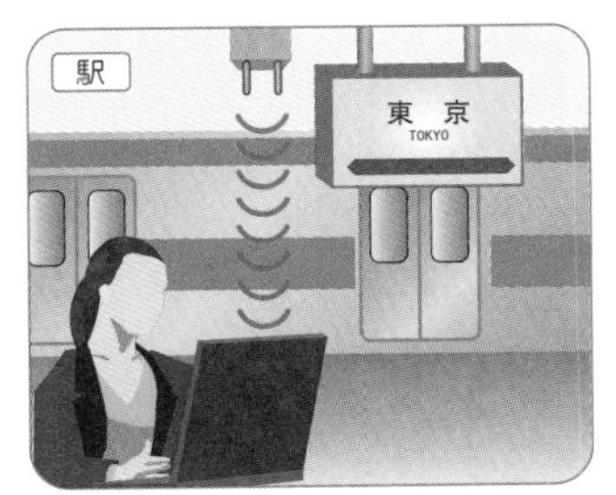

といった公共的な場所のほか、集客効果を期待して、ハンバーガーやカフェなどのチェーン店もサービスを提供しています。「ホットスポット」はNTTコミュニケーションズの登録商標で、正確には同社提供のサービスのみを指しますが、今日では同様のサービス全般を指しています。

ポップアップ広告

ウェブページの閲覧中やウィンドウを閉じた際に、別のウィンドウが開いて表示される広告。

ポリゴン

コンピュータグラフィックスの立体表現手法の1つ。

多角形の組み合わせで立体映像を表現する描画法のことです。コンピュータの処理速度の向上で、動画（アクション）表現に頻繁に利用されています。

関連▶下図参照

▼ポリゴンでの描画：使用ソフト「Shade」（ポリゴン）

©e frontier

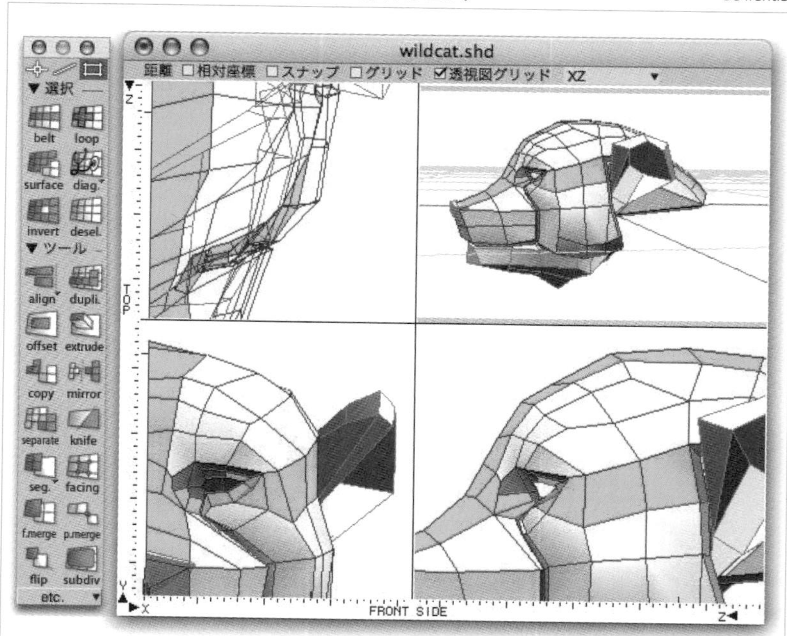

ホロレンズ

関連▶Microsoft Hololens

ホワイトハッカー

サイバー攻撃からシステムを守る専門家。
サイバー攻撃を仕掛ける側を**クラッカー**と呼びますが、その攻撃を防御する役割を担っています。サーバーのダウンやウェブページの改ざん、コンピュータウイルスなどは、クラッカーによる攻撃が原因の場合があります。ホワイトハッカーの人材育成は重要な課題となっています。

関連▶クラック／ハッカー

ま

マイアプリ

関連▶アプリとデバイスの管理

マイクロソフト

関連▶Microsoft

マイクロSD

関連▶SDメモリカード

マウス

本体の移動方向と移動量を、底面のセンサーで読み取る入力装置。

尻尾の付いたネズミ（マウス）に似ていることから「マウス」と名付けられました。上面には1～5個のボタンスイッチが付いています。かつてはケーブル接続が主流でしたが、現在は**ワイヤレス**方式が主流です。スマートフォンやタブレットにブルートゥースで接続すればマウスを使うことができます。

関連▶カーソル／ポインティングデバイス

マッチング

複数の条件を突き合わせて相性を確認すること。

マッチングアプリ

登録された会員情報をもとにユーザー同士の出会いの機会を提供するアプリサービス。

個人情報をもとにビッグデータなどを活用することで、より相性のよい相手を見つけることができます。

まとめサイト

ネット上において、ある事柄に関する記事やサイトを1カ所でまとめて閲覧・参照できるようにしたサイトやページのこと。

まとめ記事、**まとめページ**、または単に**まとめ**ともいいます。

関連▶キュレーションサービス

マナーモード

着信音や操作音が鳴らないような状態に設定する機能。

電車内や航空機、美術館・映画館などの音を出してはいけない場所で、着信音などが鳴らないように設定するモードです。通知は音の代わりに振動（バイブレーション）や光の点滅などで知らせることができます。

関連▶機内モード／次ページ［裏技］参照

マルウェア

悪意を持ったソフトウェアの総称。

主にコンピュータウイルス、ワーム、スパイウェアなどを指します。マルウェアには、他人のコンピュータに侵入して、個人情報を流出させたり攻撃したりといった有害な動作をするすべてのソフトウェアが含まれます。

関連▶スパイウェア

マルチウィンドウ

1つの画面上に複数のアプリの操作画面を表示すること。

同時に多数のアプリで作業を行うことができます。スマートフォンでは通常、シングルウィンドウのみに対応していますが、マルチウィンドウに対応しているスマートフォンやタブレットもあります。

裏技 電話の着信音を瞬時に消す（マナーモード） iPhone

マナーモードにすることを忘れて、会議や電車に乗っているときに電話がかかってしまい、着信音が鳴り響くことがあります。

すぐに着信音を消したいときは、本体の「+」あるいは「−」の音量ボタンを押したり、「電源ボタン」を押すと、iPhoneの着信音が消え、同時にバイブレーションもオフになります。

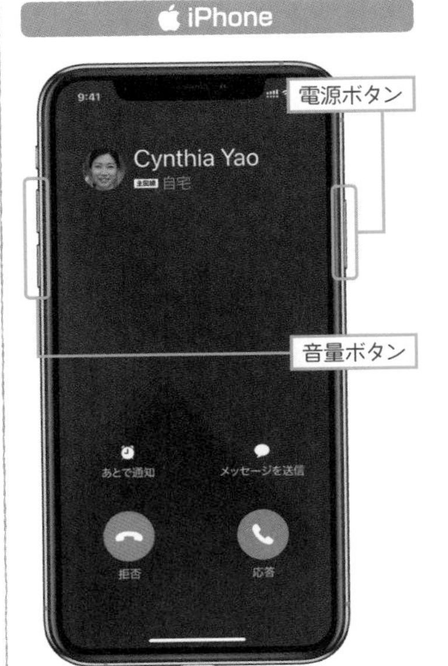

Apple Japan提供

マルチタスク

複数の作業や仕事を同時並行で処理する方式。

複数のアプリを同時に実行できる方式で、スマートフォンでは、音楽を流しながらインターネットを見たり、地図を開いたまま相手と電話をしたりすることができます。

マルチタッチ

スマートフォンやタブレットなどにおいて、複数の指で同時に触れて操作する入力方式。

2本以上の指を用いて操作する方式をいいます。より直感的な操作を可能にします。例えば、2本の指を使って幅を広げたり（**ピンチアウト**）狭めたり（**ピンチイン**）することで、画像の拡大・縮小ができます。スマートフォン、タブレットやタッチパネル付きのノートパソコンなどに導入されています。

関連▶ジェスチャー／iPhone／Surface

▼マルチメディア

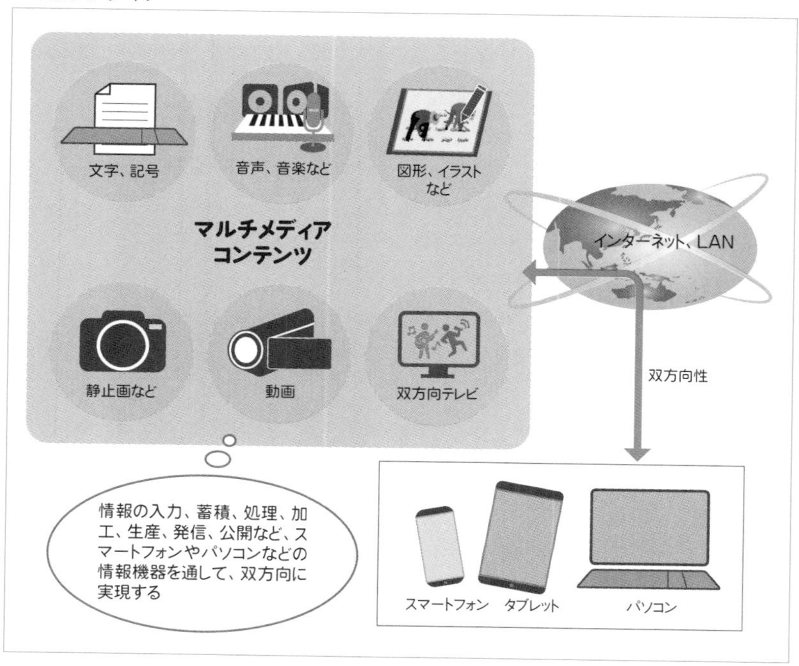

マルチタップ

関連▶トグル入力

マルチメディア

ラジオ、テレビ（TV）などの既存の情報（メディア）を、デジタル処理で一元的に取り扱えるようにすること。

メディアの情報を最大限に利用することが可能になります。パソコンの世界では、単にコンピュータ上で文字情報以外の映像、音声が扱えることを指す場合もあります。

関連▶前ページ下図参照

マルチユーザー

1台のコンピュータや1つのソフトウェアなどを複数人で共有できる仕組みのこと。

AndroidのGoogleアカウントでは、1台のスマートフォン（パソコンやタブレットなど）に複数のアカウントを設定して、使用者によって切り替えることで、デスクトップやホーム画面などをユーザーごとに設定することができます。

関連▶マルチタスク／ユーザーアカウント

未読（みどく）

SNSのメッセージやメールを受信者が読んでいない状態のこと。

メールの場合は、受信トレイに、閉じた封筒のアイコン、太字の件名で表示されます。LINEやメールなどでは、相手がメッセージを開いて読んだ場合に、送信者に通知が来るように設定できるものもあります。

ミニSD

関連▶SDメモリカード

ミュート

■SNSで特定の相手のメッセージを表示しないようにする機能。

ブロックと違い、ミュートしたことは相手に通知されません。

■音声が出ないようにする機能。

通常、マナーモードではスピーカーがオフになります。また、オンライン会議アプリなどでは、マイクを個別にオフにする機能もあります。

明朝体（みんちょうたい）

和文の代表的書体で、太明朝、中明朝、細明朝などの種類がある。

縦線が太くて横線が細いことと、はらいやうろこと呼ばれる飾りが特徴です。多くの書籍の本文で明朝体が使われています。

関連▶ゴシック体／ゴチック体

▼明朝体

いろいろな明朝体
いろいろな明朝体
いろいろな明朝体
いろいろな明朝体
いろいろな明朝体
いろいろな明朝体

無線通信

ケーブルを使わない電気通信のこと。

省略して**無線**と呼ばれることもあります。携帯電話やラジオ放送、テレビ放送などに無線通信技術が使われています。対して、LANケーブルのように線をつないだ電気通信のことを**有線通信**と呼びます。

関連▶ワイヤレス／Wi-Fi

無線ICタグ

商品などの識別や管理に利用される極小サイズのICチップ。データの読み書きは無線を通して行われる。

光学式のバーコードに代わるものとして開発されました。主に流通で使用されており、ICタグを利用して商品の数を数えたり、在庫の数をカウントできます。レジの精算などにも活用されており、カゴをゲートにくぐらせるだけで、中の商品を一度に計算できるシステムが実用化されています。

関連▶バーコード／ICタグ／RFID

無線LAN（むせんらん）

電磁波や赤外線などの、有線ケーブル以外の通信手段を利用したLANの総称。ワイヤレスLANともいう。

伝達距離は数十～数百m程度です。通信ケーブルの大半を省略できるので、パソコンなどの端末は比較的容易に移動できますが、通信速度の制限、障害物の影響、セキュリティ確保の難しさなどのデメリットがあります。現在は2.4GHz帯と5GHz帯が使われています。

関連▶公衆無線LAN／LAN／SSID

▼無線LANのルータ

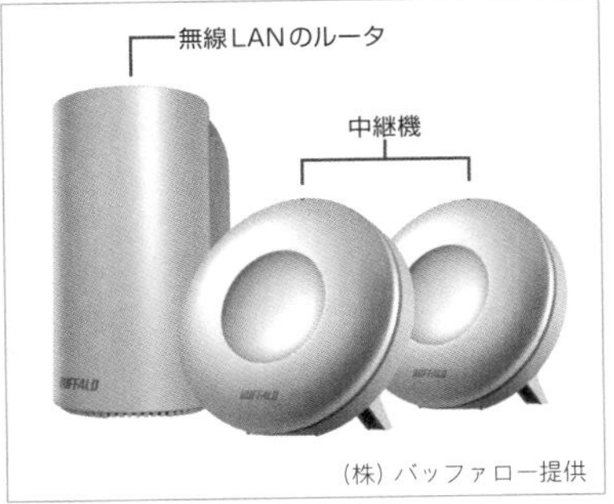

（株）バッファロー提供

め

命令

ユーザーがプログラムというかたちでコンピュータに与える、動作についての指示の単位の1つ。

関連▶コマンド

迷惑メール

不特定多数に無差別に送られる広告や勧誘のメールのこと。

自動でアドレスを作成して送られてきたり、外部サービスに登録したメールアドレスが流出して、そのリストをもとに送られてきます。仕事やプライベートの重要なメールが迷惑メールに紛れて気が付かなかったり、単純にたくさん送られることでスマートフォンやパソコンのデータ容量が圧迫されたりするなどの被害があります。

関連▶受信拒否／スパムメール

迷惑メール防止法

スパムメールなどのいわゆる迷惑メールを規制するための法律。

正式な名称は「特定電子メールの送信の適正化等に関する法律」といいます。また、**特定商取引法**（特定商取引に関する法律）を改正したものと併せて、**迷惑メール二法**とも呼ばれます。

関連▶スパムメール／迷惑メール

メインメニュー

アプリケーションなどの一番最初に表示される、機能を選択する画面。

関連▶メニュー

メール

電子メールの略称。

関連▶電子メール（システム）

メールアカウント

電子メールを利用する際に必要となる「権利」のこと。

電子メールやその他のインターネットのサービスを利用する際には、サービス事業者から発行される利用権を取得する必要があります。

関連▶メールアドレス

メールアドレス

インターネット上の電子メールの宛先。

「ABC@xxx.or.jp」のように、「**ユーザー名@ドメイン名**」で構成されます。

関連▶ドメイン名／下図参照

メールサーバー

メールの送信と受信を扱う、インターネット上のサーバーのこと。

作成して送信したメールは、メールサーバーに送られ、そこで送り先のアドレスを探します。そのうえで、相手先にメールを送るようになっています。

メール転送サービス

任意のメールアドレス（メールボックス）宛に届いたメールを、別のメールアドレスに送るサービス。

携帯電話などへメールを転送するサービスもあります。

メールマガジン

電子メールで自動的に情報を配信するサービスの一種。

一般に**メルマガ**と呼ばれます。天気予報や占い、レストランの新メニュー情報やクーポン、趣味の情報などが、登録者に定期的に送られます。

メガ

10^6（10の6乗）のこと。

つまり100万です。2進数では2^{20}（2の20乗）。「M」と表記します。

▼どのメールアドレスも世界に１つしかない

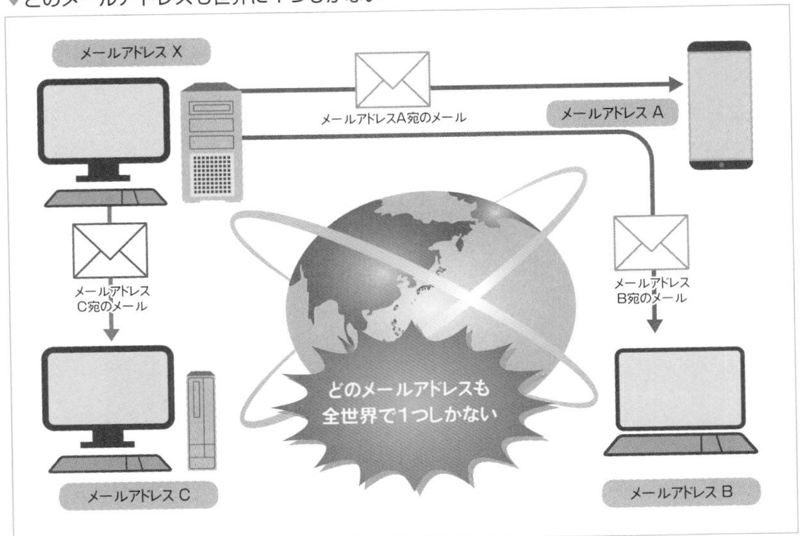

め

メガバイト

情報量の単位の1つ。

MBと略します。**メガ**は10^6（キロの1000倍）で通常100万Bということになります。2進数の場合、2^{20}＝1024キロバイトとなります。

関連▶ギガバイト／テラバイト

メッセージ

チャット用アプリ。

電話番号などを知っている相手に、チャット形式でテキストを送ることができます。パソコンでもメッセージをやり取りするためのアプリがあります。

関連▶SMS

メッセンジャー

米国フェイスブック社が提供するリアルタイムのチャット機能。

個人あるいはグループ間でメッセージのやり取りをすることができます。また、スタンプとしてイラストを送ったり、写真や動画を送ったりすることもできます。

メディア

伝達媒体のこと。

転じて表現形式も指します。コンピュータでは一般に**記憶媒体**のことです。

メニュー

プログラムやソフトウェアの機能、コマンド、命令を一覧表にして画面に表示したもの。

ユーザーはコマンドの内容を覚えていなくても選択して操作できます。

メモリ

データを一時的に保存する場所、または部品のこと。RAMともいう。

スマートフォンの中で、一時的な処理をするための記憶素子のことです。容量が大きいほどたくさんの処理を行うことができるため動作が速くなります。CPUが直接アクセスできるメモリを**メインメモリ**といいます。

関連▶記憶装置

メモリカード

カード型のケースにメモリを収めた記録媒体。

もともとはノートパソコンの追加メモリと

▼SDメモリカード（原寸大）

トランセンドジャパン（株）提供

して登場しました。その後、フラッシュメモリが低価格化するにつれ、ハードディスクなどに代わる記録媒体として用いられるようになりました。パソコンやスマートフォンだけでなく、デジタルカメラ、携帯オーディオプレイヤー、カーナビなどでも利用可能です。

関連▶SDメモリカード

メルカリ

商品の販売、購入をスマートフォンやパソコンから行えるフリーマーケットアプリサービス。

メルカリ社が運営するフリマアプリ。スマートフォンから手軽に利用できる利便性に加え、出品・購入時の手数料もかからないため（販売成立時には手数料が発生）、気軽に始めることができ、若年層や主婦層を中心に多くのユーザーを持つサービスです。オークション形式とは異なり、自分で販売価格を設定できます。出品者の身分証明書が不要で、匿名でも出品できます。商品のやり取りでは、互いの住所がわからなくても発送できます。

関連▶フリマアプリ

メルペイ

メルカリ社が提供するスマートフォン決済機能。

メルペイ加盟店やフリーマーケットのメルカリで支払いを行うことができます。

メルマガ

関連▶メールマガジン

メンテナンス

システムの保守、補修や点検のこと。

メインテナンスともいいます。

め

も

モーションキャプチャー

移動する物体の軌跡を記録し、電子情報（デジタルデータ）化すること。またはそのための装置。

人体にセンサーを付け、動きを記録します。ゲームソフトのキャラクターの動きや映画のCG作成に応用されています。

▼モーションキャプチャースタジオ

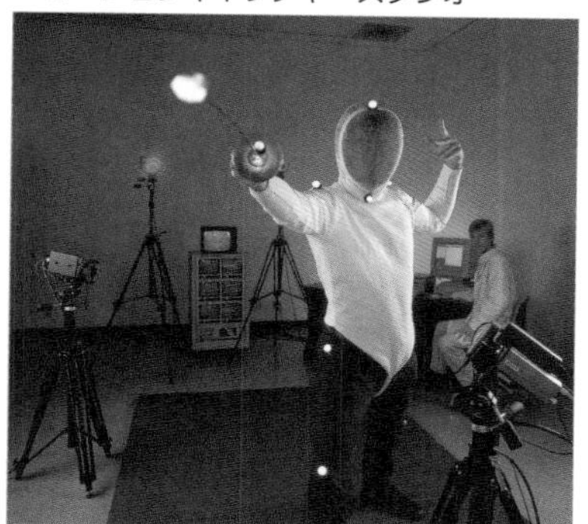

SCSK提供

モーションセンサー

赤外線などを照射したり、撮影した動画を解析したりすることで、動きを検出する機能。

監視カメラの解析、照明の自動消灯のほか、スポーツの動作分析、位置情報や動きを感知するゲームなどにも活用されています。

文字コード

文字（キャラクタ）に割り当てられた番号のこと。

コンピュータ上で文字や記号をデータとして扱うために必要となります。日本語として扱える文字コードには、シフトJISコード、EUCコード、JISコード、Unicodeなどがあります。

関連▶Unicode

▼入力したキー値が置き換えられて表示

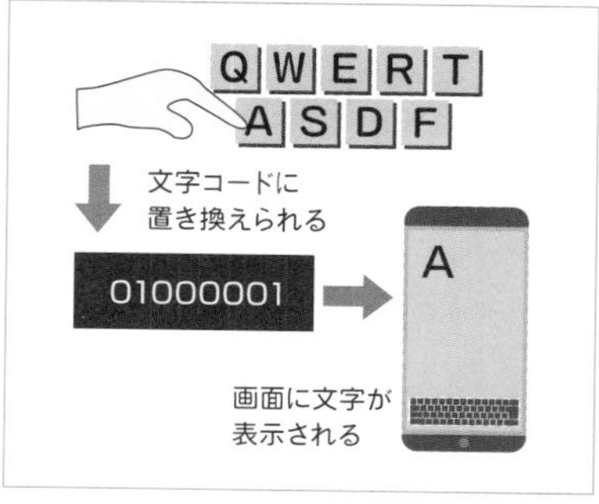

文字入力

キーボードやタッチパネルを使うことで、アプリ上で文字を書き込むこと。

スマートフォンではフリック入力が主に使われていますが、トグル入力など様々な方法があります。

関連▶かな入力／トグル入力／フリック入力／ローマ字入力

文字化け

文字コードを正しく受信できず、異なる文字が表示されてしまうこと。

単に「**化け**」と呼ぶこともあります。通信した際に文字コードを読み取れなかったために、文字が誤って変換されることをいいます。なお、通信時の障害などで文章の一部が欠落することは**文字落ち**といいます。

モデルチェンジ

ハードウェアなどの製品の品質を大幅に改善し、型番を変更すること。

モバイル

個人で携帯して持ち運ぶタイプの通信機器。

スマートフォンやタブレット、小型のノートパソコンなど、機動性や携帯性があるIT機器のことを指します。

モバイルコンピューティング

携帯型のパソコンなどを用いて、外出先や屋外で手軽にコンピュータを扱うこと。

モバイルとは「動かしやすい」「持ち運びやすい」といった意味です。**移動体コンピューティング**などともいいます。携帯電話やスマートフォン、無線LANスポットサービスなどを利用して電子メールやデータ転送をすることを、特にこう呼びます。

関連▶移動体通信

モバイルデータ通信

モバイル機器とモバイル用の通信回線を使って、インターネットに接続すること。

4GやLTE、5Gなど通信会社が提供する回線を使ってインターネットにアクセスすることで、メールやホームページ閲覧、動画の再生などができます。

関連▶データ通信／パケット通信／LTE／4G／5G

モバイルバッテリー

充電用や外部電池として使えるバッテリー。

旅行や外出中などコンセントが利用できないときでも、スマートフォンやタブレット、ノートパソコンなどを長時間使用することができます。

モバイルWiMAX
（モバイルワイマックス）

無線通信の標準規格の1つ。

WiMAXを携帯電話／スマートフォンなどのモバイル端末の高速移動に対応さ

せた規格です。WiMAXと同じく最大558Mbpsでの高速通信が可能で、通信範囲は3km程度とされています。

関連▶WiMAX

も

モバイル（Wi-Fi）ルータ（モバイルワイファイルータ）

持ち運びのできる無線LANルータのこと。

屋外でスマートフォンやノートパソコンのインターネット接続を行う際に役立ちます。ルータと回線の契約がセットになっているケースが多く、契約によって回線速度や使用できる容量に違いがあります。テザリング機能を使うと、スマートフォンをWi-Fiの中継器として使うことができます。

関連▶テザリング

▼ポケットWi-Fi（Wi-Fi STATION SH-52B）

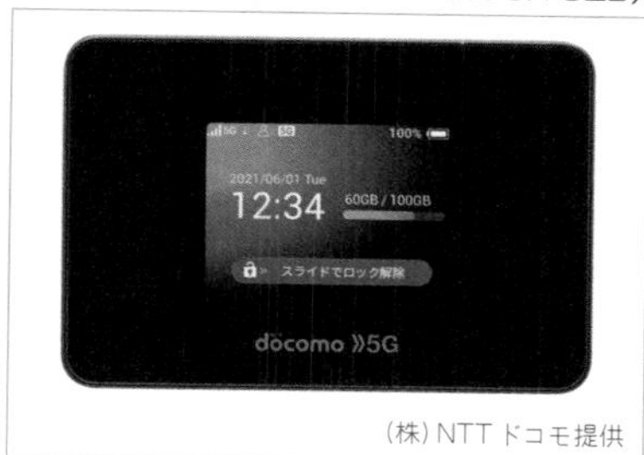

（株）NTT ドコモ提供

ヤフー（Yahoo!）

関連▶Yahoo! JAPAN

ヤフーウォレット

関連▶Yahoo!ウォレット

ヤフービービー

関連▶Yahoo! BB

ヤフオク!

ヤフー社が運営する国内最大のインターネットオークション（競売）サイト。

オークションへの参加（入札、落札、出品）にはユーザー登録、会員登録が必要です（出品は有料会員のみ）。

関連▶オークションサイト

有機EL

有機化合物に電気を流すことで発光する素子のこと。

自発光、低電力駆動、薄型、軽量、高コントラスト、といった特徴があります。携帯電話／スマートフォンやデジタルカメラ用の薄型ディスプレイ、大画面テレビ、照明器具などに利用されており、大画面化、長寿命化が進められています。

有機ELディスプレイ

有機ELをパネルに配置したディスプレイのこと。

パネル自身が発光するため、画面の裏からバックライトで照らす液晶ディスプレイよりも薄く軽くすることができます。また、黒がクリアに表現できるため、高いコントラスト比の画面を表示することができます。

ユーザー

特定のサービスや商品を利用する人のこと。

オンラインのサービスでは、ユーザーを管理したり区別したりするために個別にアカウントを作成することがあり、**ユーザーアカウント**、**ユーザー名**、**アカウント名**などともいいます。

ユーザーアカウント

ユーザーを区別するために作られる各ユーザーごとの登録情報のこと。

コンピュータやネットワークなどの使用者を識別するためのもので、「ID名」「ユーザー名」「アカウント名」などとも呼ばれます。それらとは別に「パスワード」も併せて入力することで、コンピュータやネットワークなどが利用できるようになります。

関連▶アカウント／ユーザー／ID

ユーザーインターフェース

ユーザーとコンピュータなど情報機器との間での情報の受け渡しや操作性などの総称を意味する。

マンマシンインターフェース、**ヒューマンインターフェース**ともいいます。

関連▶インターフェース

ユーザー辞書

システムに付属する辞書とは別にユーザーが個別に作成した辞書。

便利技 入力作業を短縮したい（ユーザー辞書）

文字を入力するときには、よく使う語句や名称などをあらかじめユーザー辞書に登録しておくと、入力する手間が省けます。

※Androidは「Google日本語入力」で説明します。

Androidでは、❶キーボードが表示された状態にする➡❷キーボード下にある「アルファベット／ひらがな切り替え」ボタン あ を歯車マーク が表示されるまで長押し（ロングタップ）➡❸「設定」をタップ➡❹「単語リスト」➡「単語リスト」➡「日本語」をタップ➡❺画面上の「+」マークをタップ➡❻登録しておく文言（キーワード）を入力（単語：入力したい語句、よみ：よみがな）➡❼チェックマークをタップして語句を保存します。

iPhoneでは、❶「設定」アプリを起動➡❷「一般」をタップ➡❸「キーボード」をタップ➡❹ユーザー辞書をタップ➡❺「+」をタップして登録しておく文言（キーワード）を入力（単語：入力したい語句、読み：よみがな）➡❻「保存」をタップして語句を保存します。

Android

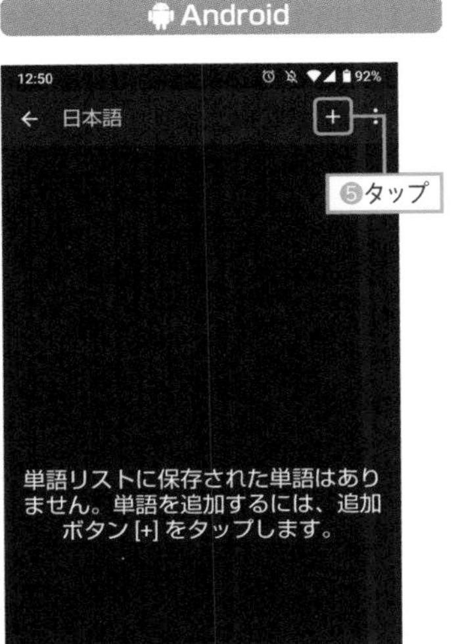

iPhone

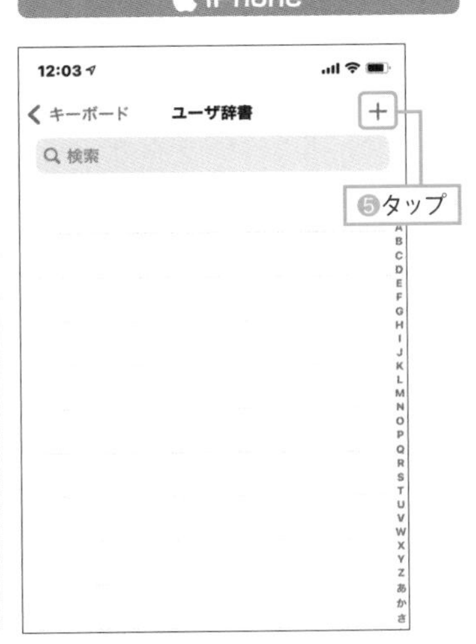

よく利用する単語や名称の簡略化した読みなどを登録することで、入力作業を効率化できます。

関連▶**単語登録**／前ページ［便利技］参照

ユーザー登録

製品購入時に、利用者としてメーカーに登録すること。

インストール終了時や使用開始時に、ユーザー情報をインターネット経由で送信したり、メーカーが用意したウェブページで直接登録します。

関連▶アクティベーション

ユーザー名

サービスを利用するユーザーを識別するための名前のこと。

ユーザーがほかの人と違うことがわかるように、自分で付ける名前です。サービスによって、ユーザーIDと同じ場合も異なる場合もあります。

ユーザーID

ユーザーを区別するために付ける番号や文字列のこと。

サービス側がIDを付ける場合もありますが、多くの場合は、ユーザーが登録するときに、自分で付けます。

ユーザビリティ

アプリやソフト、ウェブページの使いやすさのこと。

画面のレイアウト、配色、レスポンスなどに対する主観的な指標です。操作性だけでなく、色づかいや、動画などが効果的に使用されているかといったデザイン面でのなじみやすさも含まれます。特に**ウェブユーザビリティ**では、ページを訪れるユーザーまで含めた使用環境全体の利用のしやすさをいいます。

関連▶ウェブユーザビリティ／ユニバーサルデザイン

ユーチューバー

関連▶YouTuber

ユーチューブ

関連▶YouTube

ユーティリティ

規模が小さく、補助的で簡潔な機能を持つプログラムのこと。

特にプログラム開発に利用されるようなものは**ツール**と呼ばれています。

関連▶ツール

郵便番号辞書

郵便番号を入力すると住所に変換され、また住所から郵便番号への変換ができる辞書のこと。

年賀状ソフトやかな漢字変換（IME）などの一機能として実装されることが多い

です。

関連▶辞書

▼郵便番号辞書による変換の例

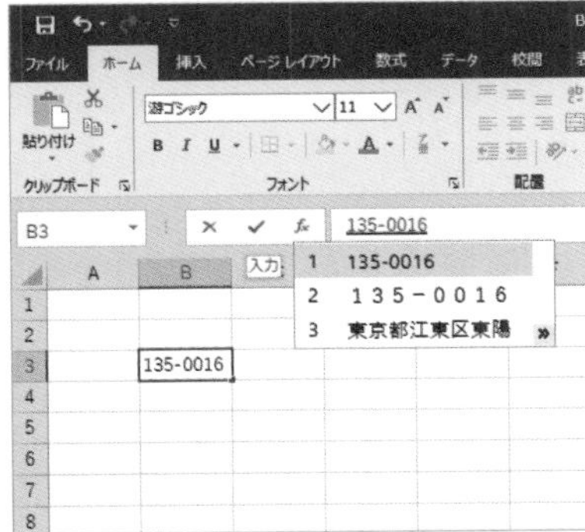

ユニコード

関連▶Unicode

ユニバーサルデザイン

バリアフリーの考えから発展した、最大多数の人が利用しやすい製品・環境デザインのこと。

子どもであれ大人であれ、あるいは障害を持つ人であれ、万人が使えるデザインを目的としています。ウェブページやアプリケーションソフトの設計においては、画面の文字を大きくしたり、配色に配慮したり、音声の読み上げ機能を備える、といったことが挙げられます。

ゆ

よ

容量

コンピュータやスマートフォンでは、記憶容量のこと。

記憶装置に入るデータ量で、ビットやバイトなどの単位で表されます。

予測変換

途中まで入力した文字列をもとに入力候補を表示するシステム。

ユーザーの辞書や過去の変換ログを参照して、最後まで文字を入力しなくても、次に入力される文字列を予測して文字入力を補助してくれる機能です。スマートフォンの文章入力システムとしても採用されています。

関連▶オートコンプリート／IME

読み込みエラー

SDメモリなどからデータを読み込む際に起きるエラー。

ら

ライセンス認証

アプリやサービスが正規の手順で入手されたものであることを確認するための方法。

購入時に割り振られる番号や文字列を、アプリを初めて起動した際に入力することで、認証を行います。

ライセンスフリー

制作者や著作者の了解をとったり、使用料を支払ったりする必要がない、プログラムやデータの利用形態。

ライセンスフリーの素材や作品は、自由に利用、再配布をすることができます。

関連▶シェアウェア／フリーウェア

ライブカメラ

リアルタイムで現地の映像を配信するインターネットサービス。

パソコンやスマートフォンなどに接続したカメラから生中継ができるサービスです。現地の天気を確認したり、話題のスポットなどを遠方から確認することができます。YouTubeなどのサービスにより、ライブカメラの配信を個人でも容易に行うことができるようになりました。

ライブ配信

映像や音声を、ネットワークを通じてリアルタイムに配信すること。

ライブビュー

デジタルカメラの機能の1つ。

レンズに映った映像をリアルタイムで液晶ディスプレイに表示します。

関連▶デジタルカメラ

ライン

関連▶LINE

楽天（らくてん）

楽天グループ株式会社のこと。

インターネットショッピングモールの**楽天市場**やポータルサイトの**Infoseek**、東北楽天ゴールデンイーグルスを所有する日本のIT企業です。

らくらくスマートフォン

NTTドコモ社が提供する、シンプルな機能をまとめたスマートフォン。

文字が大きくて読みやすくなっているほか、アプリが大きくわかりやすいアイコンで表示されており、高齢者や低学年、初心者に使いやすくなっています。同じようなコンセプトのスマートフォンは他社からも販売されています。

関連▶キッズスマホ／シニア向けスマホ

ラジオボタン

複数の項目から1つだけを選ぶための設定ボタン。

1つのボタンを選択すると、自動的に他のボタンの選択が解除されます。**ダイアログボックス**などで使われています。

▼ラジオボタン

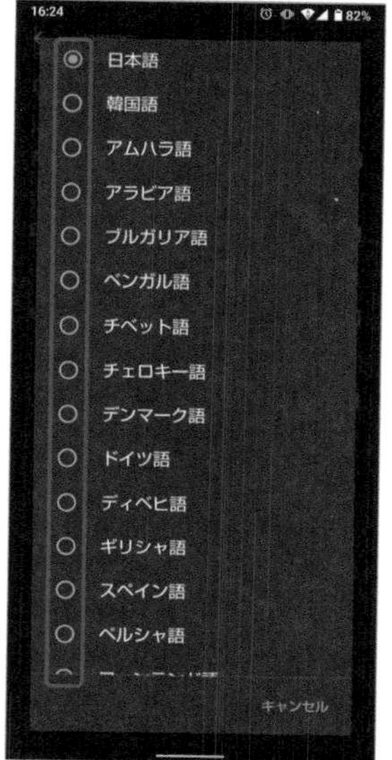

ランサムウェア

システムへのアクセス制限を操作するコンピュータウイルスの一種。制限を解除するのに身代金を要求される。

日本では**身代金型ウイルス**と呼ばれることもあります。コンピュータに保存されているデータを人質にとり、解放条件として金銭の支払いを要求してくるケースが有名です。最近では、パソコンだけでなく、スマートフォンの画面にロックをかけ、解除に金銭を要求するランサムウェアも確認されています。

り

リアルタイム処理

命令に対してすぐに処理を行う方式。
座席予約システム、**オンラインバンキングシステム**などで使われています。

リーダー表示

iPhoneで、ウェブサイトを文字だけで表示するモードのこと。
Safariブラウザの左上のメニューからモードを変更することができます。

リーディングリスト

iPhoneで、インターネットのサイトを丸ごと保存しておき、あとで見られるようにする機能。
保存したページはクラウド上に保存され、ダウンロードすることで、ネットにつながっていない場所でも見られるようになります。

リカバリー

スマートフォンの設定などを出荷時の初期状態に戻すこと。
アプリの入れすぎやウイルスソフトの混入などで挙動が不安定になった場合に、リカバリー操作を行います。通常は、保存されていた画像・動画や連絡先データなどもなくなってしまうため、バックアップをとってから行います。
関連▶**初期化／バックアップ／復元**

リスタート

機器やアプリを再起動すること。
サービスの反応がなくなって操作を受け付けなくなったりした場合に、この操作を行います。
関連▶**再起動／ブースト／リセット**

リスティング広告

ユーザーの検索した単語にマッチ（適合）する広告を表示し、クリックされた回数に応じて広告料金を支払うシステム。
クリックがなければ課金されないため、効率的な広告投資を行うことができます。

リセット

スマートフォンなどを最初から起動し直すこと。
リスタート、**再起動**ともいいます。プログラムの異常などでコンピュータが操作不能になった場合などに、リセットをします。

り

スマートフォンなどでは電源投入直後の状態となり、再び使用可能となります。
関連▶シャットダウン

リソース

スマートフォンが動くために必要な要素や機器などのこと。
スマートフォンの処理能力は無限ではないので、リソース管理を行うことで、アプリの動作などをスムーズにしています。もとは資源を意味します。

リチウムイオン電池

リチウムイオンによって充電・放電を行い、繰り返し使える二次電池。
スマートフォンやモバイルバッテリーなどに使われています。一般的には500回以上充電して利用することができるといわれています。
関連▶電池

リツイート

Twitterにおいて、他のユーザーによるつぶやき（投稿）を引用として再度、自分のアカウントから発信すること。別名RT。
一般的に「RT＠（ユーザー名）」といったかたちで引用元を明記し、引用文には変更を加えずに、自分のつぶやきを受信している他ユーザー（**フォロワー**）を中心に拡散することを目的として発信します。
関連▶Twitter

リテラシー

文字を読み書きし、そこに含まれる情報を理解する能力のこと。
関連▶コンピュータリテラシー／情報リテラシー

リネーム

ファイル名やディレクトリ名などの名前を変更すること。

リプ

Twitterにおいて、ツイートに対して他のユーザーが返信すること。リプライの略称。
リプライとして送信したつぶやきは、送り側と受信側の両方をフォローしているユーザーのタイムラインにしか表示されないので、**リツイート**よりも狭い範囲で話題を共有するときに利用します。とはいえ、該当ユーザーのプロフィールページに行けば誰でも会話を見ることができるので、第三者に知られてもいい内容にとどめるのが賢明です。
関連▶リツイート

リブート

システムを再起動すること。
関連▶リセット

リマインダー

アプリや電子メールなどで予定を通知する機能のこと。

予定の時間になると通知センターへの表示や振動機能を使って教えてくれます。また、パスワードを忘れたときに、あらかじめ設定しておいた質問の答えで本人確認をする機能のことも、リマインダーと呼びます。

リモート

あるものと別のものが離れて存在している状態のこと。

隔たった場所にあるということを意味します。

リモートアクセス

遠くの機器に、スマートフォンなどを使ってアクセスして操作すること。

職場のパソコンに自宅からアクセスしたり、出張先からスマートフォンで自宅のIT機器に命令をしたりすることができます。テレビや照明などの家電でも対応したものが増えています。

履歴（りれき）

入力したコマンドを記録したもの、発着信した通話を記録したものなど。

ログともいいます。アプリケーションで読み込んだファイルの名前を記録したもの、インターネットブラウザで訪れた

▼リンクの仕組み

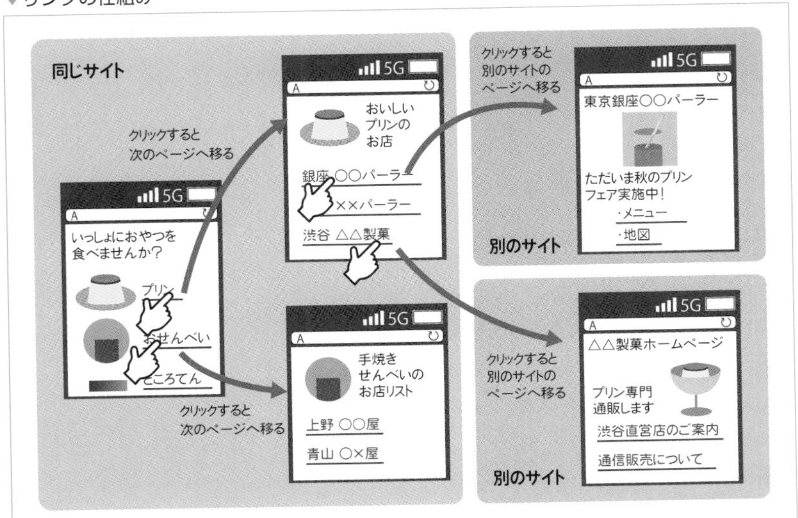

Webページを記録したものなども、履歴といいます。

関連▶ログ

▼履歴表示画面

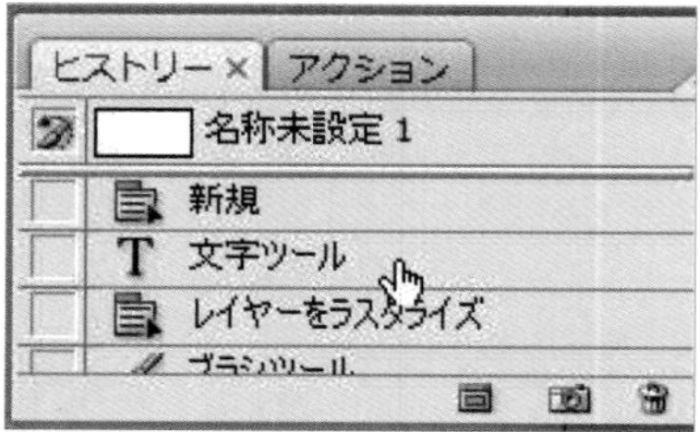

リロード

いったん読み込んだデータを再度、読み込み直すこと。

再読み込み、あるいは**更新**ともいいます。地震速報などの最新の情報を確認するときに行います。また、あるはずの画像が表示されないときなどに、リロードを実行すると正しく表示される場合があります。

関連▶reload

リンク

インターネットのウェブページにおいて、別のページへ移動するための仕組み。

文字列や画像をタップすると、指定するページ、ファイルや文字列にジャンプする仕組みをいいます。

関連▶前ページ下図参照

ルータ

ネットワーク上のデータのやり取りを管理する装置。

ネットワークの相互接続装置の1つ。データの宛先を調べて、スマートフォンなどからデータを送り出したり、データを受け取ったりします。他のネットワークから別のネットワークへのデータの中継、転送も管理します。

▼無線内蔵ルータ「WN-DEAX1800GR」

(株) アイ・オー・データ機器提供

留守番電話

通話に出ることができない場合に、その旨を伝えて相手のメッセージを録音する機能。

電波の届かない位置にいるときや、スマートフォンが手元にないなど、通話に出られないとき、本人に代わって相手の用件を録音しておいてくれます。

れ

レアアイテム

オンラインゲームなどのコンピュータゲームで入手が困難なアイテムのこと。

高値で取引されることが多く、その理由として、入手が困難、これから入手することが不可能、能力が飛躍的に向上する、などがあります。

関連▶**ガチャ**

レーティング

映画やゲームなどにおいて、対象年齢区分を表示する制度。

暴力表現、性的表現、反社会的行為などの、過激な表現の有無によって区分けされます。日本では、映画倫理規定による「映画レーティング制度」、ゲームにおける「CEROレーティング」などが実施されています。

関連▶**フィルタリング／ペアレンタルコントロール／次段図参照**

▼レーティング

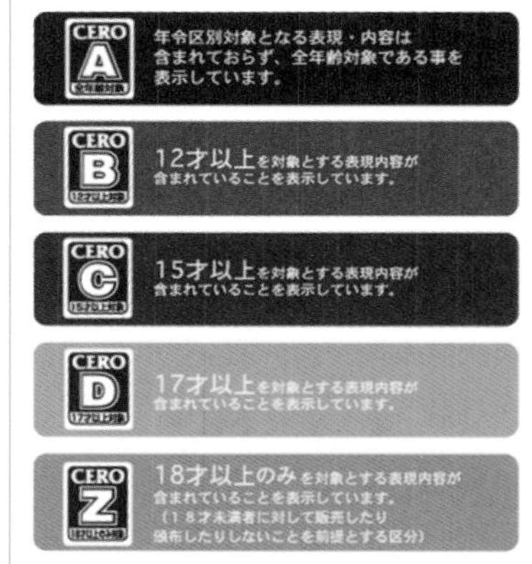

レコメンデーション

顧客の好みを分析して、顧客に適した情報を提供するマーケティング手法。

ユーザーの購買履歴を分析して、好みに合わせた商品情報を提供するサービス、または機能のことです。略して**レコメンド**（**リコメンド**）ともいいます。ECサイトなどの購買履歴や検索エンジンの検索履歴をもとに、顧客の好みに合う情報（商品など）を提供するもので、興味のある商品を見つけやすい半面、プライバシーの問題も懸念されています。

関連▶**検索連動型広告**

レスポンス

信号を発信してから、その信号に応答するまでをいう。

応答時間ともいいます。

レタッチ

絵や写真などを修整すること。

写真などの画像をスマートフォンなどに取り込んで、画像に映り込んだゴミやキズを取り除いたり、色調を変化させたりする**フォトレタッチソフト**などがあります。

連絡先／連絡帳

メールアドレスを一括して管理する電子メールソフトの機能。

メールアドレスを登録しておくと、一覧から選択するだけでメールを送ることができます。**アドレス帳**ともいわれます。姓名のほかに、住所や電話番号などの個人情報も管理するデータベース機能も持っています。

関連▶メールアドレス

ろ

ローマ字入力

読みの「かな」をローマ字つづりで入力すること。

日本語入力システムで自動的に「かな」に変換されます。ただし、拗音(ようおん)、促音、撥音(はつおん)の入力の仕方は、日本語入力システムによって異なる場合があります。

関連▶かな入力／トグル入力／フリック入力

▼ローマ字入力

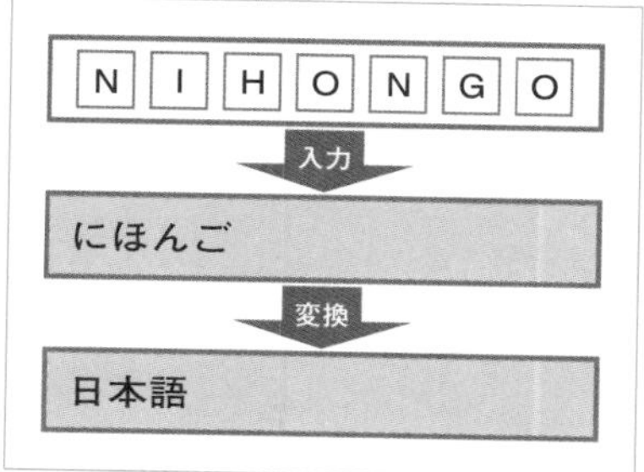

ローミング

契約した通話会社以外のサービス提供地域で利用できるようにすること。

提携している事業者を通じて、通話やインターネットを利用できるようにします。特に、海外でスマートフォンを利用できるようにすることを**海外ローミング**といいます。

ログ

システムの利用状況や通信の記録をとること。または記録（ログファイル）そのものを指す。

システムでは、どの端末（誰）がどの時刻にどんな作業をしたかが記録されます。ログを参照することで、利用者ごとの課金情報を作成したり、障害発生の原因を調査することができます。

関連▶履歴

ログアウト／ログオフ

アプリやサービスを受けられる状態から離脱すること。

サービスを利用するためには**ログイン**をする必要がありますが、そのままにしておくと、他の人が覗(のぞ)き見したり勝手に利用したりする恐れがあるため、サービスの利用終了後は必ずログアウトしておきます。**サインアウト**などともいいます。

ログイン／ログオン

自分の端末とサーバーを接続して、データのやり取りができる状態にすること。

端末とサーバーの通信を開始することは**アクセス**といいます。

関連▶アクセス／ログアウト/ログオフ

ロック

機器やアプリを勝手に起動できないような状態にすること。

勝手に操作をされたり、振動などでメニューが選ばれたりしないように、ロック画面で固定します。ロックを解除するためには、あらかじめ設定したパスワードを入力したり指紋認証、顔認証などを行います。ロック状態でも、警察や消防などへの緊急連絡はできます。

ロック画面

機器をロック状態にした際に表示される画面。

画面を見られても困らないように設定しておく画面。

ロム

関連▶ROM

ロングタッチ／ロングタップ

画面に数秒以上指を触れ続ける操作のこと。

長押しともいいます。アイコンをロングタッチすることで、そのアイコンのアプリに関連する操作をすることができます。

関連▶長押し／ホールド

ワープロ

文章の入力と編集の機能を持つアプリの総称。

ワードプロセッサの略称です。文章を入力して編集や印刷、保存することができます。

ワイファイ

関連▶Wi-Fi

わ

ワイヤレス

ケーブルを使わずに機器同士をつなぐ方法のこと。

イヤホンやパソコンのキーボード、マウス、プリンタなど数多くの機器がワイヤレス化されています。

ワイヤレス給電

ケーブルで接続せずに、磁力や電波を発する充電器の上に置いて充電する方式。

ワイヤレス充電ともいいます。専用の装置に乗せるだけで給電ができます。防水の必要のある電気シェーバー、電動歯ブラシなどから採用が始まりました。近年、スマートフォンでは、非接触での電力供給が可能なQi(チー)規格が採用されています。

ワイヤレスUSB

USB機器を無線で使えるようにしたもの。

統一された規格ではないため、周辺機器同士の接続は保証されていません。通常の機器をワイヤレス化するハブなどもあります。

関連▶IEEE 802.11／USB

ワイルドカード

任意の文字列を指す記号として利用できる「?」「*」などの特定の文字をいう。

もともとは、トランプのジョーカーにあたる「万能札」のことですが、この場合、「?」は任意の1文字を、「*」は任意の文字列を表します。検索などで利用できます。

関連▶次ページ下表参照

ワンクリック詐欺

ウェブページにアクセスしたり、ページ中の画像などをクリックしただけで、料金を不正に請求してだまし取ろうとするネット詐欺の手法。

ワンクリック料金請求、**ワンクリック架空請求**とも呼ばれます。例えば、無差別、大量に送信される勧誘メールからサイトにアクセスした際に、突然、「登録が完了しました。料金をお支払いください」というメッセージと共に金額と振込先が表示される、といった手口があります。複数回クリックすることで料金不正請求などに遭うものは、**ツークリック詐欺**と呼ばれます。

ワンセグ

地上デジタル放送（地デジ）をモバイル機器で見られるようにしたテレビ（TV）放送。

高画質な地上デジタル放送（フルセグ）が見られるスマートフォンも販売されています。

関連▶フルセグ

ワンタイムパスワード

一度しか利用できないパスワードを利用する認証方式。

使い捨てパスワードとも呼ばれます。サービスへのアクセス時にユーザー名を入力すると、登録しておいたメールアドレスやスマートフォンに毎回異なるパスワードが送られてきて、それを入力することでログインできます。

関連▶パスワード

わ

▼ワイルドカードの例

例	意味
*	任意の文字列を示す
ABC.*	ファイル名ABCのすべてのファイルを示す
*.DEF	拡張子DEFのすべてのファイルを示す
?	任意の1文字を示す
ABC.???	ファイル名がABCで拡張子が3文字のファイルを示す
A??.DEF	ファイル名の先頭がAで後ろに2文字が続く、拡張子DEFのファイルを示す

Acrobat（アクロバット）

米国アドビ社が開発したPDFという形式のデータファイルを作成、表示、加工、印刷するアプリ。

OSやシステム環境を問わず、どんなアプリの文書ファイルも、オリジナルの体裁を保持したままPDFファイルに変換できます。PDF形式のファイルの表示、印刷だけを可能とするアプリ**Adobe Acrobat Reader**（アドビアクロバットリーダー）は、アドビ社より無償配布されています。

関連▶PDF

ADSL（エーディーエスエル）

電話回線を利用してインターネットに接続するためのサービス。

高速・大容量で、通信の定額制と合わせてインターネット普及率の急速な拡大に役立ちました。その後、携帯電話やスマートフォンなどの移動体通信、光ファイバーによるFTTHの普及によりシェアが減ったことから、2024年3月末で国内のすべてのキャリアがサービスを終了する予定です。

ahamo（アハモ）

NTTドコモ社が提供する格安料金プラン。

店頭でのサービスを行わずにウェブ上でのみ申し込みなどを受け付ける、キャリアメールを提供しない、などにより、従来のプランに比べて低価格でサービスを提供できます。

AI（エーアイ）

認知や推論などの人間の知的能力をコンピュータで実現する技術。人工知能ともいう。

AI（人工知能）はインターネットの各種サービスをはじめ、様々な製品やサービスに組み込まれ活用されています。検索エンジンやスマートフォンの音声応答システムなどはその代表的なものです。

関連▶ディープラーニング／ビッグデータ

AIアシスタント
（エーアイアシスタント）

ユーザー（話し手）の音声を認識し、自然言語処理により命令を理解して処理を実行するソフトウェアやサービスのこと。

バーチャルアシスタント、**仮想アシスタント**ともいいます。

関連▶googleアシスタント／Siri

AIスピーカー（エーアイスピーカー）

対話型の音声操作によって情報を検索したり、連携している家電の操作を行うスピーカーのこと。

海外では**スマートスピーカー**（smart speaker）といいます。主な製品として、Amazon Echo（アマゾンエコー）、Google Home（グーグルホーム）などがあります。

関連▶AIアシスタント

AI翻訳（エーアイほんやく）

コンピュータの機能により外国語を翻訳する機能。

AI技術の発展により、自然な翻訳が可能となってきています。**Google翻訳**や**DeepL翻訳**が有名です。

関連▶ディープラーニング

AirDrop（エアドロップ）

米国アップル社が提供するサービスで、Appleの機器同士でデータをやり取りすることができる機能のこと。

写真や動画、テキストファイルなどのデータを簡単に共有することができます。満員電車などの公共の場で、他者のApple製品に一方的にわいせつ画像を送るなどの悪質な行為に利用されて問題となりました。

AirPlay（エアプレイ）

米国アップル社が提供する、動画などのマルチメディアデータをストリーミング再生する技術。

動画、静止画、音楽などをiPhoneやiPadなどのiOS／iPadOSデバイス、Apple TVといったAirPlay対応機器に無線で伝送することができます。iPhoneで撮影した画像をテレビ画面で見ることもできます。

関連▶ストリーミング（配信）

Alexa（アレクサ）

米国アマゾン社が提供する、AIを利用したクラウドベースによる音声サービス。

Amazon Echoに搭載されており、音楽を流したり、インターネットから情報を調べたりすることができます。他のデジタル機器を登録することで、声でテレビや照明を付けたり消したりできるほか、スマートホームの中心機器となります。

関連▶Amazon Echo

Amazon.com（アマゾン・ドット・コム）

インターネット上で運営されている、世界最大のショッピングサイト。

米国シアトルに本社を持つアマゾン社が運営する世界最大の通販サイトです（1995年にサービス開始）。オンライン書店からスタートし、現在では書籍のほか、音楽や映画、電化製品、玩具などを扱う総合ショッピングサイトとなっています。「実店舗ではあまり売れないので陳列されない商品が、ネット店舗では欠かせない収益源となる」という**ロングテール**理論を実践した例として知られています。

Amazon Echo（アマゾンエコー）

米国アマゾン社が販売している、AIアシスタントを搭載したスピーカー。

話しかけることで、天気、ニュースを調べたり、音楽を流したり、料理のレシピを読み上げたりすることができます。

関連▶AIスピーカー／Alexa

AND検索（アンドけんさく）

複数のキーワードを使って、それらの単語すべてを含むファイルやウェブページを検索すること。

キーワード1つでは検索結果が多すぎる場合に、絞り込みを行います。通常は、複数の単語の間にスペースを挿入します。例えば、「和菓子店　渋谷」と入力すれば、「和菓子店」と「渋谷」の両方を含むファイルやページを検索することができます。逆に**OR検索**では、「コンピュータ OR パソコン」と検索すれば、「コンピュータ」もしくは「パソコン」という単語を含むファイルやページを検索できます。

関連▶検索

Android（アンドロイド）

米国グーグル社が開発しているモバイル向けOS。

スマートフォンやタブレットPCだけでなく、様々なモバイル機器のOSとして使用されています。オペレーティングシステム（OS）、ユーザーインターフェース（UI）、ミドルウェア、主要アプリケーションソフトなどのソフトウェアを含んでいます。開発者は自由にアプリケーションソフトを開発することが可能で、Androidに対応した端末にダウンロードして動作させることができます。多数のアプリがGoogle Playで提供されています。

関連▶Google Play

Animoji（アニ文字）

iPhoneで、使用者の顔をトレースして、表情に合わせてキャラクターがアニメーションする絵文字。

アニメーションする表情をカスタマイズできるMemoji（ミー文字）というサービスも提供されています。

APN（エーピーエヌ）

スマートフォンなどでインターネットに接続する際の接続先の設定。

APNを設定することで、インターネット

に接続することができます。通信事業者ごとに設定されていることが多く、格安スマホなどのSIMを使うときにはユーザーが設定する必要があります。

Apple（アップル）

1977年に「Apple Computer, Inc.」として設立された、米国のデジタル製品関連メーカー。

先進的なテクノロジーの導入に積極的で、世界中に根強いファンを持っています。スティーブ・ジョブズとスティーブ・ウォズニアックによって設立されました。現在では、iPodシリーズの携帯オーディオプレイヤーやiPhoneシリーズのスマートフォン、Mac（Macintosh）シリーズなどを製造、販売しています。

関連▶Macintosh

Apple ID（アップルアイディー）

米国アップル社の製品やサービスを利用するためのユーザーID。

アプリや音楽を購入するためのApp StoreやiTunes Storeで必要となるほか、文章や画像のファイルをインターネット上の倉庫であるクラウドスペース（iCloud）に保管する際の管理番号などとしても利用されます。

Apple Music（アップルミュージック）

米国アップル社が提供するストリーミングによる音楽配信サービス、および楽曲の管理アプリ。

サブスクリプション型で、月額料金を支払うことで好きな楽曲を聴くことができます。

関連▶Spotify

Apple Pay（アップルペイ）

米国アップル社の非接触型決済システムのこと。

クレジットカードやプリペイドカード、Suicaなどの交通系ICカードなどを登録して、決済を行うことができます。

関連▶キャッシュレス決済／スマホ決済

Apple TV（アップルティーヴィー）

米国アップル社が開発、販売するセットトップボックス（STB）。映像や音楽をテレビ（TV）で再生できる。

ネットワークメディアプレイヤーとして、

▼Apple TV

Apple Japan提供

パソコンにインストールされたiTunesから、無線LANや有線LANを通じてデータを取得し、テレビ（TV）に映し出すことができます。映画やドラマなどのコンテンツはiTunes Storeで購入することができます。

Apple Watch（アップルウォッチ）

米国アップル社が販売する腕時計型ウェアラブルコンピュータ。

iPhoneと連携した利用を前提に開発されており、内蔵されたGPSや加速度センサー、ジャイロスコープ、心拍センサーによる、身体状態の把握や運動時の健康管理など、ユーザーの生活をアシストしてくれます。ディスプレイには**Retinaディスプレイ**が採用されており、小さい画面でも見やすくなっています。

関連▶ウェアラブルデバイス

▼Apple Watch

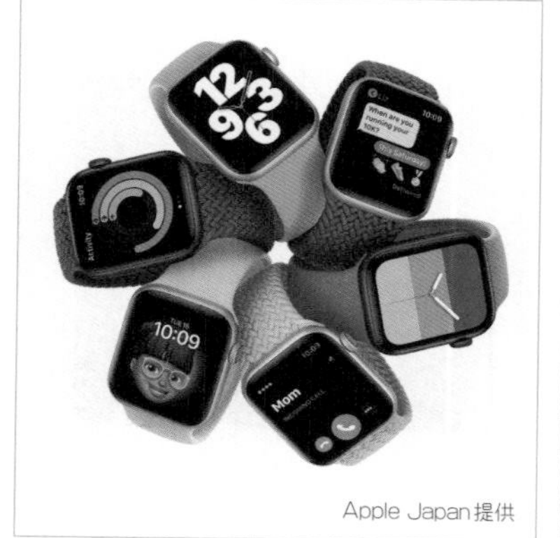

Apple Japan提供

App Store（アップストア）

米国アップル社のiPhone、iPad、iPod touch、Mac用のアプリを配信するサービスのこと。

米国アップル社およびサードパーティによるアプリを配信する窓口となっています。提供されるアプリは有償のものからフリーウェアまであり、種類もゲーム、ビジネス向けツール、地図、ショッピング関連など多様です。

AR
（エーアール、オーギュメンテッドリアリティ）

視覚や聴覚など現実の世界に人工的な情報を付与する技術。

拡張現実ともいいます。デバイスを通して目の前の人や物、建物などを見たとき、現実の視覚情報に加えて、名称や歴史などの情報を表示したり、その場にはない映像を表示させて実際の風景と組み合わせることができます。スマートフォンを通して映し出された現実の風景にキャラクターが登場する「Pokémon Go」も、AR技術を利用したものです。眼鏡状の専用デバイスにマニュアルや作業工程を映し出したり、プレゼンに使うなど、ビジネスへの活用も期待されています。

関連▶Pokémon GO

ARM(アーム)

CPUを開発する英国の企業。

ARM社はCPUアーキテクチャの開発のみを行っています。CPUの製造は、ライセンス供与を受けた米国アップル社やMarvell社など数十社が行っています。小型、高性能、低消費電力などの特徴があり、携帯電話やスマートフォンなどの携帯端末用として使われています。

ATOK(エイトック/エートック)

ジャストシステム社が開発した日本語入力システム。

ベストセラーとなったワープロソフト「一太郎」の日本語入力システムを独立させたものがルーツです。iOS、iPadOS、Androidなど、各OS用が用意されています。

関連▶IME/次段上図参照

au(エーユー)

KDDI社と沖縄セルラー電話社のスマートフォン/携帯電話の全国統一ブランド。

2000年10月1日、KDD、DDI、IDOの3社合併でKDDI社を設立したのを機に、同社の携帯電話部門を「au」と改名、同年7月から使用しています。名称の由来は、移動体通信事業の方向性を象徴する「Always(いつも)」「Amenity(快適に)」「Access(アクセスする)」などの頭文字

▼ATOK for Android

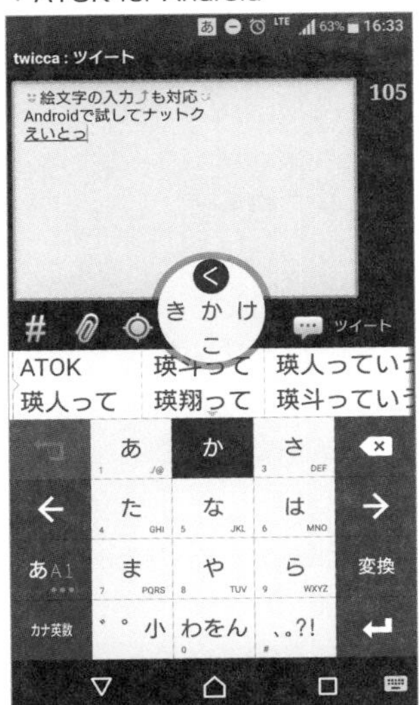

「a」と、「Universal(世界で)」「Unique(ユニークな)」「User(ユーザー)」などの頭文字「u」を組み合わせたものといわれています。

関連▶povo

au ID(エーユーアイディー)

auのサービスを利用するための専用のIDのこと。

ポイントサービス、オンラインショップ、プリペイドカードなどの様々なサービスがあるほか、通信料金とオンラインショッピングの代金をいっしょに支払うこともできます。

A

au PAY（エーユーペイ）

auが提供する、バーコードによる非接触型決済システムのこと。

現金をチャージしての支払いや、通信料金とまとめての支払いができます。

関連▶キャッシュレス決済／スマホ決済

B

BATH（バス）

中国を代表するIT企業４社の総称のことで、各社の頭文字を組み合わせたもの。

①Baidu（百度、**バイドゥ**）、②Alibaba（阿里巴巴集団、**アリババ**）、③Tencent（騰訊、**テンセント**）、④Huawei（華為技術、**ファーウェイ**）があります。いずれの会社もアジアのシリコンバレーと呼ばれる深圳（シンセン）を拠点としています。中国版GAFAといえる存在です。

関連▶GAFA

BBS（ビービーエス）

関連▶電子掲示板システム

BCC（ビーシーシー）

本来の受取人以外のアドレスがわからないように送信する機能。

同一の電子メールを複数の利用者に送信する際に、受信者には、BCCで送られた利用者のことがわからないようにします。

関連▶電子メール（システム）／CC

BD（ブルーレイディスク）

関連▶ブルーレイディスク

bit（ビット）

関連▶ビット

Bluetooth（ブルートゥース）

関連▶ブルートゥース

bps（ビーピーエス）

通信回線で、1秒間に送ることができるデータ量（ビット数）を示す単位。

通信速度を表すために用いられます。bps値が高いほど単位時間あたりに送信できるデータ量は多く、高速になります。10Gbpsとあれば、1秒間に10Gビット（1.16GB）送ることを意味します。

関連▶ビット

BSキー（バックスペースキー）

カーソルを、現在位置から1文字ぶん前の位置に戻すキー。

文字入力をするアプリでは、カーソルを1文字ぶん前の位置に戻し、そこにある文字を消去するときに使います。

関連▶キーボード／次ページ上図参照

B

▼BSキー

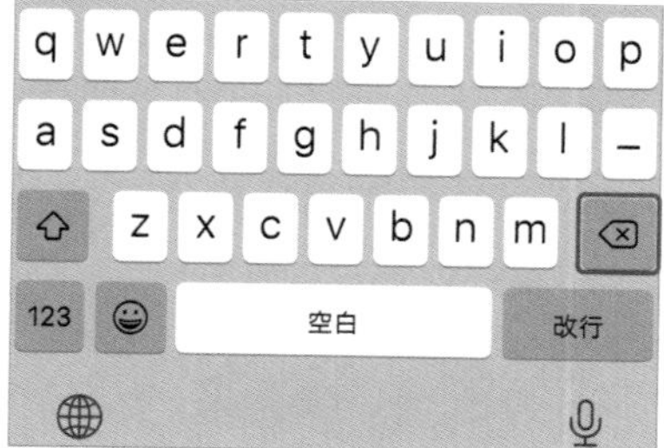

日本マイクロソフト（株）提供

▼BSキーの使用例

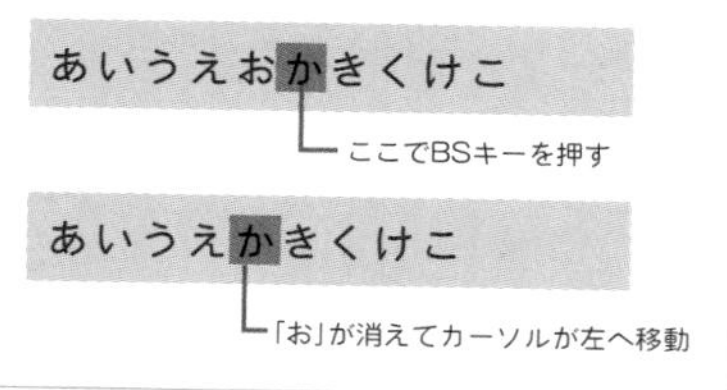

B to B（ビーツービー）

インターネットを通じて行われる、オンラインでの企業間電子商取引。

B2Bとも表記されます。

関連▶B to C／eコマース

B to C（ビーツーシー）

企業と消費者（個人）との間で行われる、インターネットを通したオンラインでの電子商取引。

B2Cとも表記されます。通販などのほか、個人向けのコンテンツ配信事業やネットトレーディングサービスも含まれます。

関連▶B to B／eコマース

CC（シーシー）

複数のアドレスに同じ内容の電子メールを送信する機能。

すべての送り先が受信者の画面に表示され、誰にコピーが送られているかがわかります。メールの同文を本来の受取人以外の相手にも参考情報として送る場合などによく使われます。**カーボンコピー**ともいいます。

関連▶電子メール（システム）／BCC

CCD（シーシーディー）

光を電気信号に変換する半導体の一種。

イメージセンサーとしてFAXやスキャナー、デジタルビデオカメラやデジタルカメラなどに使われています。

関連▶デジタルカメラ

CD（シーディー）

光ディスクの一種で、直径12cmの円盤に音や画像をデジタルデータで記録したもの。

コンパクトディスクともいいます。1981年にソニー社とオランダPhilips（フィリップス）社が共同で公開し、基本特許を持ちます。記憶容量は約640MB。一般に音楽専用はCD、コンピュータのデータ用は**CD-ROM**と呼ばれています。

関連▶DVD

CG（シージー）

関連▶コンピュータグラフィック（ス）

Chromecast（クロームキャスト）

Wi-Fi接続により、スマートフォンやタブレット、パソコンの画面をテレビに表示できる小型端末。

スマートフォンで写真や動画、Google Chromeなどを利用する際に、テレビなど大画面のディスプレイに表示して楽しむのが一般的な用途です。Android端末だけでなく、iPhoneなどのiOS／iPadOS端末でも利用できます。グーグル社から販売されています。

▼Chromecast

C

Cookie（クッキー）

ウェブサイトを訪れたユーザーのブラウザにウェブサーバー側から保存する情報。

次回に同じウェブサイトを訪問した際に、前回入力したユーザーIDやパスワードなどの情報があらかじめ表示されたり、既読の有無がわかるようになります。ネットショッピングや会員サイトで入力をしなくて済むなど便利な半面、メールアドレスなどの個人情報収集の目的で悪用されることもあります。

関連▶クライアント／サーバー

copyright（コピーライト）

著作権。

著作者が独自に創り出した作品に対しての権利（right）で、複写や転載などを禁じています。「©」で表記されます。

CPU（シーピーユー）

スマートフォンやコンピュータの核となる中央処理装置のこと。

MPU（Micro Processing Unit）、**プロセッサ**と呼ぶ場合もあります。また、コンピュータ本体の意味で使われることもあります。CPUの機能を1つの**LSI**（**大規模集積回路**）にまとめたものを**マイクロプロセッサ**といいます。GHzで性能を表し、基本的には数字が大きいほど高性能になります。コアが複数あるマルチコアでは、同時にたくさんの処理を行うことができるようになっています。

関連▶プロセッサ

▼CPUの例

C to C（シーツーシー）

インターネットを通じて行われる、オンラインでの消費者同士の電子商取引。

C2Cとも表記されます。

関連▶B to B／B to C／eコマース

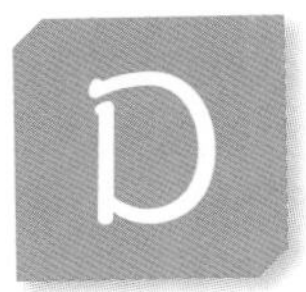

dアカウント（ディーアカウント）

NTTドコモ社のサービスを利用するための専用のIDのこと。

オンラインショッピング、TV番組や漫画・アニメなどのデジタルコンテンツの視聴、バーコード決済やポイントなど様々なサービスを利用することができます。

d払い（ディーばらい）

NTTドコモ社のバーコードによる非接触型決済システムのこと。

dポイントと呼ばれるポイントがためられるほか、通信料金といっしょに代金の支払いをすることができます。

DAZN（ダゾーン）

スポーツ専門の定額制動画配信サービス。

DAZNグループが提供しています。プロ野球、Jリーグ、Bリーグなどの国内プロスポーツから、F1、プレミアリーグ（サッカー）など海外プロスポーツまで幅広く扱っています。

関連▶**サブスクリプション**

DCIMフォルダ（ディーシーアイエムフォルダ）

デジカメやAndroidで撮影した画像や動画が保存されているフォルダ。

パソコンなどへのデータ転送は通常、自動で行われます。DCIMフォルダから自分で選んだ画像や動画だけをコピーすることもできます。

Discover（ディスカバー）

Androidスマートフォンで提供される機能で、ユーザーの興味やニーズに合わせたニュースや記事を紹介するサービス。

正式名称は**Google Discover**です。ユーザーの検索履歴などからユーザーのニーズに合った情報を提供します。スマートフォンでは、ホーム画面を左へフリックすると切り替わる画面に表示されます。

DNS（ディーエヌエス）

ウェブサイトなどの場所を示す数字を文字に変換するデータベース。

ドメインネームシステムの略称です。インターネット上のコンピュータには、それぞれ「123.123.123.123」などの**IPア**

ドレスという数字が割り当てられています。これを人間がわかりやすいように「shuwasystem.co.jp」などの文字列に対応付けて管理しています。DNSのおかげで、ブラウザにURLを入力するとウェブサイトにアクセスできます。

関連▶**ドメイン名／IPアドレス**

DoS攻撃（ディーオーエスこうげき）

ネットワークを通じた攻撃手法の1つ。

サーバーに処理能力を超える大量のアクセスを続けて飽和状態に陥らせる、あるいは、サーバーのセキュリティホールを突いて負荷をかけるなど、通常のサービスを提供できなくする行為のことです。**サービス拒否**（不能、妨害）**攻撃**ともいいます。また、DoS（Denial of Service）攻撃を複数のコンピュータから実行することを、**DDoS**（Distributed DoS）**攻撃**、あるいは**分散型DoS攻撃**といいます。

関連▶**下図参照**

dpi（ディーピーアイ）

1インチの直線をいくつのドット（点）で表現するか、の単位。

印刷や画面表示の解像度を表す単位として使われます。例えば、1440dpiのプリンタであれば、1インチあたり1440の点で印刷します。また、スキャナーで600dpiといえば、読み取り時の解像度を示します。一般にdpiが大きいほど精細な文字や画像となりますが、そのぶんデータも大きくなります。

関連▶**解像度／ドット**

▼低dpiの画像

解像度

▼高dpiの画像

解像度

▼DoS攻撃

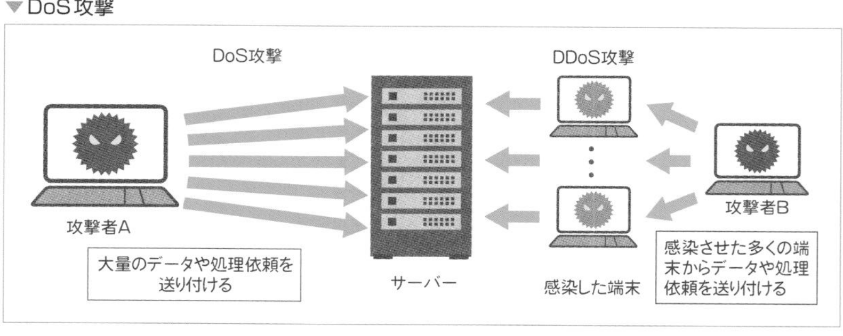

DRM（ディーアールエム）

音楽、動画、画像などデジタル情報のための著作権保護システムの総称。

デジタル著作権管理ともいいます。

DRMによって保護されたデータは、紐(ひも)付(づ)けされた特定のハードウェアもしくはソフトウェアでしか再生できなくなるなど、複製や移動を制限されます。また、これらの制限のかかっていないものを**DRMフリー**と呼びます。

Dropbox（ドロップボックス）

米国ドロップボックス社が提供している、オンラインストレージサービス。

専用フォルダを使用して、共有設定を行ったパソコン間で自動的にファイルを共有することができます。

関連▶オンラインストレージ／クラウドコンピューティング

DVD（ディーブイディー）

CDと見かけは変わらないが、大容量のデータ保存を可能にしたディスク媒体。

関連▶CD／BD／下表参照

DX（デジタルトランスフォーメーション）

デジタル技術を活用して、生活の質や企業の競争力を高めること。

もともとは2004年に提唱された概念で、「ITの浸透を通じて、人々の生活をよい方向に変化させる」ものと定義されています。

関連▶ICT

▼主な記録メディア

種類	規格	記録タイプ	面/層	容量
CD	CD(-ROM)	再生専用	---	640MB
	CD-R	追記のみ	---	720MB
	CD-RW	書換可能	---	720MB
DVD	DVD(-ROM)	再生専用	片面1層	4.7GB
			片面2層	8.5GB
			両面1層	9.4GB
			両面2層	17GB
	DVD-R	追記のみ	---	4.7GB
	DVD-RW	書換可能	---	4.7GB
BD	BD(-ROM)	再生専用	片面1層	25GB
			片面2層	54GB
	BD-R	追記のみ	片面1層	25GB

D

D2C（ディーツーシー）

自社で企画・製造した商品を独自の販売チャネル（ECサイトや店舗）で直接消費者に販売する商取引のこと。

D to Cともいいます。卸売業者や小売店を通さないためコストを削減できるほか、消費者のニーズを直接知ることができ、より個人の要望に合わせた商品を出すことができます。SNSにより生産者と消費者が直接、関係を構築できるようになり、注目されるようになりました。

関連▶B to C

E

eコマース（イーコマース）

インターネットなどのネットワークを通じた、商品の売買やビジネス情報の交換などの商行為、経済行為。

電子商取引、ECともいいます。コンピュータネットワークを活用して、企業が提供する商品やサービスを消費者が直接購入して、決済は銀行口座からの自動引き落としにするといったシステムをいいます。**オンラインショッピング**などが代表的です。このとき、企業（Business）と消費者（Consumer）との商取引をB to C、企業間取引をB to Bと呼びます。

下図参照／オンラインショッピング／B to B／B to C

eスポーツ（イースポーツ）

コンピュータゲームをスポーツの一種とした呼称。

現在、格闘ゲームやFPS（一人称のシューティングゲーム）、RTS（リアルタイムの戦略ゲーム）などがeスポーツとして世界で注目されています。大会によっては賞金がかけられているものもあり、eスポーツを職業とするプロのプレイヤーもいます。

Eメール（イーメール）

関連▶電子メール（システム）

▼eコマース

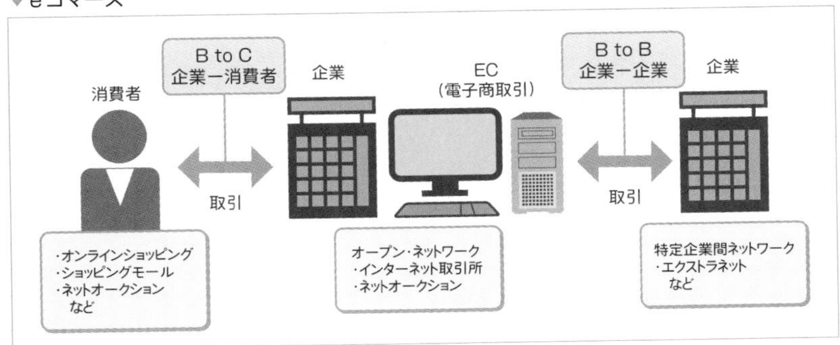

eBay（イーベイ）

1995年に開設された、米国イーベイ社が運営する世界最大のネットオークション、ネット通信販売サービス。

関連▶Yahoo!オークション

EC（イーシー）

関連▶eコマース

EL（イーエル）

液晶パネルなどのバックライト用の照明。

ELバックライトともいいます。蛍光体が電界によって発光する現象である**電界発光**を利用した技術で、ノートパソコンやデジタル式の腕時計のバックライトなどに使われます。

関連▶バックライト

eSIM（イーシム）

スマートフォンに内蔵された一体型のSIMのこと。

ユーザーが設定を書き換えることで、SIMを差し換えることなくキャリアを変更できます。また、SIMを追加することで、デュアルSIM（DSDS）で2回線の着信を待ち受けることもできます。

Exif（イグジフ）

電子情報技術産業協会（JEITA：ジェイタ）が制定した、デジタルカメラのデータ記録フォーマット。

現在、スマートフォン内蔵のカメラも含めた多くの製品が対応しています。

関連▶デジタルカメラ／JPEG

F値（エフち）

焦点距離÷レンズ口径（絞り口径）で求められる、カメラのレンズの性能を表す数値の1つ。

F値が小さいほど全体的に明るく撮影できます。

Facebook（フェイスブック）

世界最大のSNSサービス。

2004年に学生専用として開設され、2006年に一般にも開放されました。世界のアクティブユーザー数が27億人を超え、日本でも2600万人が利用しています。実名で登録するのが特徴で、同級生や会社の同僚、サークルなど、実際に交流のある人同士でやり取りすることに向いています。

関連▶SNS／次ページ［基本技］［便利技］参照

Face ID（フェイスアイディ）

米国アップル社が提供する顔認証システム。

ユーザーがあらかじめスマートフォンのカメラで顔を登録しておくことで、画面を覗き込むだけでロックを解除することができます。

FaceTime（フェイスタイム）

米国アップル社のビデオ通話サービスのこと。

iPhoneやiPadなどに標準で搭載されていて、Apple製品ユーザー同士やほかのスマートフォンのユーザーとでも無料で顔を見ながらビデオ通話ができます。

FAQ（エフエーキュー）

インターネットのサポートサイトなどで頻繁に寄せられる、同じような質問への回答集。

記事として定期的に投稿されたり、ウェブページ上で公開されます。近年は、メーカーのサポート用ウェブページでも、問い合わせに対する回答が用意されています。

FeliCa（フェリカ）

ソニーが開発した、非接触式ICカード技術方式の1つ。

電子マネー、交通機関の乗車券、IDカードなどに利用可能で、JR東日本の「Suica（スイカ）」、JR西日本の「ICOCA（イコカ）」などに採用されています。小型ICチップとアンテナが搭載され、電磁波によりリーダー／ライターと無線通信を行うことで、端末にカードをかざすだけで処理できます。NFCと呼ばれる技術に独自の機能を追加したもので、日本だけで使われています。

関連▶NFC

基本技 Facebookの画面構成 Facebook

Facebookの画面構成は、おおむね次のとおりです。アプリのバージョンによって異なる場合があります。

Android

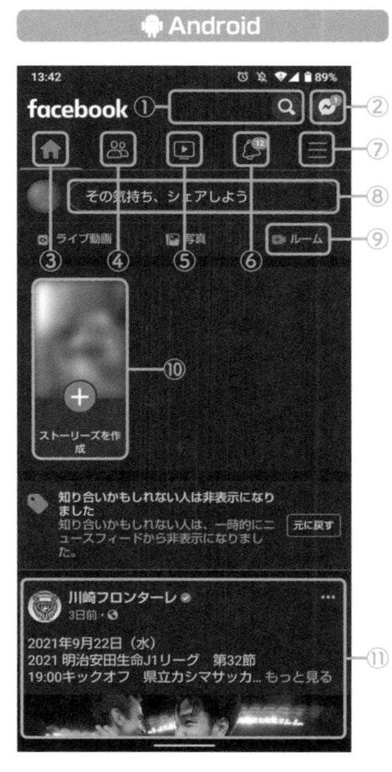

iPhone

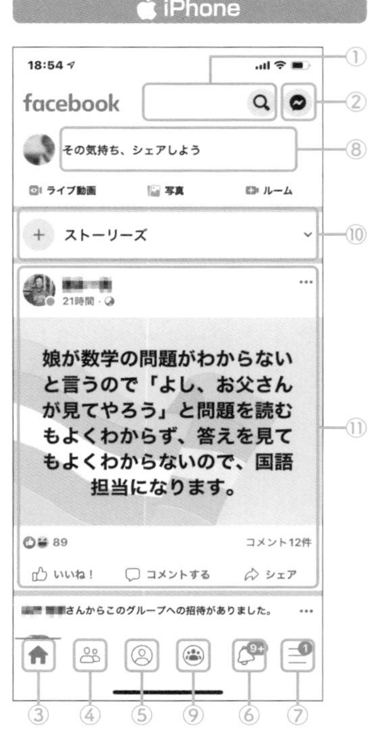

①検索：ほかのユーザーや話題を検索する
②Messenger：メッセージアプリ機能　③ホーム：ホーム画面に切り替え
④友達：自分の投稿やプロフィールから分析された友達かもしれないアカウントのリスト
⑤プロフィール情報：自分の情報を入力する
⑥お知らせ：投稿への「いいね」の数や、機能などのお知らせの一覧
⑦メニュー：プロフィールの確認やグループの設定を行う
⑧投稿を作成：文字や写真、動画を投稿する
⑨ルームを作成：チャットルームを作成する
⑩ストーリー：投稿後24時間で消える動画を投稿する
⑪ニュースフィード：自分やほかの人の投稿、公式アカウントのニュースが表示される

F

便利技　特定の「友達」にメッセージを送りたい　Facebook

通常の投稿では、すべてのフォロワーに自分の投稿内容が見えてしまいます。一対一で話をしたい場合には、Facebookが提供するMessengerアプリを使えば個別にメッセージを送ることができます（事前にMessengerアプリをインストールしておきましょう）。

❶Messengerを起動して友達を選択➡❷「メッセージ」をタップ➡❸チャット画面が表示➡❹メッセージを入力して紙飛行機アイコンをタップします。

Android／iPhone共通

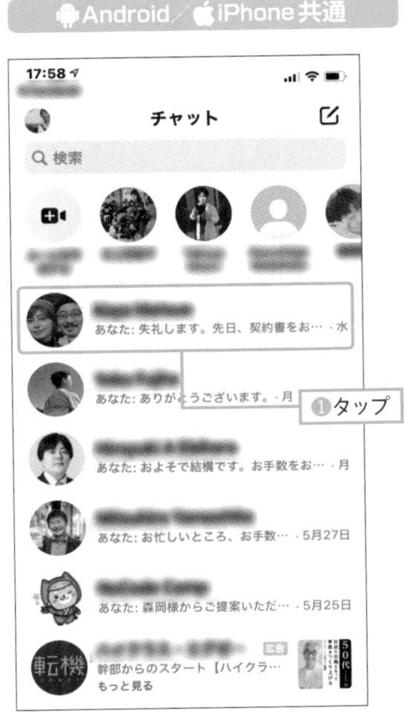

F

基本技 いま何してる？　で近況を投稿

Facebook

ニュースフィードに自分の近況を報告することで、何をしているのかを友達に伝えることができます。

❶「その気持ち、シェアしよう」と書かれたところにメッセージ（写真も同時に投稿できる）を入力➡❷「投稿」をタップします。

これで近況の投稿ができました。

Android／iPhone共通

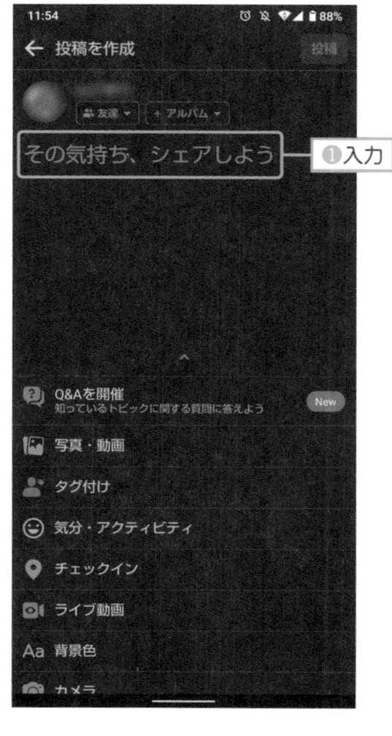

※写真も投稿する場合

Fire TV Stick（ファイヤーティービースティック）

米国アマゾン社が提供する、動画配信サービスをテレビで見るための端末。

テレビのHDMI端子に差し込むことで、大画面でAmazonプライム・ビデオやNetflix、YouTubeなどの動画配信サービスを見ることができます。

FOMA（フォーマ）

NTTドコモ社が提供している3Gの移動通信方式。

インターネットをはじめとしたデータ通信が充実した携帯電話として広く利用されていました。2026年3月末に終了予定です。

関連▶3G

FTTH（エフティーティーエッチ）

一般家庭まで光ファイバー回線を敷設したもの。

関連▶光通信／光ファイバー

Fuchsia（フクシア）

米国グーグル社が開発中の、モバイルや組み込み系のOS（オペレーションシステム）。

関連▶スマートフォン／OS

Fw:（フォワード）

受信した電子メールを別のメールアドレスに転送（フォワード）する際、タイトルの先頭に付けられる記号。

G

GAFA（ガーファ）

米国グーグル社、アマゾン社、フェイスブック社、アップル社のIT企業4社を指す。

著しく成長するIT関連企業4社の総称として提唱されました。またマイクロソフト社を加えて**GAFMA**（ガフマ）と呼ぶこともあります。

Galaxy（ギャラクシー）

韓国サムスン電子社が製造するAndroid OS搭載端末のブランド名。

スマートフォンおよびタブレット端末のシリーズ名称で、日本ではNTTドコモ、ソフトバンク、auから発売されています。

GB（ギガバイト）

関連▶**ギガバイト**

Gboard（ジーボード）

米国グーグル社が提供する日本語入力システム（IME）。

Android用の文字入力支援アプリです。2021年3月にサポートを完了した**Google日本語入力**の後継サービスになります。

GIF（ジフ）

カラー静止画像のファイル形式の1つ。

フルカラー（1677万色）中の256色を使用して画像を表現します。透明色や、複数のGIFファイルを動画化する**アニメーションGIF**などをサポートしています。

関連▶**ファイル形式／PNG**

Gmail（ジーメール）

米国グーグル社が無料で提供しているウェブメールサービス。

GB（ギガバイト）単位の大容量メールボックス、迷惑メールのフィルタリング機能、スター表示やグループ化といった管理機能などがあります。また、IM（インスタントメッセンジャー）の機能も統合されており、同時にオンライン状態にある相手とリアルタイムに連絡をとることができます。Gmailアカウントは、Googleの多様な機能を利用するにあたってのID（Googleアカウント）としても利用されています。

Google（グーグル）

インターネットの検索エンジンの1つ。また、そのサービスの提供会社名。

1998年9月、米国スタンフォード大学の大学院生L.ペイジ（Larry Page）とS.ブリン（Sergey Brin）によって設立されました。多くの良質なウェブページからリンクされているページを重要度の高いページと考える**PageRank**（ページランク）**技術**によって、検索速度や精度、検索結果の豊富さを向上させています。検索エンジン以外にも地図やニュース、メール、動画、ブログなど、多くのサービスを提供しています。

Googleアカウント（グーグルアカウント）

米国グーグル社が提供するサービスを利用するためのID。

Playストアからアプリを入手したり、YouTubeなどの動画サービスを活用したり、Googleドライブにファイルを保存したりすることができます。アカウントIDはGmailアカウントをそのまま使い、スマートフォンとパソコンのサービスでもデータを共有できます。

Googleアシスタント（グーグルアシスタント）

米国グーグル社が提供する音声操作AIサービスのこと。

関連▶次ページ［便利技］参照

Google Chrome（グーグルクローム）

米国グーグル社が開発したウェブブラウザの名称。

軽量でシンプルなデザインを持ち、他のブラウザよりも高速に動くブラウザです。**アドオン**と呼ばれる機能を追加する仕組みで、使いやすいようにカスタマイズすることができます。

Googleドライブ（グーグルドライブ）

米国グーグル社が提供するクラウドのストレージサービス。

写真や動画など様々なファイルをインターネット上のサーバーに保存することができるサービスです。Googleアカウントを取得することで利用できます。

Googleフォト（グーグルフォト）

米国グーグル社が提供する写真や動画を管理するためのアプリ。

スマートフォンなどで撮った写真や動画を自動で保存・整理できます。また、Googleアカウントを使うことで、パソコンなど他の機器からもアクセスして、データを共有することができます。

Googleマップ（グーグルマップ）

米国グーグル社が提供している地図サービス。

お店やサービスの場所とレビュー、乗換案内の検索や、衛星写真、**ストリート**

G

便利技 Googleアシスタントの便利な機能（Googleアシスタント）

iPhoneにはSiriというアシスタント機能がありますが、ここではGoogleアシスタントを使うと便利なことを説明します。

- **スマートフォンの画面のスクリーンショットを撮る**：「スクリーンショットを撮って」といいます。
- **Googleフォトの中の写真を探す**：Googleフォトを開いた状態で、「東京ディズニーシーの写真を見せて」といいます。そのあとで「ミッキーマウスの写真」といって絞り込みもできます。
- **YouTubeやNetflixの動画を再生する**：「ユーチューブで○○を再生して」といいます。見たいコンテンツ名とアプリをいいます。Android TVやChromecast、Androidスマートフォン、タブレットでも利用できます。
- **スマートフォンを探す**：Googleアシスタント搭載のスマートスピーカーやスマートディスプレイがある場合に使えます。スマートフォンが見あたらないときに、「スマートフォンを探して」といいます。
- **カメラのセルフタイマーをセットする**：写真をセルフタイマーで撮ることができます。「10秒で写真を撮って」「10秒で自撮り写真を撮って」といいます。
- **Googleアシスタントに覚えてもらう**：ちょっとした音声メモのような感じで、Googleアシスタントに覚えておいてもらうことができます（プライバシー的に問題のあることは控えましょう）。「○○が靴箱にある、と覚えておいて」といいます。覚えておいてもらった内容を確認するには、「何を覚えているの？」と聞けば答えてくれます。
- **音楽の再生時間を設定する**：音楽を聴きながら就寝するときなど、音楽の再生を停止する時間をいいます。「音楽を○分後に消して」といいます。
- **コイントスやサイコロの目を選んでもらう**：コインを投げさせたり、サイコロを振らせることができます。「コインを投げて」「サイコロを振って」といいます。
- **買い物リストに追加する**：買い物リストに、買う物を次々と加えることができます。

便利技 目的地までの経路を調べたい（Googleマップ）

目的地までの経路を調べるには、Googleマップ（Android、iPhone）やマップ（iPhoneのみ）を使います。目的地を入力するだけで、現在地や指定した場所から目的地までの、車・電車・徒歩・タクシー・自転車・飛行機などの手段による経路を探索することができます。

❶Googleマップを起動➡❷「東京スカイツリー」と入力➡❸目的地の地図が表示されたら、車のアイコンをタップ➡❹現在地から目的地までの車による経路の全体が表示される➡❺経路の案内を開始するボタンをタップすると経路案内が始まります。

G

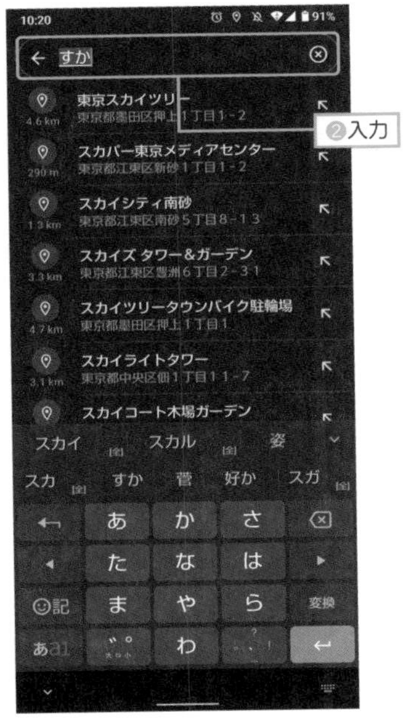

ビューのなどの機能があります。

関連▶Google／前ページ［便利技］参照

Googleレンズ（グーグルレンズ）

スマートフォンのカメラで写したものの名前などを調べたり、文章を翻訳したりできる機能。

知らない花を撮影して名前を調べたり、書類ファイルを撮ることで文字をテキストデータとして保存したり、洋服などを撮影してオンラインショップで購入したりすることができます。

関連▶次ページ［便利技］参照

Google Apps（グーグルアップス）

関連▶Google Workspace

Google Earth（グーグルアース）

米国グーグル社が提供する、世界中の衛星・航空写真を閲覧しながら、あたかも地球儀を表示する感覚で扱える3D地図ソフトウェア。

米国グーグル社が無償で配布しています。2016年11月には、VRに対応した**Google Earth VR**も無償で公開されています。

関連▶Google／Googleマップ

Google Home（グーグルホーム）

音声アシスタント機能が付いた米国グーグル社のスマートスピーカー。

AIと音声認識機能を搭載しており、家庭内の通信機能付きの家電と連携することで、音楽や照明、調べものなどについて声で命令することができます。

関連▶Amazon Echo

Google Pay（グーグルペイ）

米国グーグル社が提供しているQRコード決済システムのこと。

登録したクレジットカードや電子マネーなどでの支払いが可能な電子決済サービスです。

Google Play（グーグルプレイ）

米国グーグル社が提供するコンテンツ配信サービス、アプリケーションストアの名称。

お気に入りの映画やアプリ、ゲームがすべて1つのサイトにまとめられ、Android搭載端末などからアクセスします。また、購入コンテンツはクラウド上で保存・管理されており、同じGoogleアカウントを使用する複数のAndroid端末で共有できます。Google Play上で提供されているアプリやサービスを購入できるギフトカードも扱っています。

関連▶アプリ

Google Workspace（グーグル・ワークスペース）

米国グーグル社のビジネス向けアプリ

便利技 Googleレンズで撮影すればネット検索してくれる（Googleレンズ）

「Googleレンズ」アプリを使って花や衣料品、家庭用品など、様々な物の名前や情報を調べることができます。撮影するだけで、インターネットから情報を検索して表示してくれます。事前に「Googleレンズ」をインストールしておいてください。

- 文字をテキストにして翻訳できる
- 植物や動物、美術品などの名前や情報がわかる
- 周辺のレストラン、店舗などの情報がわかる
- QRコードやバーコードをスキャンできる
- 書籍の概要、レビューが読める
- イベントや広告のチラシの日程をカレンダーに追加できる

Androidでは、❶「Googleレンズ」アプリを起動➡❷写真をタップ➡❸対象物にカメラを向けて、Googleレンズアイコンをタップ➡❹検索結果が表示されます。

iPhoneでは、事前にGoogleアプリをインストールしておきます。❶「Google」アプリを起動➡❷検索バーのカメラをタップ➡❸対象物にカメラを向けて、対象物をタップ➡❹検索結果が画面の下端に表示されます。

Android／iPhone共通

をまとめて有料で提供するサービス。
Gmail、カレンダーのほか、オンライン会議用のアプリ、文書作成や表計算のためのアプリがまとめて提供されます。もとはGoogle Apps（グーグルアップス）、G Suite（ジー・スイート）という名称でした。
関連▶下図参照

GoPro（ゴープロ）

アクティブスポーツなど激しい動作を撮影することに特化した小型のカメラ。
撮影者の頭部などに装着することで、臨場感のある動画を撮影することができます。防じん、耐水性能が非常に高く、カメラが激しく揺れる状態や水中であっても、きれいな映像を撮影することができます。用途に合わせて、様々な機種や取り付けるためのアダプタなどが販売されています。このような身に着けるタイプのカメラのことを、**アクションカメラ**や**ウェアラブルカメラ**と呼びます。

▼GoPro装着例

GPS（ジーピーエス）

複数の衛星からの電波を使って、ユーザーの位置を測定するシステム。
全地球測位システムともいいます。4つ以上の衛星からの、電波の到着時間の差によって、メートル単位で位置の測定が可能です。本来は軍事用に開発されたシステムですが、自動車のナビ

▼Google Workspaceのサービス

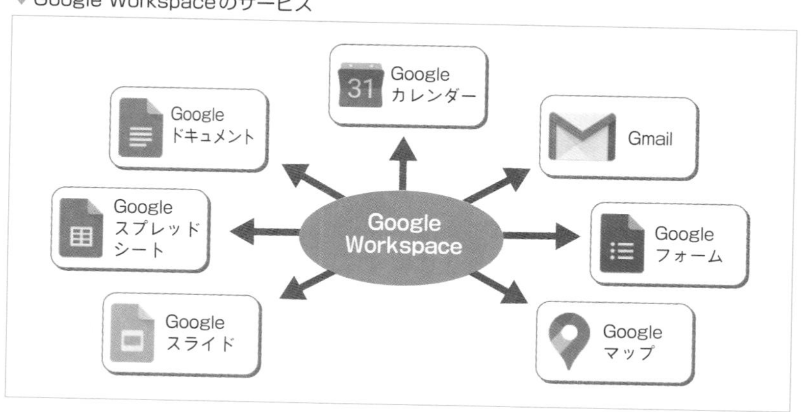

ゲーションシステム、スマートフォンの地図アプリなどにも用いられています。

関連▶下図参照

GREE（グリー）

グリー社が提供しているSNSサービスのこと。

基本機能として日記、プロフィールなどがあります。無料で遊べるゲームやアバターが人気を得ています。

関連▶ソーシャルゲーム／SNS

G Suite（ジー・スイート）

関連▶Google Workspace

GUI（グイ）

アイコンとマウスを使って、直観的な操作を可能にするユーザーインターフェース。グラフィカルユーザーインターフェースの略称です。ファイルを表すアイコンをドラッグすることで、ファイルの移動やコピーができます。また、アプリの操作では、作業目的に合わせてデザイン化されたアイコンをタップすることで、複雑なメニュー操作やコマンドを使わずに処理を実行できます。

関連▶ユーザーインターフェース

▼GPSシステムのイメージ（GPS）

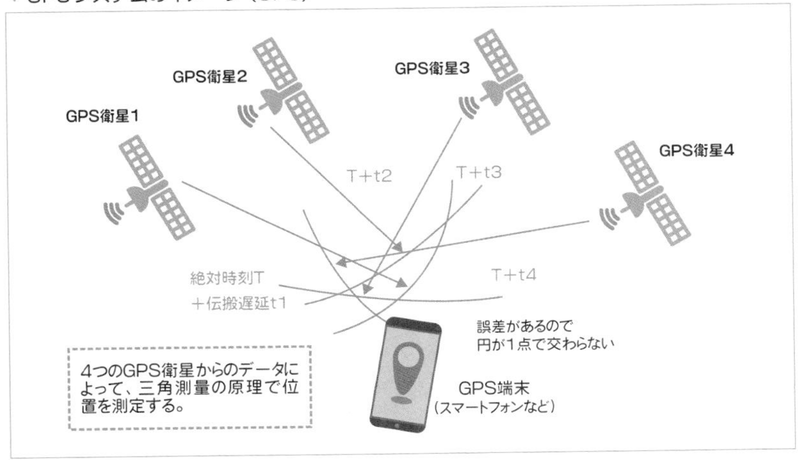

H

HDR（エッチディーアール）

明るさの異なる2枚以上の写真を合成して、きれいな写真にする技術。

ハイダイナミックレンジといいます。カメラで撮影する際に、露出の異なる画像を同時に撮り、そのデータを組み合わせることで、白飛びや真っ暗な部分のない写真にすることができます。

HMD（エッチエムディー）

ヘッドマウントディスプレイの略称。

頭部に装着して利用する、ウェアラブルデバイスの一種です。一般的にVRソフトを楽しむために利用されます。プレイステーションVRや、Oculus社が発売している**Oculus Rift**などがあります。近年は嗅覚や味覚も含めた製品が開発されつつあります。

関連▶プレイステーション

HTML（エッチティーエムエル）

インターネットのページを作成するためのハイパーテキスト記述言語。

タグを使って文字の大きさや色、貼り込む画像ファイル、リンク先のウェブページなどを指定します。

関連▶タグ

HTTPS（エッチティーティーピーエス）

インターネットでウェブサイトを見るときに、ブラウザとサーバーが通信するのに利用する通信のルール。

Sはセキュア（安全な）を意味していて、暗号化することで通信の安全性を高めています。インターネットバンキングやネットショッピングで使われています。

Hz（ヘルツ）

関連▶ヘルツ

I

ICカード（アイシーカード）

プラスチック製カードの内部にICを組み込んだもの。

インテリジェントカードともいいます。単に磁気テープを貼ったカードに比べ、記憶容量が格段に大きいため偽造しにくいのが特徴です。また、磁気によるデータの変化がないといった利点もあります。実用化されているものには**スマートカード**があります。CPUを内蔵し、高度なセキュリティシステムを誇り、インテリジェントビル内での**IDカード**などに広く使われています。

関連▶**非接触式ICカード／Suica**

ICタグ（アイシータグ）

物品識別用に開発された微小無線チップ。

RFID（Radio Frequency IDentification）ともいわれます。バーコードの代わりに商品管理に使用され、また万引き防止などにも使われています。**楽天Edy**（エディ）や**Suica**（スイカ）などの非接触式ICカードも同じRFIDです。

関連▶**非接触式ICカード／Suica**

iCloud（アイクラウド）

米国アップル社が提供するクラウドサービス。

複数のiOS／iPadOSデバイスやmacOSで、音楽、画像などを自動的に共有する機能があります。例えば、iTunesで購入した音楽を**iPhone**や**iPod touch**などに自動的に同期させたり、iPhoneで撮影した写真を**iPad**や**Mac**など複数のデバイスに自動的にコピーする、といったことができます。また、iPhone、iPadなどのデバイスが同一のWi-Fiネットワーク上にあれば、iTunesとそれらをWi-Fi経由で同期するといったこともできます。

ICT（アイシーティー）

情報通信技術のこと。

ITとほぼ同義ですが、通信に比重が置かれています。国際的にもITからICTへの言い換えが進んでいます。

関連▶**IT**

iD（アイディー）

クレジットカードと連動したNTTドコモの電子マネーサービス。

ソニー社の非接触型ICカード**FeliCa**を利用したサービスで、クレジットカード情報を設定したカードや携帯電話／スマートフォンの**おサイフケータイ**に登録して利用します。支払いはクレジットカードで行われるため、事前にチャージなどをしておく必要がありません。

関連▶非接触式ICカード

I

ID（アイディー）

複数のユーザーが利用するコンピュータシステムで、利用者を識別するための番号（文字列）。

アカウントともいわれます。社内ネットワークや会員制サイトなどでは、部外者の利用を制限したり、利用状況を管理するために、利用者ごとに識別番号を発行します。このIDのないユーザーは原則としてシステムを利用することができません。**パスワード**と共に用いられるのが一般的で、利用者本人を認証します。

関連▶アカウント／パスワード

IEEE 802.11（アイトリプルイー…）

無線LANに使用される無線通信規格。

使用周波数や最大転送速度によって複数の規格があります。**IEEE 802.11n**は、正式に勧告される前のドラフト版の時点で製品化されたため、最高転送速度が規格より低いものがあります。

関連▶下表参照／無線LAN

IME（アイエムイー）

かな漢字変換の日本語入力システム。

OSが提供する文字入力システムとアプリケーションとのインターフェースとなるプログラムです。

関連▶かな漢字変換

▼主なIEEE 802.11規格

規格名	周波数帯	公称最大速度
IEEE 802.11a	5.15-5.35GHz 5.47-5.725GHz	54Mbps
IEEE 802.11b	2.4-2.5GHz	11Mbps/22Mbps
IEEE 802.11g	2.4-2.5GHz	54Mbps
IEEE 802.11n	2.4-2.5GHz 5.15-5.35GHz 5.47-5.725GHz	65-600Mbps
IEEE 802.11ac	5.15-5.35GHz 5.47-5.725GHz	292.5Mbps-6.93Gbps
IEEE 802.11ad	57-66GHz	4.6-6.8Gbps
IEEE 802.11ax	2.4/5GHz	9.6Gbps

iMessage（アイメッセージ）

米国アップル社が提供するSMSサービスのこと。

Appleのスマートフォンやタブレットなどの間で無料でメッセージのやり取りができます。

関連▶SMS

Instagram（インスタグラム）

写真や動画を共有するSNSサービス。

スマートフォンなどで、撮影した写真を投稿するSNSサービスであるため、言語を問わず交流を図れることから人気となっています。TwitterやFacebookなどの文字主体のSNSと連携することもできます。全世界で12億人を超えるユーザーがいます。

▼Instagramの例

関連▶Facebook／SNS／次ページ［基本技］［便利技］［裏技］参照

Intel（インテル）

米国の半導体メーカー。

パソコン用CPUの市場占有率は8割以上といわれています。

▼Intel米国本社

インテル（株）提供

iOS（アイオーエス）

米国アップル社が開発したiPhone、iPod touchなどに搭載されるOSの名称。

マルチタッチ、加速度センサーなどの機能や独自UIを持ったOSで、iPhoneの登場と共に注目を集めました。Androidでは機種ごとに操作が異なることもありますが、iPhoneではどの機種でも同じように操作ができます。

関連▶iPad／iPhone

Instagramの画面構成 Instagram

Instagramの画面構成は、おおむね次のとおりです。バージョンによって異なる部分がありますが、タイムラインが画面の中心を占めます。

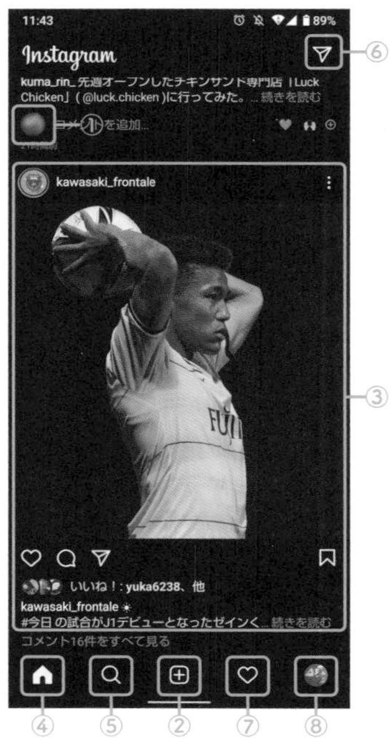

iPhone

①メッセージ：特定のユーザーにメッセージを送る
②ストーリーズ：ストーリーを投稿したり見たりする
③フィード：フォロワーの投稿内容が表示される
④ホーム：ホーム画面に切り替わる
⑤検索：ユーザーやハッシュタグを検索する
⑥投稿：写真や動画を投稿する
⑦アクティビティ：ほかのユーザーからの「いいね」やメッセージを一覧表示する
⑧プロフィール：自分のプロフィール画面を表示する

便利技 フィルターで写真を見栄えよくする

Instagram

フィルターを効果的に使うと、見栄えのいい写真にすることができます。写真を選び、効果を選んで適用すると写真の見栄えがよくなります。

❶写真にかけるフィルターを選ぶ（タップ）➡❷写真にフィルターがかけられる➡❸「→」をタップして決定します。

▼人気のフィルター7種

Rise	雰囲気抜群のレトロ調に
Lo-fi	メリハリが強調できる
Mayfair	ピンク調でかわいいと人気
Earlybird	ほんのりセピア調でおしゃれ
Willow	やわらかモノクロで上品に
X-Pro II	インスタグラマー御用達
Clarendon	世界で一番使われている

Android／iPhone共通

基本技 写真を投稿する 

Instagramの基本は、スマートフォンで撮ったお気に入りの写真を投稿して見せ合うことです。ここで写真の投稿方法を確認しましょう。

①ホーム画面の下にある「＋」アイコンをタップしてギャラリーから写真を選択➡②右上の「→」をタップ（複数の写真を投稿することも可能）➡フィルター機能を使って写真に効果を付けて「→」をタップして連携するSNSを選び、投稿内容の説明（キャプション）を文字入力➡③「✓」（チェック）をタップします。これで投稿が完了します。

Android／iPhone共通

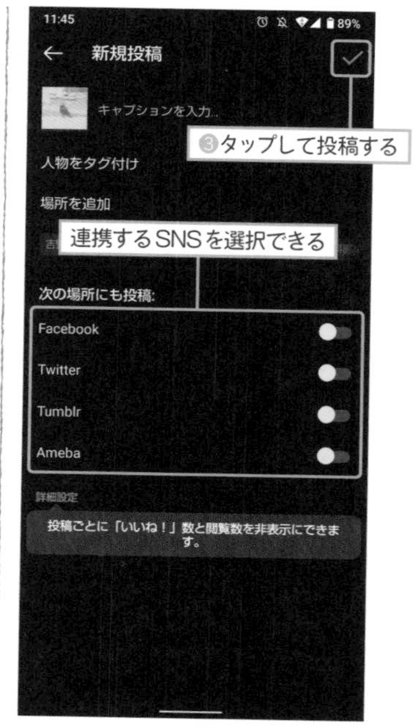

便利技 ハッシュタグでお気に入りの写真を探す Instagram

ハッシュタグを使用すると、同じテーマの写真を効率よく探すことができます。

①ホーム画面の「検索」アイコンをタップして、検索ウィンドウに探したい内容のキーワードとなる文字を入力➡②タブの中から「タグ」をタップ➡③候補が表示されるので該当する内容をタップすると、検索結果が表示されます。

Android／iPhone共通

便利技 ハッシュタグを付けて投稿する Instagram

ハッシュタグを付けて投稿することで、同じ趣向の人に写真や動画を見てもらえます。

①投稿時の「キャプションを入力」で、#に続けてハッシュタグを入力（複数のハッシュタグを入力するときには、それぞれ半角以上の空白を入れる）➡②写真を選択し、説明を入力➡③右上の「✓」（チェック）をタップします。

これでハッシュタグを付けた投稿ができます。

Android／iPhone共通

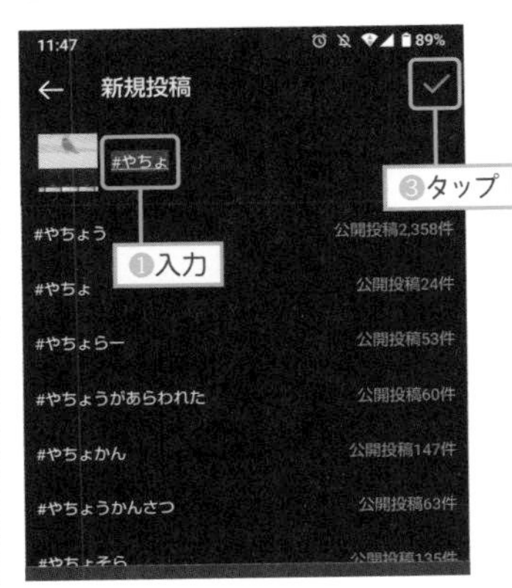

裏技 ぼかし効果で被写体を目立たせる

Instagram

　写真の見た目を変えるフィルターは、最初から使えるもののほかに、いろいろな効果があるものが配布されています。ここでは被写体を際立たせるぼかし効果のフィルターを使います。

　❶写真の投稿時に、フィルターの一覧のところで一番右端にある「管理」をタップ➡❷ぼかし効果のフィルターをタップ➡❸チェックマークを入れて「完了」をタップ➡❹フィルターを選択します。

　すると画像にぼかし効果が適用されます。

Android／iPhone共通

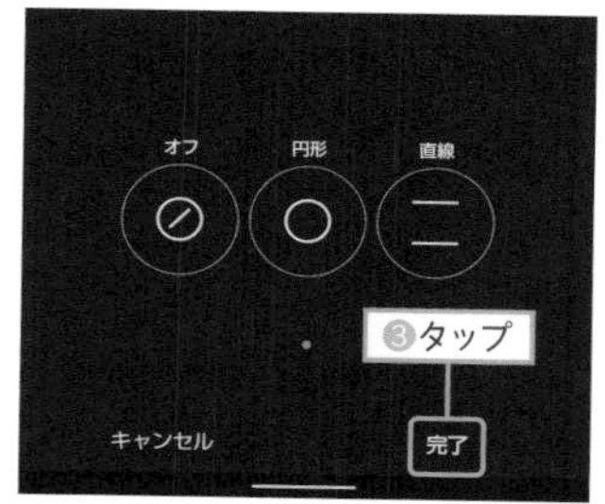

裏技 有名人のアカウントが本物かどうか見分ける

Instagram

　アカウントは誰でも作れるため、有名人になりすますアカウントも少なくありません。アカウントの後ろに付いている認証バッジは、Instagramが本人と確認した証（あかし）です。

Android／iPhone共通

※有名人の本人のアカウントでも認証バッジが付いていないものもあります。

IoT（アイオーティー）

モノとインターネット、またインターネットを介してモノ同士を接続して、相互に通信し合う仕組み。

「**物のインターネット**」ともいわれます。モノに属性や状態などのデジタル情報を与え、インターネットに接続することで、インターネットとモノ、さらにインターネットを介してモノとモノをつないで情報交換や制御をすること、およびその仕組みをいいます。ここでモノとは、機械や電化製品のみならず、建造物や場所、人や動物、またデータやプロセスなどの実体のないものも含まれます。

関連▶ウェアラブルデバイス

▼IoTの活用例

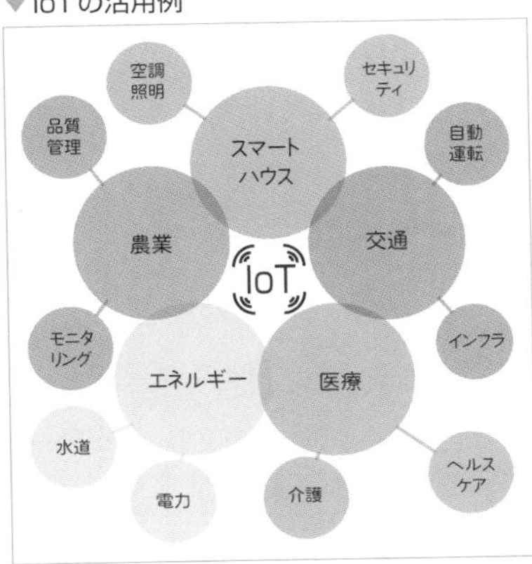

IPアドレス（アイピーアドレス）

IPによるネットワークで使われるID番号。

ネットワーク上のコンピュータすべてに割り当てられています。

関連▶IPv6

IP電話（アイピーでんわ）

IPネットワーク技術を使った方式の電話サービス。

VoIP（Voice over IP）とも呼ばれています。IP電話では、1つの回線を複数人が共有できるため、従来の電話よりも低コストでサービスを提供できます。また、音声以外に画像などのデータも送受信できる、一定の音声品質を維持することが容易、といった特徴があります。

関連▶インターネット電話／ベストエフォート型

iPad（アイパッド）

米国アップル社の、7.9～12.9インチのタッチパネルを搭載したタブレットPC。

ノートパソコンとスマートフォンの中間的なデバイスです。マルチタッチ対応ディ

▼iPad

Apple Japan提供

I

スプレイを搭載し、ディスプレイ上でソフトウェアキーボードが利用できます。ソフトウェアでは、ブラウザ「Safari」、写真、ビデオ、音楽再生機能、電子書籍リーダー機能を標準装備しています。

関連▶iPadOS

iPadOS（アイパッドオーエス）

米国アップル社が開発した、タブレットPC向けのOSのこと。

iPadに最適化されており、画面分割機能など、スマートフォン向けのiOSにはない独自の機能も搭載されています。

iPhone（アイフォーン）

米国アップル社が製造・販売するスマートフォン。

パソコンと電話機を融合した機能を持っています。機械式のボタンを使わず、画面を直接触って操作する**タッチパネル**を搭載しています。2021年9月現在の最新版は**iPhone 13**です。

関連▶スマートフォン／iOS／次段写真参照

▼iPhone 13 ProとiPhone 13 Pro Max

Apple Japan提供

IPTV（アイピーティーブイ）

IP（Internet Protocol）を用いて映像などのマルチメディアコンテンツをテレビ、パソコン、携帯端末などに提供するサービス。

インターネットを利用して番組を配信します。サービスには、時間割に沿った番組放送のチャンネルに加え、VOD（ビデオオンデマンド）、ダウンロードサービスがあります。

関連▶YouTube

IPv6（アイピーブイろく）

TCP/IPのアドレス空間の枯渇に備えて考案されたインターネットプロトコル。

ネットワーク上の端末を識別するために使用され、デジタル家電を利用した新しい通信技術への応用など、世界的にインフラ整備が進んでいます。また、IPv6の携帯端末版である**モバイルIPv6**では、端末が移動しても同一のIPアドレスを利用できるなど、移動端末向けの機能が追加されています。IPv6に対し、従来型のプロトコルを**IPv4**といいます。

関連▶IPアドレス

ISP(アイエスピー)

インターネットへの接続サービスを提供する事業者のこと。

インターネットサービスプロバイダまたは単に**プロバイダ**とも呼ばれます。ネットへの接続やメール機能などのサービスを提供します。スマートフォンでは、NTTドコモ社やKDDIグループ(au)、ソフトバンク社などのキャリア事業者がISPを兼務しています。

IT(アイティー)

情報(関連)技術の総称。

コンピュータなどのソフトウェア、ハードウェアの利用技術からインフラとしての情報通信技術全般まで、幅広い意味を持っています。最近では**ICT**(Information and Communication Technology)と呼ばれています。

関連▶ICT

iTunes(アイチューンズ)

米国アップル社が開発、配布するmacOS用およびWindows用の音楽管理ソフトウェア。

音楽用CDの楽曲の取り込みから管理、再生までを行います。iTunes Store(アイチューンズストア)で楽曲や映画などをオンライン購入することも可能です。macOS用のiTunesはCatalina(10.15)より廃止され、「Apple Music App」などのアプリケーションに継承されました。

関連▶iPod/iTunes Store

iTunes Store(アイチューンズストア)

iPod、iPhone、iPad向けの、音楽や映像を中心としたコンテンツ提供サービス。

iTunes Storeで購入した楽曲やコンテンツはそのままiPodやiPhone、iPadに転送でき、アップル社製品との親和性が高いのが特徴です。なお、アプリのダウンロードサービスはApp Storeで提供されています。

関連▶App Store/iTunes

Apple Japan提供

J

Java（ジャバ）

1995年に、米国サン・マイクロシステムズ（Sun Microsystems：現Oracle）社が開発したオブジェクト指向プログラミング言語。

機種やOSに依存しないプログラミングが可能です。「Java」は、コーヒーの品種である「ジャワ」から命名されました。

関連▶プログラミング言語

JavaScript（ジャバスクリプト）

ウェブブラウザで動作するオブジェクト指向のスクリプト言語の一種。

Java言語とは異なり、コンパイルする必要はなく、HTMLに直接プログラミングコードを書き込むだけで動作するので、ウェブページによく使用されます。

関連▶プログラミング言語

JIS（ジス）

国内の工業製品に対する国家規格。

日本産業規格ともいいます。産業標準化法に基づいて定められ、2021年には約1万900件の規格を制定しています。2109品目についてJISマーク表示制度を設け、中小企業の信頼性の確認と取引円滑化などを目的としています。

▼JISマーク

JISコード（ジスコード）

日本語データを表すためのデータ形式の1つ。

JPEG（ジェイペグ）

カラー静止画の標準的なファイル形式。

圧縮率を任意に設定することが可能で、複雑な画像でも最小で10%程度にまで圧縮できるという利点があります。

関連▶MPEG

KB(キロバイト)

関連▶キロバイト

KDDI(ケーディーディーアイ)

2000年10月に発足した情報通信サービス企業。

インターネットプロバイダau one netや、携帯電話サービスのauなど、様々な通信事業を行っています。

Kickstarter(キックスターター)

2009年に設立された米国のクラウドファンディングサイト。

ユーザーのプロジェクトを紹介し、クラウドファンディングによる資金調達を行っています。

関連▶クラウドファインディング

▼Kickstarterのホームページ

Kindle(キンドル)

関連▶キンドル

Kobo(コボ)

楽天社が提供している電子書籍サービスのこと。

スマートフォンにインストールしたアプリや専用端末の電子書籍リーダー「Kobo」で、楽天Koboで販売されている電子書籍を購入して読むことができます。

関連▶電子書籍/電子書籍リーダー

便利技 LINEのスタンプを入手したい (LINEスタンプ) LINE

LINEでトークをしていると、友だちがメッセージの代わりにスタンプを送信してくることがあります。スタンプには無料や有料のものがあります。まずは無料のスタンプをダウンロードして使ってみましょう。

※無料で利用できるスタンプには入手条件件があります。スタンプ制作者を友だちとして追加することを求められます。

次の手順でダウンロードします。

❶「LINE」アプリを起動➡❷「ホーム」画面の「サービス」にある「スタンプ」をタップ➡❸「イベント」タブをタップして一覧表示される中からスタンプを選んでタップ➡❹「友だち追加」をタップ➡❺スタンプをダウンロードできます。

Android／iPhone共通

L

LAN（ラン）

オフィスや建物内のような、比較的狭い範囲内で構築するネットワークのこと。

ローカルエリアネットワークの略で、**構内ネットワーク**ともいいます。有線で接続するLANのほかに、無線で接続する無線LANがあります。

関連▶無線LAN

LED（エルイーディー）

発光ダイオードのこと。

電流を流すと光を出す半導体のことです。低電圧、小電流で動作し、消費電力が少ない、振動にも強いというメリットがあります。光ファイバーを使う**光通信**にも利用されています。

Lightning端子（ライトニングたんし）

iPhoneとiPad用の接続ケーブルの名称。充電とデータ通信を行う。

iPhoneやiPadの本体の下にあるコネクタに接続することで、充電ができます。またパソコンのUSB端子に接続することで、iTunesで購入した楽曲を転送したり、iPhoneで撮影した写真をMacの写真アプリに保存することもできます。

関連▶iTunes／Apple Music

LINE（ライン）

LINE社が開発したコミュニケーションアプリ。

グループや一対一で、5000種類以上のスタンプを使用したメッセージを送ることができる、SNSの代表的なサービスです。キャリアに関係なく、スマートフォンやPCからインターネット電話をかけることもできます。

関連▶SNS／次ページ［基本技］［便利技］参照

LINEスタンプ（ラインスタンプ）

コミュニケーションアプリ「LINE」のメッセージとして使えるイラストのこと。

感情や心境を表現したイラストが多く、テキストメッセージに添えることで、送信者の感情をイメージで伝えられます。

関連▶スタンプ／前ページ［便利技］参照

LINEMO（ラインモ）

ソフトバンク社が提供する携帯電話のサブブランド。

基本技 LINEの画面構成 LINE

LINEの画面構成は、おおむねここに示すとおりです。バージョンによって異なる部分もありますが、ホーム画面には登録した友だちとグループのアイコンが表示されます。

Android／iPhone共通

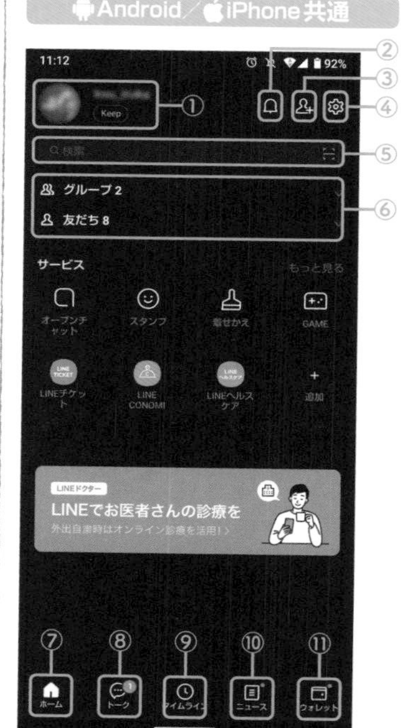

①アカウントアイコン：アイコンやカバーの変更、ステータスメッセージの追加ができる
②お知らせ：アプリの更新や新しい着信などの件数と内容が表示される
③友だち追加：招待やQRコード、検索によって、友だちのアカウントを追加できる
④設定：プロフィールやプライバシー管理の変更ができる
⑤検索ボックス：話題やアカウント名を検索する
⑥グループと友だちリスト：登録したグループとアカウントの一覧
⑦ホーム：ホーム画面に移動
⑧トーク：グループや友だちを選んでトークする
⑨タイムライン：自分や友だちのタイムラインを表示する
⑩ニュース：LINEニュースを表示する
⑪ウォレット：ショッピングやポイント、ほけんやFXなどのサービスを利用する

基本技 トーク画面でメッセージをやり取りする LINE

LINEの基本は友だちとのメッセージのやり取りです。トーク画面を表示してメッセージを送ったり読んだりしてみましょう。

❶ホームの「友だち」をタップして表示し、メッセージを送る友だちを選択してトークアイコンをタップするか、または画面下のトークアイコンをタップしてリストから友だちを選択➡❷画面下のメッセージボックスをタップしてメッセージを入力➡❸右の紙飛行機アイコンをタップするとメッセージが送信できます。

送った相手がメッセージを読むと「既読」マークが付きます。相手から返信があると、タイムライン上に表示されます。

Android／iPhone共通

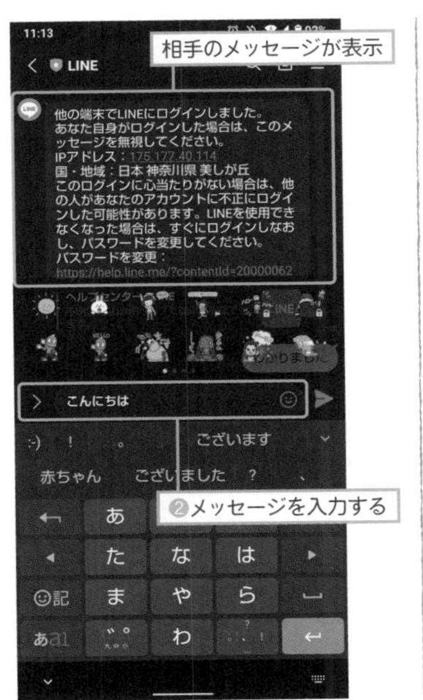

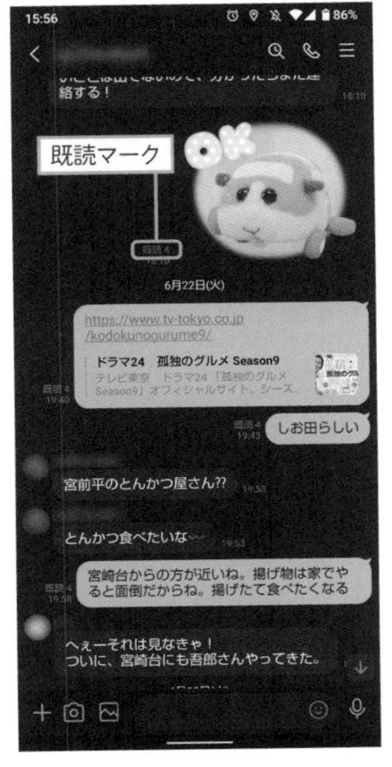

便利技 仲のよい友だちでグループを作ってトークしたい LINE

仲のよい友だちを選んでトークをする場所「グループ」を作ることができます（グループトークといいます）。トークルームにグループ名を付けて友だちを招待します。友だちは招待されたら参加を承認する必要があります。次の手順でグループが作られ、グループへの参加を促す通知が友だちへ送られます。

❶LINEのホーム画面から「グループ」にある「グループ作成」をタップ➡❷参加してもらう友だち（複数可）をタップ➡❸「次へ」をタップ➡❹「グループプロフィール設定」画面でグループ名を入力➡❺「作成」をタップするとグループが作成されます。

Android／iPhone共通

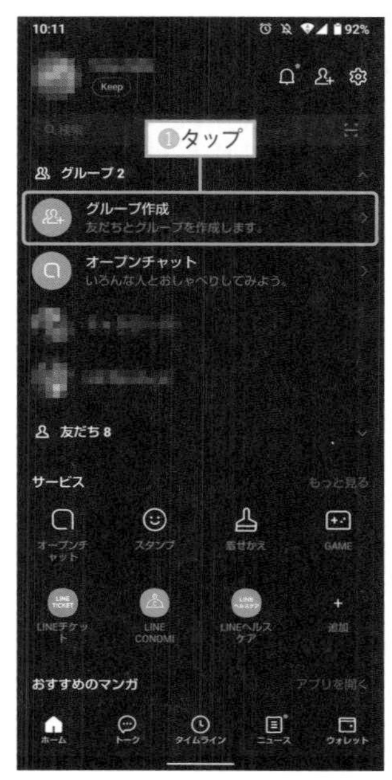

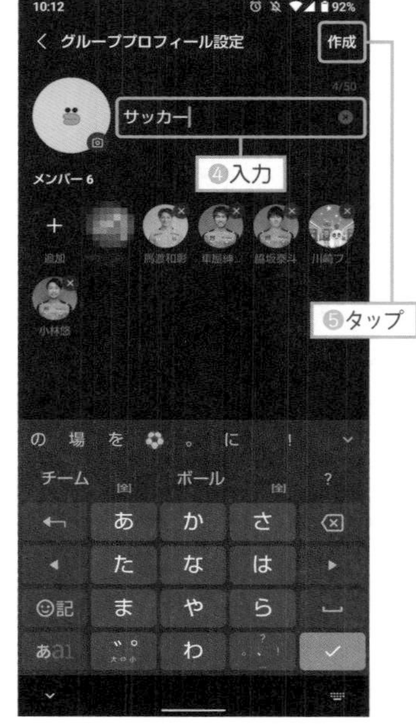

便利技 ビデオ通話で顔を見ながらトークを行う LINE

ビデオ通話を使えば、相手の顔を見ながら会話することができます。

❶通話したい友だちのアカウントをホーム画面で選んで「ビデオ通話」をタップ➡❷すると「○○とビデオ通話を開始するか？」メッセージが表示される（iPhoneの場合はすぐに通話が開始される）➡❸「開始」をタップすると通話が始まります。終了するときには、「×」アイコンをタップします。

Android／iPhone共通

L

便利技 トーク画面の文字を大きくする

LINE

メッセージの文字が小さくて読みにくいときには、文字を大きくして読みやすくしましょう。

❶ホーム画面右上の設定アイコン（歯車形ボタン）をタップして、設定の「トーク」➡❷「フォントサイズ」をタップ➡❸フォントサイズの中から「大」もしくは「特大」をタップすると文字のサイズが大きくなります。

Android／iPhone共通

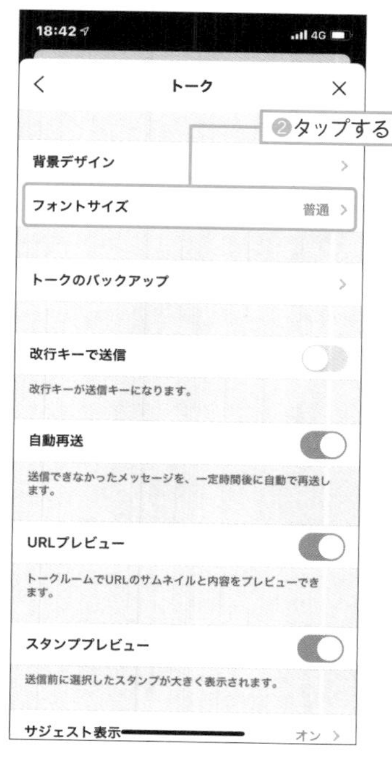

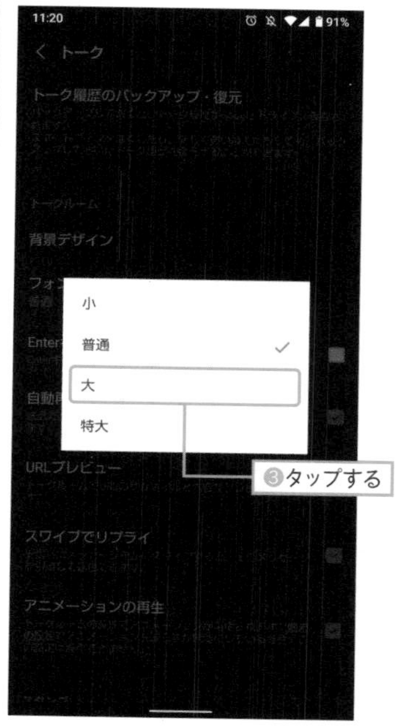

便利技 トークのバックアップをとっておきたい LINE

バックアップをとっておけば、スマートフォンを買い替えても、万が一壊れてしまったときも安心です。バックアップするには、Googleアカウントや Apple IDを作っておく必要があります。

①ホーム画面の設定アイコン➡「トーク」をタップ➡②表示されるメニューから「トーク履歴のバックアップ・復元」(iPhoneでは「トークのバックアップ」) をタップ➡③「Googleドライブにバックアップする」(iPhoneでは「今すぐバックアップ」) をタップします。

Android

iPhone

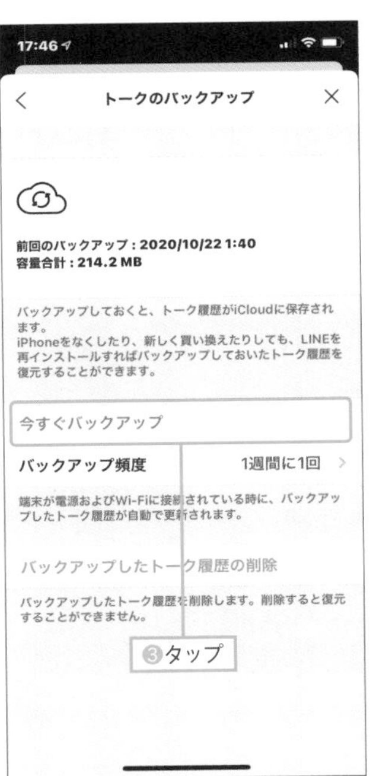

L

自分らしいプロフィール画面にしたい

LINE

プロフィール画面には、名前のほかにアイコンや紹介文を掲載することができます。友だちに自分をわかりやすくアピールするためにも、設定しておくと便利です。

❶ホーム画面で自分のアカウントをタップし、中央のアイコン➡❷「編集」をタップして写真を選択➡❸「ステータスメッセージ」をタップして紹介文を入力しましょう。

Android／iPhone共通

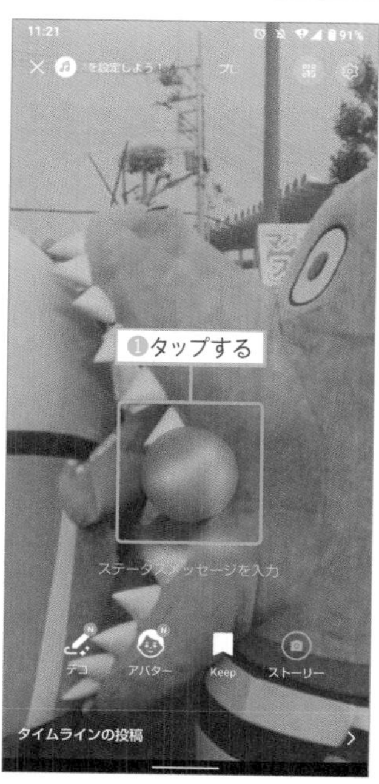

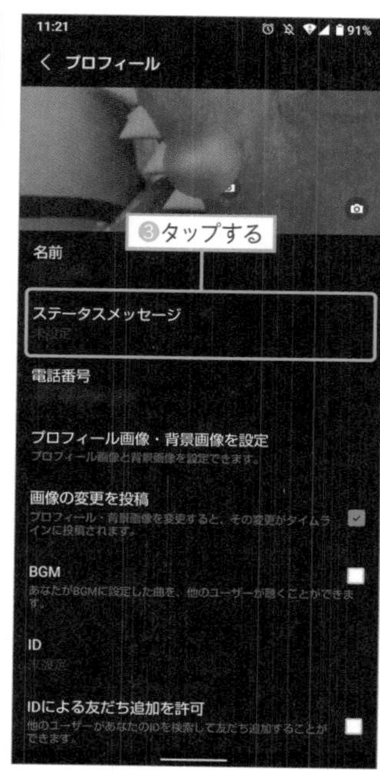

写真やメッセージを保存しておきたい LINE

トークに掲載された写真やメッセージはKeepを使って保存しておきましょう。そうすれば、別のスマートフォンに買い替えてアカウントを引き継いだときにも、Keepで保存したものを見返すことができます。

Androidでは、❶ホーム画面にある「Keep（キープ）」をタップ➡❷画面右上の「+」アイコンをタップして選択すると、ファイルを保存できます。

iPhoneでは、❶保存したい対象を長押し➡❷表示されるメニューの中からKeepを選びます。

Android

iPhone

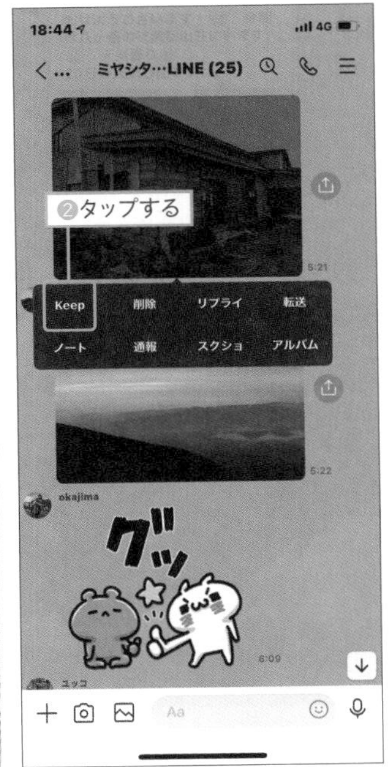

便利技 LINEを使っていない人にも無料で電話をかけられる LINE

LINE Out（ラインアウト）を使うと、相手がLINEを使っていなくても無料で電話をすることができます（無料通話は最大5分、1日5回までです）。

❶ホーム画面から、サービスの「もっと見る」をタップ➡❷便利ツールにある「LINE Out Free」をタップ➡❸画面上のプッシュホンアイコンをタップして利用開始をタップ➡❹相手をタップすると電話がかけられます。

Android／iPhone共通

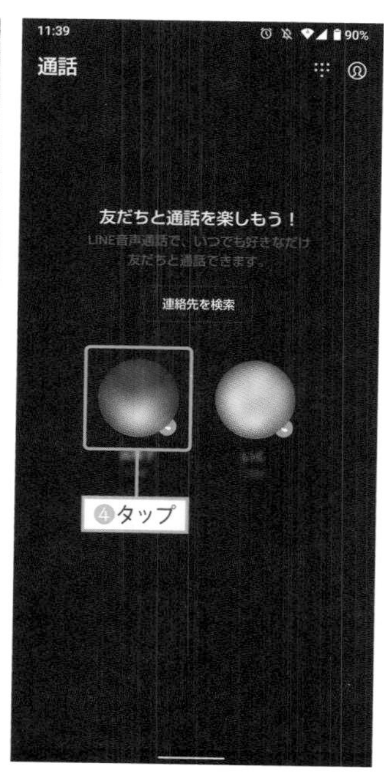

便利技 割り勘もアプリで便利に LINE

食事会やチケットの代金をまとめて立て替えたとき、支払ったあとでLINE Payの割り勘機能を使って割り勘の依頼をすることができます。

①画面下のウォレットをタップ➡②LINE Payの残高付近をタップ➡③画面を下へスクロールして「便利な機能」の「割り勘」をタップ➡④割り勘のタイトルを入力して「QRコードを作成」をタップ➡⑤割り勘するメンバーのLINEを起動し、ウォレットにある「コードリーダー」のアイコンをタップ➡⑥相手に幹事のQRコード（④で表示された画面）を読み取らせる➡⑦割り勘画面が表示され、支払い方法を選択（LINE Payあるいは現金）し、「割り勘に参加」をタップ➡⑧幹事の画面には参加した人のアイコンが表示されるので、「支払う」をタップし、「OK」をタップ➡⑨バーコードとQRコードが表示されたらレジで読み取らせて支払いをする➡⑩幹事の残高から支払いが終了し、割り勘したメンバーにLINEが届く➡⑪メンバーは「LINE Payで支払う」をタップしてメンバーの支払いが完了します。

Android／iPhone共通

便利技 送金を依頼する LINE

LINE Payの支払いで、ちょっとお金が足りないというときには、送金依頼の機能を使って友達からお金を借りることができます。友達にチャージしてもらい、それを送金してもらいましょう。

❶送金を依頼する友だちをトークで選ぶ➡❷メッセージ入力欄の左の「＋」ボタンをタップ➡❸「送金」をタップ➡❹「送金を依頼する」をタップ➡❺金額を入力して「次へ」➡❻画像を選択する。メッセージがあれば入力する➡❼「●人に送金・送付を依頼」をタップすると、相手へ送金の依頼が伝えられます。

L

Android／iPhone共通

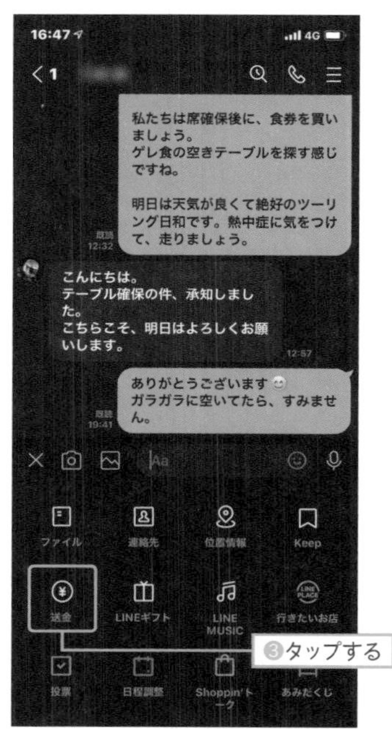

低料金プラン実現のため、手続きはオンライン専用とされ、店頭でのサポートがありません。また、キャリアメールが提供されないので、Gmailなどのフリーメールを利用します。

関連▶キャリア／ahamo／povo

LINE Pay（ラインペイ）

LINE Pay社が提供する電子決済サービスのこと。

LINEアプリの機能の1つで、QRコードによる決済のほか、送金やチャージなどができます。

関連▶スマホ決済／電子決済／バーコード決済

LinkedIn（リンクトイン）

2003年5月にサービスを開始した、ビジネス特化型のSNS。全世界で約7億人が登録している。

勤務先の企業やキャリア、スキルなどビジネスに関する情報に特化したSNSです。仕事の依頼や営業などの交流が主になります。

関連▶次段画面参照

▼LinkedInのアプリ

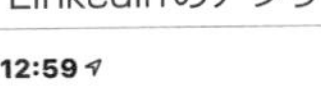

LTE（エルティーイー）

携帯電話の高速なデータ通信の仕様の1つで、3.9G世代の通信規格、方式のこと。

従来はパソコンでしか扱えなかった大容量データの送受信がスマートフォンでもできるようになりました。4G（フォージー）に近い方式であり、一般に「4G」と呼ばれることもあります。

関連▶5G

MACアドレス（マックアドレス）

ネットワークインターフェースを識別する番号のこと。

ネットワーク機器などに付いている固有の識別番号です。同じ番号のものは存在しません。IPアドレスのことではありません。インターネットの通信先の位置を確認するのに使われています。

関連▶IPアドレス

Macintosh（マッキントッシュ）

米国アップル社が1984年から発売しているパーソナルコンピュータのシリーズ名。

通称**Mac**。当初からアイコンとウィンドウを使用したGUI環境で、ユーザーはマウスによる指示だけで、ほとんどの作業ができるようになっていました。古くからデザイン・音楽制作・映像制作分野で使われてきており、マルチメディア制作では高いシェアを持っています。

関連▶Apple／macOS

macOS（マックオーエス）

米国アップル社のコンピュータMacintoshの専用OSのこと。

iPhoneやiPadで使われている**iOS／iPadOS**との連携が強化されていて、お互いに音楽・画像ファイルなどを簡単にやり取りできます。iCloudともデータ共有ができます。

関連▶Apple／Macintosh

▼パソコン用macOS画面

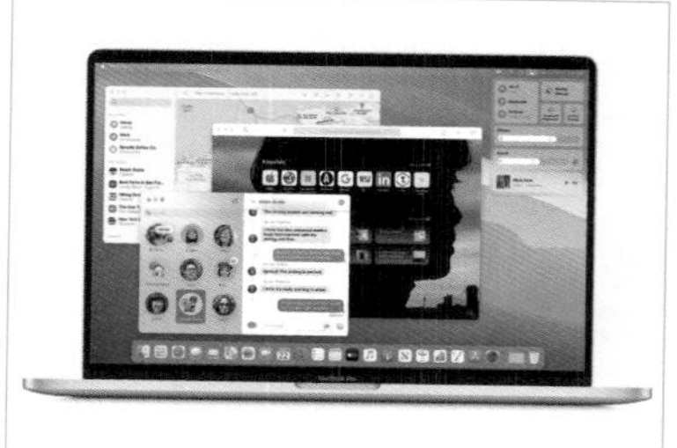

Apple Japan提供

microSDカード
（マイクロエスディーカード）

SDメモリカードの規格の1つ。

サイズは11×15×1mm、容量は256MB～2GBとなっています。容量の大きい「microSDHCカード」(4～32GB)や「microSDXCカード」(64GB～2TB)は、使用機器側の対応が必要です。スマートフォンや携帯オーディオプレイヤーなどに採用されていて、変換アダプタを利用することでSDメモリカード用のドライブでも使用できます。

関連▶SDメモリカード

▼microSDカード（原寸大）

Microsoft（マイクロソフト）

世界最大手の米国のコンピュータソフトウェアメーカー。

1975年に**ビル・ゲイツ**が友人P.アレンと共に創設しました。同社製のOSである**Windows**シリーズは、パソコン利用者の約8割が使用しているといわれています。同社では、ほかにも「Word」「Excel」「Visual Basic」「SQL Server」、さらにはタブレットPCの「Surface」、家庭用ゲーム機「Xbox」といった製品をリリースしています。

関連▶Intel

Microsoft Edge（マイクロソフト エッジ）

Windows 10の標準ウェブブラウザ。

Microsoft HoloLens（マイクロソフト ホロレンズ）

米国マイクロソフト社が販売する、眼鏡のようにかけて使用するヘッドセット。

家具の購入の際に自宅に仮想的に家具を配置したり、遠隔医療に活用したりすることが期待されています。

▼HoloLensの使用例

Microsoft提供

Microsoft 365（マイクロソフトさんろくご）

米国マイクロソフト社が提供するMicrosoft Office製品の月額課金型（サブスクリプション）サービス。

Word、Excel、PowerPoint、Outlookなどが利用でき、利用者の規模に応じて提供される内容が異なります。個人を対象とした場合は、「Microsoft 365 Personal」で、Word、Excel、PowerPoint、OneNote、Outlook、Access、Publisherなどのアプリがあり、OneDriveやSkypeも利用できます。

関連▶表計算ソフト／ワープロ

M

microUSB（マイクロユーエスビー）

コンピュータやデジタルカメラ、Androidスマートフォンなどに接続するUSBケーブル端子の1つ。

端子は台形状の形をしていて、機器の充電やデータの送受信ができます。

Minecraft（マインクラフト）

ブロックを地面や空中に配置して、自由に建造物や仕掛けを作るゲーム。

マイクラとも略されます。ゲームの世界が正六面体のブロックで構成されていて、プレイヤーはこのブロックを生成したり破壊したりして、様々なものを作ることができます。小中学生から大人まで、幅広い年齢層に支持されており、パソコンやスマートフォン、家庭用ゲーム機で遊ぶことができます。

▼Minecraft

Mojang Studios社提供

miniSD（ミニエスディー）

関連▶SDメモリカード

Miracast（ミラキャスト）

無線でスマートフォンの画面をテレビやパソコンのディスプレイに表示すること。

無線HDMIとも呼ばれます。Miracast受信レシーバーをテレビやディスプレイのHDMI端子に接続して、スマートフォンの画面を表示することができます。iPhoneやiPadの場合は、AirPlayモードを使ってMiracast受信レシーバーと接続します。

関連▶AirPlay

mixi（ミクシィ）

SNSやゲーム開発を主とするIT企業。

2004年2月にSNSサービス「**mixi**」を開始しました。現在はスマートフォンゲーム「モンスターストライク」など幅広い事業を展開しています。

関連▶SNS

MMS（エムエムエス）

関連▶キャリアメール

MNP（エムエヌピー）

現在使っている電話番号はそのままで、移転先のキャリアのサービスを利用できる制度のこと。

モバイルナンバーポータビリティのことです。「のりかえ」と呼ぶこともあります。

関連▶キャリア

MPEG（エムペグ）

カラー動画像の圧縮方式の規格名。
インターネット配信で使われている**MPEG-4**などの規格があります。
関連▶JPEG／MP3

MP3（エムピースリー）

音楽再生を目的とするMPEG規格の1つ。正式名称はMPEG-1 Audio Layer-3。
音楽CD並みの音質を保ったまま、データ量を圧縮することができるため、小型再生装置を利用した商用コンテンツで利用されています。
関連▶MPEG

MR（複合現実）（エムアール）

仮想世界（デジタル空間）に、カメラなどを通して現実世界の情報を反映させる技術。
ARの場合と逆になります。**複合現実**といいます
関連▶AR／MR／SR／VR

MVNO（エムブイエヌオー）

NTTドコモ社などから通信回線を借り、安価にサービスを提供している移動体通信事業者のこと。
実際の通信経路を持たないため、設備投資費がかからず、通信速度や容量を制限することで、低価格を実現しています。イオン社など異業種からの参入も増えています。
関連▶格安SIM

N

nanaco（ナナコ）

セブン&アイ・ホールディングスが提供する電子マネーサービスの名称。

非接触型ICカードやおサイフケータイ機能を持つスマートフォンで利用することができます。スーパーマーケットやコンビニエンスストア、ファストフード店などの支払いの際に利用できます。

関連▶スマホ決済／電子決済／LINE Pay

N

Netflix（ネットフリックス）

米国の大手定額制動画配信事業者のこと。

ブルーレイディスクあるいは4K相当の高画質で、映画やオリジナルのドラマ、アニメなどを配信しています。

関連▶ブルーレイディスク／4K

NFC（エヌエフシー）

非接触型ICカードやおサイフケータイなどで利用される近距離無線通信技術のこと。

NFCに対応したスマートフォンをかざすだけで、保存している写真をテレビに映し出したり、NFCを搭載するスピーカーで音楽を再生したり、ブルートゥース機器とのペアリングを瞬時に完了することなどができます。

関連▶スマホ決済／ブルートゥース／ペアリング／電子決済／FeliCa

Nintendo Switch（ニンテンドースイッチ）

任天堂株式会社が開発・販売するゲーム機。

Switchは、据え置きでも携帯でもプレイできるように、3つのプレイモード（TVモード、テーブルモード、携帯モード）が用意されています。

ns（ナノセカンド）

関連▶ナノ秒

NTT（エヌティーティー）

日本電信電話株式会社の略称。

情報通信関係の会社です。1999年7月、純粋持株会社によるグループ運営を図り、持株会社であるNTT（日本電信電話）を筆頭に、NTT東日本（東日本電信電話）、NTT西日本（西日本電信電話）、NTTコミュニケーションズ（エヌ・ティ・ティ・コミュニケーションズ）などの各株式会社に再編されました。

関連▶NTTドコモ

NTTドコモ（エヌティーティードコモ）

移動体通信事業者の1つで、NTTの完全子会社。

NTTグループにおける携帯電話の無線通信サービスを提供する会社です。オンライン専用の料金プラン「ahamo」のサービスも提供しています。

関連▶ソフトバンク／電話会社／au

O

Oculus（オキュラス）

ゲーム向けに特化したVRヘッドマウントディスプレイを開発した会社。

関連▶Oculus Quest 2

▼Oculus Riftのホームページ

Oculus Quest 2（オキュラスクエスト2）

Oculus社のバーチャル・リアリティヘッドセットのこと。スマートフォンアプリが必要。

VRに特化した**ヘッドマウントディスプレイ**（**HMD**）とコントローラーだけでVRを体験できます。

関連▶Oculus

OEM（オーイーエム）

他社製造の製品を自社ブランドで販売すること。

他社ブランド名の製品を製造することもいいます。販売ルートを持たない開発・製造元と、開発・製造部門を持たない販売元の双方にメリットがあります。また、メーカー間で、不得意部門を相互にOEMとする例や、まったく同じ製品が、ブランド名だけ変えて複数の会社から販売されるケースもあります。

Office（オフィス）

■**米国マイクロソフト社が販売する統合パッケージソフト「Microsoft Office」のこと。**

ワープロソフトの「Word」、表計算ソフトの「Excel」、データベースソフトの「Access」などが統合されており、アプリケーション間でデータを共有できます。

関連▶Microsoft

■**データベースや表計算ソフトなど、業務用ソフトウェアを統合し、パッケージ化したものの総称。**

Office.com（オフィスドットコム）

Microsoft Officeユーザー向けの公式Webサイト。

それぞれのOffice製品向けの情報やマニュアル、更新プログラムの提供、クリップアートやテンプレートのダウンロードサービスなどを行っています。

Office 365

Microsoft 365の旧称。

関連▶Microsoft 365

OK Google（オーケーグーグル）

Googleアシスタントを音声によって起動するための、呼びかけの言葉。

関連▶音声アシスタント／Siri

OLED（オーエルイーディー）

関連▶有機EL

OneDrive（ワンドライブ）

マイクロソフト社が提供するオンラインストレージサービス。正式名称はMicrosoft OneDrive。

同じMicrosoftアカウントでログインしたパソコンやスマートフォンで、ファイルやデータの共有ができます。ビジネス向けにセキュリティなどが強化された「OneDrive for Business」もあります。

O2O（オーツーオー）

オンライン（ウェブサイト）からオフライン（店舗）へ購買活動を誘導するマーケティング手法の1つ。

Online to Offlineの略称です。

OS（オーエス）

コンピュータのハードウェアとソフトウェアを総合的に管理するプログラムで、基本ソフトともいう。

一般的には**OS（オペレーティングシステム）**といい、本書でも「OS」と表記しています。スマートフォンではiOSとAndroid OSが利用されています。

関連▶基本ソフト／GUI／Windows／macOS

▼OS（オペレーティングシステム）の概念

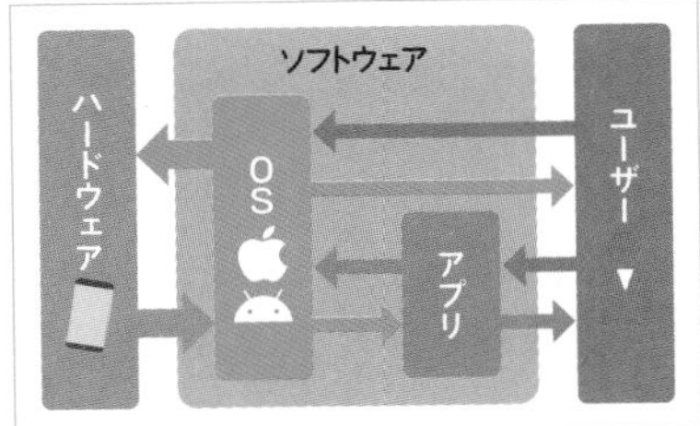

O

P

PASMO(パスモ)

パスモ社が発行する、非接触型ICカード方式の鉄道・バス乗車カード。

自動改札機に触れるだけで改札を通過できます。また、電子マネーとしても利用できるほか、クレジットカード一体型PASMOも発行されています。JR東日本の**Suica**やJR西日本のICOCAなど**交通系**といわれるICカードと相互利用サービスを行っています。

関連▶**非接触型ICカード／Suica**

PayPal(ペイパル)

インターネット決済サービスの1つ。

取引相手にクレジットカード番号や銀行口座番号を教えずに決済することができます。手数料が安いことなどから、米国を中心に普及しています。米国の大手オークションサイトであるeBayが親会社です。

関連▶**電子マネー**

PayPay(ペイペイ)

PayPay株式会社が提供するスマホ決済アプリのこと。

QRコードやバーコードを利用してキャッシュレスで支払いができます。PayPayの支払いに対応している店舗で利用することができます。

関連▶**スマホ決済／バーコード／QRコード**

PC(ピーシー)

パーソナルコンピュータの略称。

関連▶**パーソナルコンピュータ**

PCメガネ(ピーシーめがね)

パソコン画面の光から目を保護し疲労を軽減するメガネの総称。

パソコン用メガネともいいます。可視光線の中でも波長が短い、380〜495nmの**ブルーライト**と呼ばれる光成分を低減します。

PDF(ピーディーエフ)

フォントや画像に関する電子ファイルの規格の1つ。

紙に印刷したものと同じ状態で保存するファイル形式です。米国アドビ社が開発した、異なるOS間で文書ファイルをやり取りするための規格で、同社のオンライン文書作成ソフト**Adobe Acrobat**などで作成されます。印刷物の配布形態として広く活用されています。

関連▶Acrobat／下図参照／次ページ［便利技］参照

Photoshop（フォトショップ）

米国アドビ社が提供する写真編集ソフトのこと。

スマートフォンやデジタルカメラが普及したことで、趣味としての写真の編集にも使われるようになっています。

PINコード（ピンコード）

個人を識別する番号（個人識別番号、個人認証番号）で暗証番号のこと。

スマートフォンやパソコン、ICカードでは4～8桁の数字で構成されます。

PiTaPa（ピタパ）

関西圏で利用されている、非接触型ICカード方式の鉄道・バス乗車カード。

IC乗車カードとしては世界初の後払い（**ポストペイ**）方式を採用しています。そのため、発行に際しては、クレジットカードなどと同様の与信審査があります。また、支払い方法が異なるために、他の交通系カードとの相互運用に制限があります。なお、PiTaPaは「Postpay IC for “Touch and Pay”」の略です。

関連▶非接触型ICカード／Suica

▼PDFのイメージ

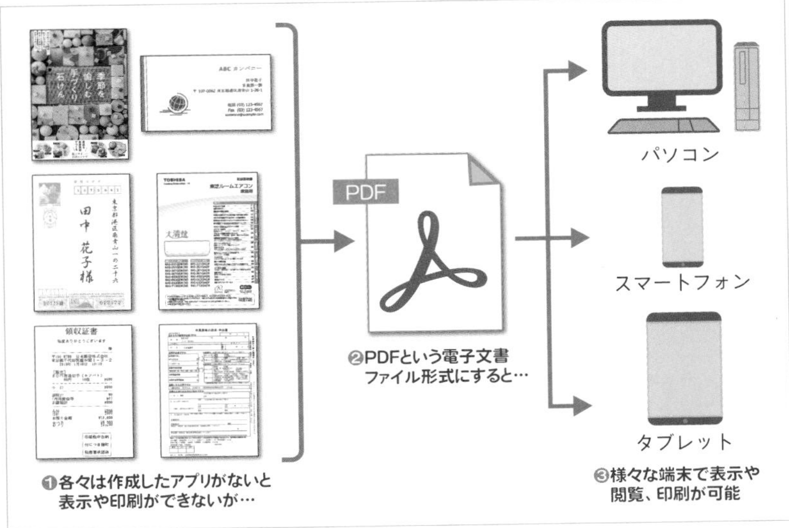

便利技 ウェブページの画面をまるまる保存したい（PDF） iPhone

ウェブページを見ていて、そのページのすべてを保存したいと思ったとき、画面をキャプチャー（保存）するだけでは、画面に表示されているところしか保存できません。次の方法でウェブページの上から下までのすべてを保存しましょう。ウェブブラウザはSafari（サファリ）を使います。

❶Safariをタップ➡❷保存しておきたいウェブページを開く➡❸画面下のホームバーにある「共有」[↑]をタップ➡❹ウェブページの名称の下にある「オプション>」をタップ➡❺オプション画面で「送信フォーマット」の「PDF」をタップ➡❻画面右上の「完了」をタップ➡❼保存する方法を選ぶ（ここでは“ファイル”に保存）➡❽画面が保存する場所の指定に変わるので、画面を下へスクロールして「このiPhone内」をタップ➡❾画面右上の「保存」をタップ➡❿ファイルの「このiPhone内」という場所にウェブページのPDFが保存されます。

iPhone

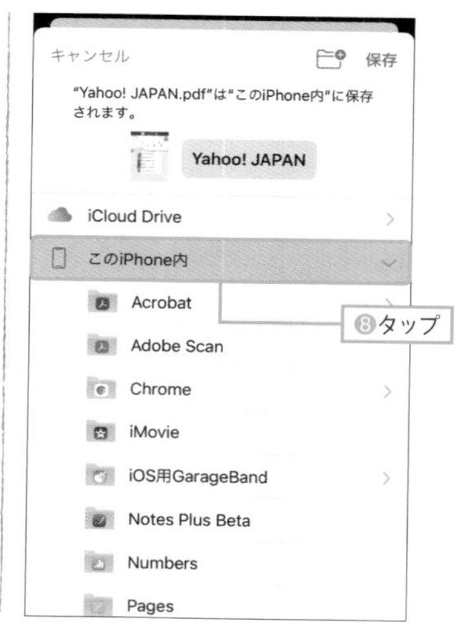

pixel（ピクセル）

ディスプレイ上の画面を構成する最小単位の点。

画素と同じ意味です。各ドットが階調を持つ場合にはpixelとdot（ドット）は同じ意味になりますが、プリンタのように階調が限られる、もしくはない場合には複数のdotで階調を表し、1つのpixelに対応させます。

関連▶**画素**

▼pixel

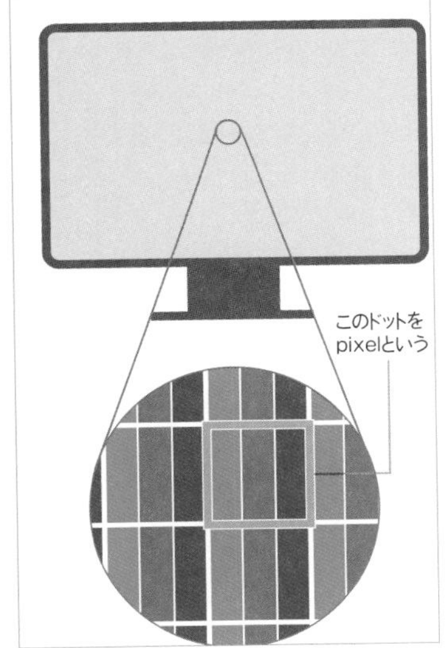

pixiv（ピクシブ）

ピクシブ社が提供している、イラストの投稿、閲覧が行えるSNS。

イラストは関連付けられたタグによって分類、表示されます。会員登録をすれば誰でも利用できます。

▼ゲーム画面（Pokémon GO）

PNG（ピング）

GIFの代替形式として開発された画像ファイル形式。

ピングと読みます。

関連▶**GIF**

Pokémon GO（ポケモンゴー）

スマートフォンの位置情報機能を利用したAR対応のゲーム。

米国ナイアンティック社と株式会社ポ

ケモンによって共同開発されたスマートフォン向け位置ゲームアプリです。プレイヤーはポケモンと呼ばれるキャラクターを集めるために、AR技術で連動する現実世界を探索し、ポケモンを収集し、育成を楽しむことができます。ポケモンの捕獲にカメラ機能を使うことで、現実の風景に重なって表示されたポケモンを捕まえることもできます。配信直後から、全世界で社会現象となり、老若男女を問わず支持されています。

関連▶位置ゲー／前ページ画面参照

povo（ポヴォ）

auが提供する携帯電話のオンライン専用の新料金プラン。

関連▶ahamo／LINEMO

PS5（ピーエスファイブ）

関連▶プレイステーション

Q

Qi（チー）

関連▶ワイヤレス給電

QRコード

一次元のバーコードに代わる二次元のモザイク状に配したコード。

日本で最も普及している二次元コードです。名前の由来は“Quick Response”だといわれています。白と黒の棒を並べて一方向のみに情報を保持する一次元のバーコードに対して、小さな正方形を縦横に並べて情報を保持する二次元方式であるため、記録密度が約10倍と、はるかに多くの情報を記録できます。

関連▶バーコード／次ページ［便利技］参照

QRコード決済

キャッシュレス決済の1つで、QRコードを読み取って支払うこと。

関連▶コード決済／スマホ決済

QUICPay（クイックペイ）

おサイフケータイや非接触型ICカードで利用できる決済サービスの名称。

キャッシュレス決済の1つですが、クレジットカードと連携する支払いであるため、あらかじめお金をチャージしておく必要がありません。おサイフケータイに対応しているスマートフォンが必要で、AndroidはGoogle Pay、iPhoneはApple Payで利用します。また、デビットカードやプリペイドカードにも対応しています。

関連▶おサイフケータイ／Apple Pay

QWERTY（クワーティ）入力

パソコンのキーボードと同じキー配列で文字入力を行う方法。

ローマ字入力の際に利用されます。

関連▶ローマ字入力

Q&Aサービス

Web上で質問を行い、回答してもらえるサービスのこと。

Q&Aサイトともいわれます。質問や回答を行うには会員登録が必要なことが多く、役に立った回答などに対してポイントが付加され、そのポイントはサイト内の別のサービスなどで使用できます。日本の大手Q&Aサービスとしては「OKWAVE」をはじめ、「Yahoo!知恵袋」などがあります。

関連▶キュレーションサービス

便利技 QRコードやバーコードを読み込む（QRコード）

最近はQRコードをいたるところで目にするようになり、スマートフォンで読み取るだけで、ウェブページの閲覧ができたり、地図アプリで経路探索ができたり、代金の支払いなどもできるようになりました。ここではQRコードを読み取ってウェブページを表示する例を説明します。

Androidでは、❶「カメラ」アプリを起動➡❷「その他」をタップ➡❸「レンズ」をタップ➡❹カメラをQRコードに近付ける➡❺QRコードが認識されてメッセージが表示➡❻表示されたメッセージをタップ➡❼ウェブページが表示されます。

iPhoneでは、❶「カメラ」アプリを起動➡❷カメラをQRコードに近付ける➡❸QRコードが認識されて画面の上部にURLが表示➡❹表示されたURLをタップ➡❺ウェブページが表示されます。

Android

iPhone

radiko(ラジコ)

ラジオ放送をインターネットで同時に配信するサービスの1つ。

IPサイマルラジオという形態のサービスの名称です。地形の関係による難聴地域の存在や、高層建築物の建設などによる受信環境の悪化、若年層のラジオ離れなどへの対策を目的としています。現在地によって聴取できる番組が異なりますが、有料会員に登録すると日本全国のラジオが聴き放題になります。

関連▶インターネットラジオ

▼radikoの画面例

RAWデータ(ロウデータ)

デジタルカメラなどで、撮ったままの状態で保存された画像のファイル形式のこと。

明るさや色の調整を行わず、デジタルデータとしてファイルサイズを小さくする圧縮などの処理を行っていないため、ファイルサイズは大きくなりますが、きれいで高品質な写真として保存することができます。画像データとして代表的なJPEGとの違いは表のとおりです。

関連▶次ページ下表参照

Re:(リ)

電子メールにおける返信の記号。ラテン語に語源を持つ英語の前置詞。

手紙で「~について」という意味で使われていたものが、そのまま電子メールなどで使われるようになりました。「Regard-to」や「Response」、「Reply」の略ではありません。

関連▶返信アドレス

reload(リロード)

再読み込み機能。

近年はインターネット上の表示ページの再読み込みのことを意味しています。動画配信サービスなどで、番組などが止まったときにリロードを行うと、読み込みが再開されます。

関連▶リロード

Retina ディスプレイ（レティナディスプレイ）

アップル社の製品のディスプレイに使用されている高精細ディスプレイの名称。

従来のディスプレイ製品（解像度100～160ppi）と比較して、解像度とコントラストが高く、省電力となっています。Retina（網膜）という名称は、人間の目で識別できる限界を超えていることからの命名です。

関連▶Apple／iPhone／iPad／Macintosh

RFID

関連▶無線ICタグ／ICタグ

RMT（アールエムティー）

オンラインゲームで使用されるアイテムやゲーム内通貨を、現実に現金で売り買いすること。

詐欺行為が行われたり、ゲームバランスが崩壊してしまう可能性があるため、多くのオンラインゲーム運営会社はRMTを禁止しています。一部の運営会社では、厳しい制限のもとで公式にRMTを認めています。

関連▶オンラインゲーム

▼RAWとJPEGの違い（RAWデータ）

	RAW形式	JPEG形式
メリット	細かな設定を後回し（パソコンで調整）にできるため、撮影に専念できる。	ファイル容量が小さいので、連続撮影枚数や連写枚数が多く、レスポンスがよい。
デメリット	ファイル容量が大きく、連写や連続撮影が苦手。大容量メモリカードも必要。	露出やホワイトバランスなどを、イメージに合わせて適切に調整しなければならない。
ファイル容量	大	小
色数	RGBがそれぞれ12bit以上で約687億色以上。	RGBそれぞれが8bitで約1677万色。
扱いやすさ	パソコンで表示するためには、RAW形式に対応したソフトが必要になるため面倒。	どんなパソコンやスマートフォンでも表示できるため、写真が手軽に扱える。
おすすめの被写体	風景や小物のように、じっくりと対峙（たいじ）して撮影できる被写体。	スナップやスポーツなど、素早い対応が必要な被写体。

ROM(ロム)

書き込みができず、読み出しだけが可能なメモリ。

一般には半導体ROMを指しますが、CDやDVDのような記憶媒体を指すこともあります。書き換え可能なフラッシュメモリなどもあります。**RAM**(ラム)と異なり、電源を切ってもデータは消えません。

関連▶フラッシュメモリ/メモリ

RT

関連▶リツイート

S

Safari（サファリ）

アップル社が開発・提供するウェブブラウザ。

Apple IDを利用することで、ユーザーが保有するiPhone、iPad、Macなどで登録しているブックマークやID、パスワードを同期・連携させることができ、どの端末でも共通のブックマークやID、パスワードなどが利用できるようになります。

関連▶Apple／iPhone／iPad／Macintosh

Scratch（スクラッチ）

子ども向けの学習用プログラミング言語の一種。

ブロックを組み合わせることで、目で見て直感的にプログラムを作成することができます。コードの読み書きを覚える前にプログラミングを感覚的に学ぶための言語で、小学生を主な対象としています。

▼Scratchの操作画面

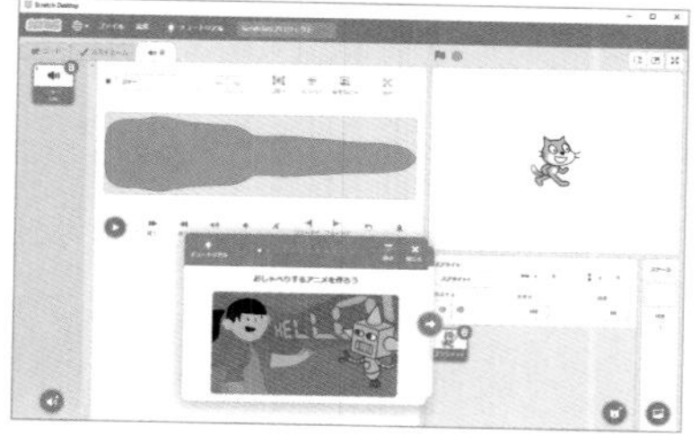

関連▶言語

SDカード（エスディーカード）

関連▶SDメモリカード

SDメモリ（カード）

小型のメモリカードの1つ。SDカードともいわれる。

より小さな**miniSD**（ミニSD）や**microSD**（マイクロSD）、**nanoSD**（ナノSD）などもあります。Androidスマートフォン本体に挿入して使いますが（主にmicroSDカード）、iPhoneでは別途、接続機器が必要になります。

関連▶メモリカード／microSDカード

▼miniSDカード（原寸大）

（株）アイ・オー・データ機器提供

SIMカード (シムカード)

携帯電話やスマートフォンの電話番号などを識別するためのID番号が登録されたカード。

SIMカードを差し込むことで電話番号や利用者情報が読み込まれ、スマートフォンなどが利用できるようになります。

関連▶格安SIM

SIMロック (シムロック)

特定のSIMカード以外は利用できないように制限する機能。

携帯電話会社が販売するスマートフォンには、本体購入時にSIMロックがかかっていました。ユーザーがSIMカードを別の端末に移すことができないように、本体からSIMカードを外せないようにしてあるものを**SIMロック**といいます。これに対して、SIMカードを取り外して別の端末に差し替えることができるものを**SIMフリー**といいます。2021年10月以降に販売されるスマートフォンは原則としてSIMロックが禁止されています。SIMロックされていても、近年販売されている機種であればSIMロックを解除できます。

関連▶SIM(ロック) フリー

SIM(ロック) フリー (シムロックフリー)

SIMカードを利用する携帯電話機やスマートフォンなどで、本体がSIMロックされていない端末のこと。

SIMロックがかかっていないことを**SIMロックフリー**、**SIMフリー**といいます。SIMロックフリー端末の場合、通信方式と周波数帯が同じであれば、異なるキャ

▼SIMロックの解除 (SIMロックフリー)

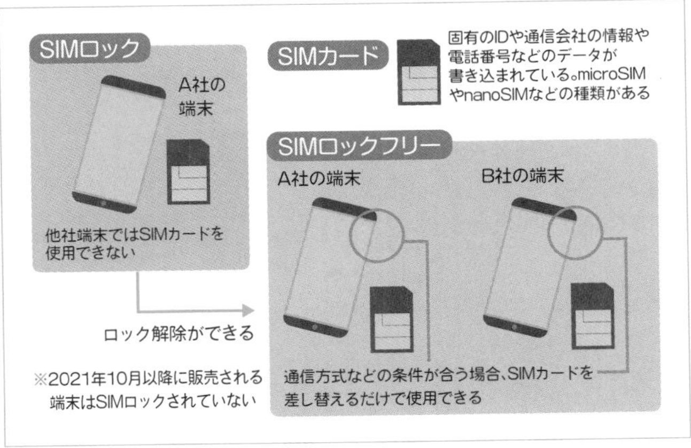

S

リアのSIMカードであっても自由に挿し替えて利用することができます。大手キャリアのスマホに格安SIMをセットすることで、より柔軟な料金体系を選べるようになります。その半面、キャリアのサポートは受けられなくなります。

関連▶**SIMカード／ SIMロック**

Siri（シリ）

アップル社のiPhone、iPad、Macに搭載された音声アシスタントのこと。

音声でSiriを起動するには「ヘイ、シリ」と呼びかけます。自然な口調で話しかけて、声を使ってメッセージを作成したり、電話をかけたり、様々な操作が行えます。入力された音声は一度、米国アップル社のサーバーに送信されて処理されます。

関連▶**音声応答システム／下記［裏技］参照**

▼Siriの起動アイコン

裏技 かかってきた電話の相手を読み上げてもらう（Siri） iPhone

「連絡先」アプリに登録している電話番号から電話がかかってきた場合は、相手の名前をSiriが読み上げてくれます。登録されていない番号や非通知の場合は、「不明な発信者」となります。以下の手順で設定しておきましょう。

❶設定アプリを起動し、「電話」をタップ➡❷「音声で知らせる」をタップ➡❸「常に知らせる」をタップします。

Skype（スカイプ）

米国マイクロソフト社の提供するインターネット電話サービス、および無償公開しているVoIP（音声通話）ソフトウェア。

音声データは暗号化されています。Skype同士は無料で通話できます。SkypeOutを利用することで、国や相手先ごとに決められた料金が必要となりますが、固定電話や携帯電話とも通話できます。

関連▶インターネット電話

▼Skypeの画面例

Slack（スラック）

米国Slack Technologies社が開発して運営するビジネスチャットツール。

参加しているメンバーでグループ（チャンネルと呼ぶ）を作り、グループでのやり取りが基本となります。個人間のやり取りは、ダイレクトメッセージを使います。

関連▶チャット

SMS（エスエムエス）

携帯電話の電話番号を使って、短文によるメッセージのやり取りができるサービスのこと。

ショートメールともいいます。相手のメールアドレスがわからなくても送信できます。受信は無料ですが、送信する場合は文字数によって料金がかかります。文字数制限は携帯電話会社やMVNO事業者によって異なります。

関連▶MVNO

SNS（エスエヌエス）

ネットワーク上で人と人が趣味や共通の話題でつながるためのサービス。

「友人の友人はまた友人」というポリシーを基本としていて、人を介して人と人を結び付ける、リアルワールドの人脈を広げるサービスです。**ソーシャルネットワーキング**ともいいます。スマートフォン用のアプリを提供しているサービスもあります。代表的なサービスとして、

Twitter、Instagram、Facebook、LINE、TikTokなどが知られています。

関連▶Facebook／Instagram／LINE／TikTok／Twitter

SOHO（ソーホー）

コンピュータネットワークを利用することにより、自宅や小規模な事務所で会社の業務を行うこと。

インターネットの普及によって、自宅と会社をネットワークでつないで、自宅にいながら会社と同じ仕事ができるとされています。

Spotify（スポティファイ）

スポティファイ・テクノロジー社により運営される定額制の音楽ストリーミングサービス。

スマートフォン、タブレット、コンピュータ、ゲーム機などの機器に対応しています。2006年にスウェーデンで創業され、日本では2016年9月にサービスを開始しました。音楽配信サービスとしては世界最大で、1億5800万人の有料会員がいます（2021年第1四半期現在）。

関連▶音楽配信サービス／ストリーミング（配信）

SR（エスアール）

ヘッドマウントディスプレイを活用し、現実世界に過去の映像を差し替えて投影する技術。

昔の出来事があたかも現在、目の前で起きているかのような錯覚を引き起こします。**代替現実**と訳されます。

関連▶AR／MR／VR

SSD（エスエスディー）

フラッシュメモリを利用した記憶装置。

ハードディスクと比べて消費電力が少ないですが、データの読み書きが速く、軽量で、耐衝撃性にも優れています。**フラッシュメモリドライブ**ともいいます。

関連▶USB

SSID（エスエスアイディー）

無線LAN（IEEE 802.11シリーズ）のアクセスポイントを指定するための識別名。

無線LANのアクセスポイントの混信を避けるため、接続するアクセスポイントを指定するときに利用します。アクセスポイントのSSIDを端末側で指定しておけば、そのSSIDのアクセスポイントとのみ通信するようになります。SSIDがわからない場合でも、SSIDはアクセスポイントから定期的に発信されているので、どのアクセスポイントに接続すればよいかがわかります。

関連▶ホットスポット／無線LAN

Suica（スイカ）

JR東日本が開発した非接触式ICカー

ド、および非接触型自動改札システムの名称。

「Suica定期券」「My Suica（記名式）」「Suicaカード」の3種類と、携帯電話を利用した「モバイルSuica」があります。非接触式のため、パスケースに入れたままでの改札通過、紛失時の再発行（定期券やMy Suica）、および改札機の可動部を減らしてトラブルを減少できる、などの利点があります。また、Suicaカードは、残高を追加（チャージ）することが可能です。同様のものに、JR西日本が発行する**ICOCA**（イコカ）などがあります。

関連▶**非接触式ICカード／プリペイドカード／下図参照**

Surface（サーフェス）

米国マイクロソフト社のタブレットPC。

専用のキーボードをマグネットで着脱することができ、閉じることでカバーの役割を果たします。正式名称はMicrosoft Surface（マイクロソフト サーフェス）です。

▼Surface Pro 7

日本マイクロソフト（株）提供

▼Suicaの利用イメージ

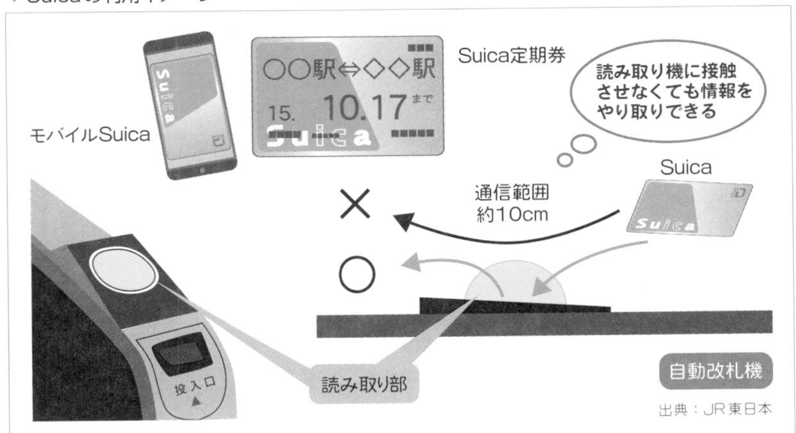

T

TB(ティービー)

関連▶テラバイト

TCP/IP(ティーシーピーアイピー)

ネットワークプロトコル群の1つ。

コンピュータネットワークのプロトコルとして広く採用されています。

Teams(チームス)

米国マイクロソフト社が提供するチャットツールです。

チャット/テレビ会議/通話ができるほか、Word/PowerPoint/Excelなどのファイルにリアルタイムにアクセスしてデータの共有や共同編集ができます。また、SharePoint、OneDrive、Planner、OneNoteなどと連携することもできます。正式名称は、**Microsoft Teams**です。

TikTok(ティックトック)

モバイル端末用のショート動画の視聴、撮影、編集、投稿のためのサービス。

15秒~1分程度の動画を作成して投稿できます。肌を修正したり、動画にBGMを追加したりすることもでき、音楽聴き放題サービスもあるため、若年層を中心に人気があります。中国のByteDance社が開発・運営しているプラットフォームです。

関連▶プラットフォーム

▼TikTokの操作画面

Touch ID(タッチアイディー)

アップル社のiPhone、iPad、Macに搭載

された画面ロック解除、もしくはログインの代わりになる指紋認証機能のこと。

iPhoneのホームボタン、iPadの電源ボタン、Macのキーボードには指紋センサーが内蔵されているものもあります。あらかじめ登録された指紋が認識されると、画面ロックの解除やログインをすることができます。このため、パスコード入力は不要となります。なお、iPhoneやiPadの機種によってTouch IDが採用されているものがあります。

関連▶**指紋認証／生体認証**

Twitter（ツイッター）

米国ツイッター社が運営するメッセージ交換サービス。

140文字以内の短文をユーザーが「つぶやき（tweet）」として投稿します。気が向いたときに、手軽につぶやく（**ツイートする**）ように投稿できる点が特徴です。自分と他ユーザーのつぶやきのうち関心の高いものが優先的に表示されます。思い付いたことを気軽に投稿したり、災害やトラブルなどのリアルタイムの情報を知りたいときに適していて、情報発信や収集に強いとされています。全世界で3.3億人を超えるユーザー数となっています。

関連▶SNS／次段画面参照／次ページ［基本技］［便利技］［裏技］参照

▼Twitterのトップページ

T

基本技 Twitterの画面構成 

Twitterの画面構成は、おおむね次のとおりです。バージョンによって異なる部分がありますが、タイムラインが画面の中心を占めます。

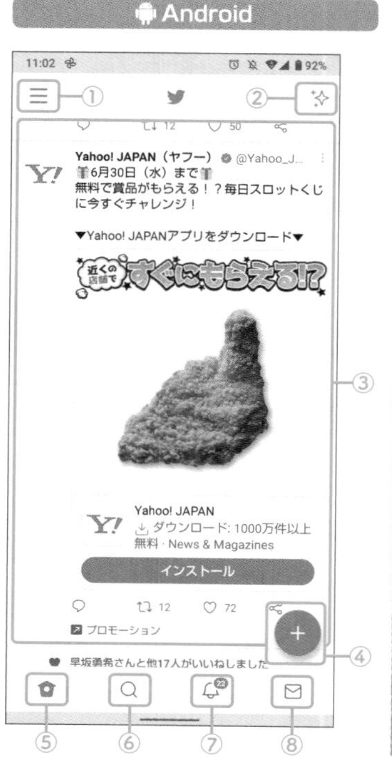

①メニュー：アカウントの切り替えやリストの整理、設定とプライバシーの修正ができる
②ツイート表示の切り替え：ツイートの表示をツイート順かおすすめ順に変更できる
③タイムライン（TL）：フォロワーのツイートが表示される
④投稿メニュー：ツイート、画像、動画の投稿やスペースの利用ができる
⑤ホーム：ホーム画面に戻る
⑥検索：ツイートやニュース、アカウントの検索ができる
⑦通知：自分のツイートに対する「いいね」やリツイート（RT）を表示する
⑧メッセージ（DM）：自分宛のダイレクトメッセージ（DM）を表示する

基本技 投稿する Twitter

Twitterは、気が向いたときに、気が向いた内容をつぶやくためのSNSです。つぶやくには、画面右下の「+」（Android）もしくは「羽ペン」（iPhone）をタップしてメッセージを入力し、「送信ボタン」（Android）もしくは「ツイートする」（iPhone）ボタンをタップして投稿します。

便利技 みんなの関心がリアルタイムでわかる Twitter

Twitterのタイムラインにはフォロー中のアカウントがつぶやいた内容が自動的に流れてきますが、それとは別に、いま話題となっている内容を検索することもできます。

❶「検索」アイコンをタップ➡❷「トレンド」をタップ➡❸話題となっているキーワードとツイート数がランキング形式で表示されるので、興味がある話題をタップします。

Android／iPhone共通

11:03 92%
キーワード検索
おすすめ　COVID-19　トレンド　ニュース　スポーツ
トレンド
#明治ナッツチョコとワンピース
コラボ記念キャンペーン実施中！
明治ナッツチョコシリーズによるプロモーション
1・J-POP・トレンド
ミステリ
32,041件のツイート
2・菅田将暉・トレンド
菅田将暉
31,199件のツイート
3・コミック・トレンド
BASARA
6,438件のツイート
4・トレンド
#あなたの生き様を表すアニソン歌詞
5,686件のツイート
5・アニメ・漫画・トレンド
アニソンの歌詞
6,054件のツイート
6・ゲーム・トレンド

❷タップ

❸トレンドが表示されるので
この中から選ぶ（タップする）

❶アイコンをタップ

T

ヘッダー画面を変える Twitter

プロフィールを開いたときに表示されるヘッダー画面は、ほかの人が見たときにも表示されます。ここの設定を好きな内容に変更しておくと、ほかの人へのアピールになります。

❶左上のメニューをタップして「プロフィール」をタップ➡❷「プロフィールを編集」で内容を変更➡❸「保存」をタップして終了します。

Android／iPhone共通

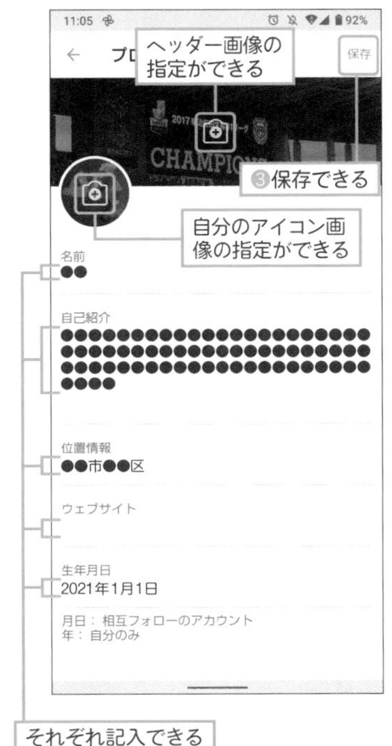

メモ代わりに利用する

お得な情報のツイートや、見返したいツイートは、積極的に「いいね」しておきましょう。「いいね」したツイートは、あとで見返すことができるので、タイムラインから探す手間が省けます。

タイムラインのツイートから「いいね」をタップしたあと、❶画面左上の自分のアイコンをタップ➡❷「プロフィール」をタップ➡❸自分のプロフィール文の下にある「いいね」をタップ➡❹これまでに「いいね」したツイートが一覧表示されます。

Android／iPhone共通

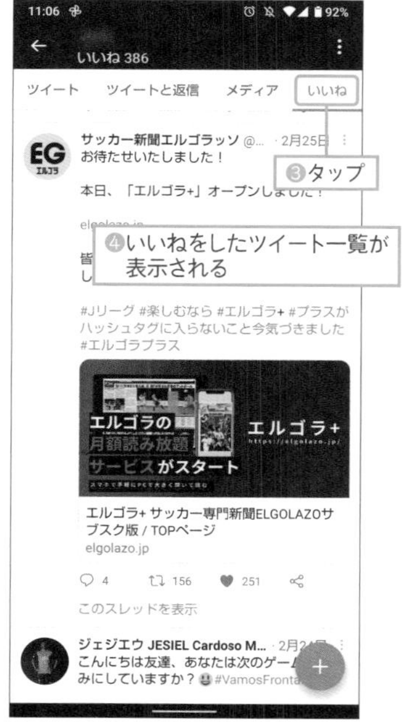

T

便利技 「ハッシュタグ」っていったい何？

Twitter

タイムラインに「#」を付けたツイートが見つかることがあります。これはハッシュタグと呼ばれるものです。ハッシュタグをタップすると、同じハッシュタグを付けたツイートが検索されます。共通の話題（ドラマやスポーツなど）について語りたい、ツイートを見たいときに役立ちます。

❶ツイートに付いているハッシュタグをタップするか、「検索」でハッシュタグを入力➡❷同じハッシュタグの付いたツイートが表示されます。

Android／iPhone共通

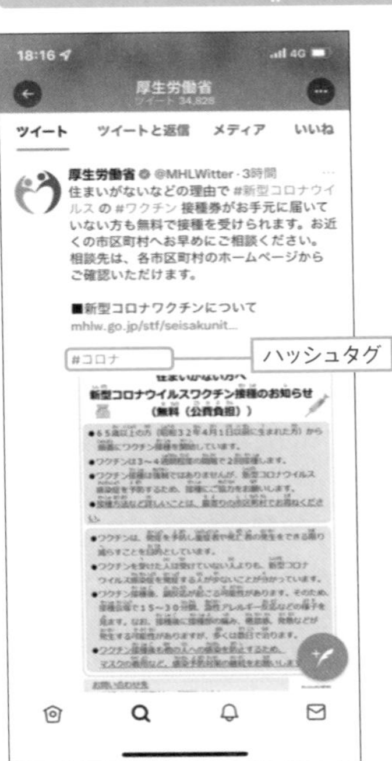

特定ユーザーのツイートを一時的に非表示にする Twitter

フォローしている人のツイートでも、興味のないものを連続で見せられるとうんざりすることがあります。フォローを解除しなくても、その人のツイートを一時的に表示されない（ミュート）ようにすることができます。

❶タイムラインでその人のツイートの右上のメニューをタップして開く➡❷「～さんをミュート」を選択します。解除するときは、その人のプロフィールを開き、ミュートのアイコンをタップして解除します。

Android／iPhone共通

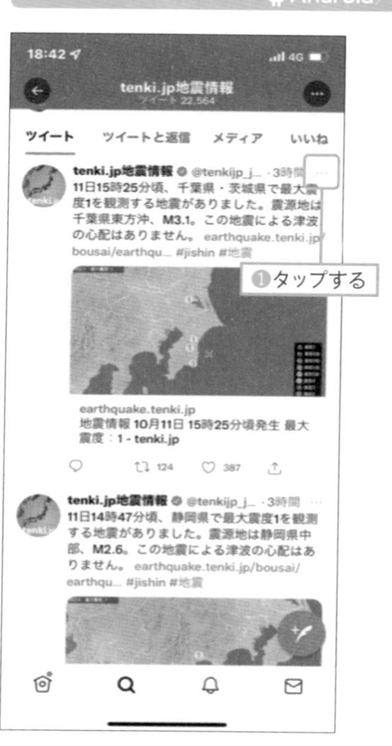

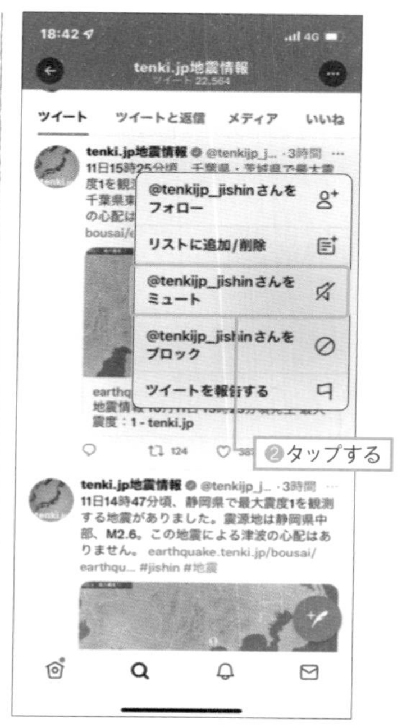

裏技 アカウントが「乗っ取られた」ときの対処法 Twitter

広告アカウントやアプリでは、クリックしたときにツイートする権利を求めてくるものがあります。うかつに許可してしまうと自分のアカウントを乗っ取られて、勝手にツイートをされてしまうことがあります。

至急、許可を取り消しましょう。アプリ版からは操作できないため、ブラウザからTwitterを開きます。アカウントをタップして「設定とプライバシー」から「アプリケーション」をタップすると、権限を許可しているアプリの一覧が表示されるので、見覚えのないものの「アクセス権を取り消す」をタップしたら完了です。念のため、パスワードも変更しておきましょう。

まず、❶「設定とプライバシー」をタップ➡❷「パスワード」をタップしたら、❸現在のパスワードと新しいパスワードを入力してパスワードを変更します。

Android／iPhone共通

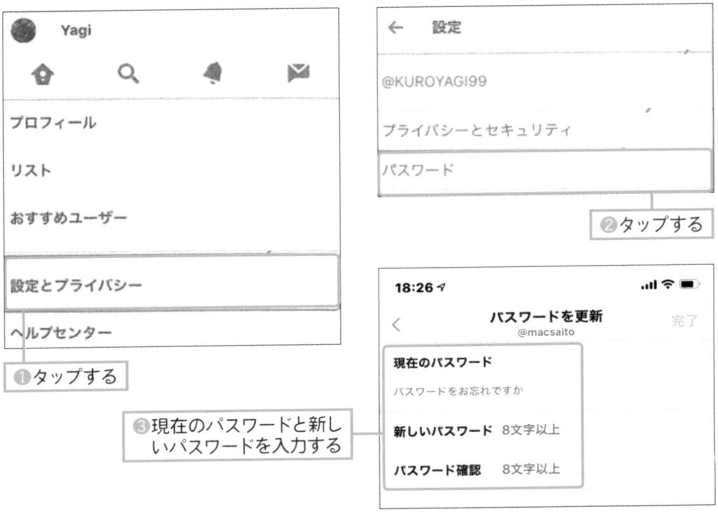

Yagi
プロフィール
リスト
おすすめユーザー
設定とプライバシー
ヘルプセンター

❶タップする

← 設定
@KUROYAGI99
プライバシーとセキュリティ
パスワード

❷タップする

18:26
パスワードを更新
@macsaito
完了
現在のパスワード
パスワードをお忘れですか
新しいパスワード 8文字以上
パスワード確認 8文字以上

❸現在のパスワードと新しいパスワードを入力する

U

Uber（ウーバー）

関連▶ウーバー

UI（ユーアイ）

ユーザーインターフェースの略称。

Unicode（ユニコード）

文字や記号などの表記のルールをまとめた規格。

コードはコンピュータが内部のデータを文字として表現するためのルールです。Unicodeは、その中で国際的に共通のルールを定めたもので、世界中の文字にコードが割り当てられています。

関連▶文字コード

URL（ユーアールエル）

インターネット上のウェブページなどの場所を示す住所のこと。

使用するプロトコル、サーバーとファイルの所在を記述します。例えば、WWWで「www.abc.ac.jp」というサーバー上の「welcome.html」へのアクセスは、「https://www.abc.ac.jp/welcome.html」（アクセス方法：//ドメイン名/ディレクトリ名/ファイル名）と記述します。

関連▶短縮URL／ドメイン名

▼URLの表示画面

USB（ユーエスビー）

パソコンを周辺機器と接続するためのインターフェース規格。

ユニバーサルシリアルバスの略です。1つのバス（伝送路）で最大127台まで周辺機器（マウス、キーボードからプリンタなどまで）をつなぐことができます。最高480Mbpsの転送速度を実現する**USB 2.0**が2000年に登場。4.8Gbpsの高速転送速度を実現した**USB 3.0**は2008年に正式な仕様となっています。最新バージョンは2019年にリリースされた**USB4**です。

関連▶インターフェース／下図参照

▼USB規格のハブ

（株）バッファロー提供

USB給電（ユーエスビーきゅうでん）

USB経由で電源を供給する規格のこと。

最大で100Wまでの電源供給に対応しています。スマートフォンやタブレットのほか、パソコンにも給電可能です。ケーブルとデバイスすべてがUSB Type-CとUSB給電（USB PD）に対応している必要があります。

USB Type-C（ユーエスビー タイプシー）

スマートフォンやパソコンなどで使われているUSBポートの規格。

上下左右が対称で、どちら向きでも差し込むことができます。給電能力が高く、スマートフォンなどの充電時間が短縮されます。

▼USB Type-C

UX（ユーザーエクスペリエンス）

製品やサービスに触れたりすることで得られる体験や経験。

UXと略され、「ユーザー経験」「ユーザー体験」と訳されます。

▼USB規格のコネクタ

VoLTE（ボルテ）

LTE回線を使って音声通話やビデオ通話を行う技術のこと。

3G回線よりも音声品質がよく、通話しながらインターネットも使えます。

関連▶LTE

VR（ブイアール：バーチャルリアリティ）

コンピュータを使って擬似的に作り出された仮想空間、もしくはその技術。

仮想現実、**人工現実感**ともいいます。コンピュータ技術を使って視覚や聴覚などの人間の五感に働きかける人工的な環境のことです。娯楽だけでなく、防災、医療、建築、土木作業などの研修、さらにはインテリアからアートまで、その用途には大きな可能性があります。VRを楽しむには、専用の**ヘッドマウントディスプレイ（HMD）**が必要です。

▼プレイステーション®VR

by BagoGames

関連▶プレイステーション／AR／HMD／MR／SR／次ページ表参照

VTuber（バーチャルYouTuber）

関連▶バーチャルYouTuber

▼VR／AR／MR／SRの比較

	概要	活用例
VR（仮想現実）	・あたかも現実であるかのように、仮想世界を体験できる技術。 ・CGで作成された、あるいは360°カメラで撮影された映像を、VR用のヘッドマウントディスプレイを使って体験できる。どこを向いても仮想空間の中にいるため、強い没入感を得られる。	・プレイステーションVRなどを使用したゲーム。 ・VR ZONE Portalなどのアミューズメント施設。 ・研修医実習や患者の心理療法などの医療現場。
AR（拡張現実）	・現実世界に仮想の世界を重ねる技術。 ・スマートフォンやヘッドマウントディスプレイ越しに、自分の部屋などの現実世界に仮想世界のデータや画像などを「拡張」する。VRと違って、現実世界の視覚上に仮想世界の映像が重なるイメージ。	・「Pokémon GO」「SNOW」などのスマートフォン用アプリ。 ・保守・点検などにおいて、ヘッドマウントディスプレイに点検箇所や手順を示すなどの産業利用。
MR（複合現実）	・仮想世界と現実世界を密接に融合させる技術。 ・ARが現実世界に拡張世界の情報を付加するのに対し、MRは現実と仮想空間が「複合する」のが特徴。 ・現実世界の中に仮想世界の3D映像を浮かび上がらせたり、逆にVRのような仮想世界の中から現実世界を覗いたりできる。	・アプリによる美術展鑑賞などのエンターテイメント利用。 ・建設業の計画・工事・検査の効率化。 ・製品や建物などのデータを3Dで実寸表示させ、検証を低コストでスムーズに行う。
SR（代替現実）	・仮想世界を現実世界に置き換えて認識させる技術。 ・理化学研究所が開発したSRシステムは、ヘッドマウントディスプレイを通して見る現実世界の360°映像を、過去の映像に置き換えることで、過去を現実のように体験させることができる。	・アート、エンターテイメント作品。 ・過去の映像と現実世界を複合させることでPTSDなどの精神障害の治療に使う。

V

Web（ウェブ）
関連▶ウェブ

Webサーバー（ウェブサーバー）
関連▶ウェブ（Web）サーバー

Webサイト（ウェブサイト）
関連▶ウェブ（Web）サーバー

Webブラウザ（ウェブブラウザ）
関連▶ウェブ（Web）ブラウザ

Wi-Fi（ワイファイ）
スマートフォンやパソコンを無線でネットワークにつなげるための通信規格のこと。
無線LAN規格の普及を目指す業界団体である**Wi-Fi Alliance**（旧WECA）が認定しています。相互接続性テストをパスした製品にWi-Fi認証が与えられます。
関連▶無線LAN／IEEE 802.11

Wi-Fiスポット（ワイファイスポット）
屋外や店舗などの公共の空間で無線LAN（Wi-Fi）によるインターネット接接ができるサービスのこと。
公衆無線LANサービスともいいます。空港や駅などの公共施設、ホテルや飲食店などの店舗に設置されたアクセスポイントを通じて、インターネットに接続できる環境を提供します。
関連▶アクセスポイント／無線LAN

Wi-Fiルータ（ワイファイルータ）
無線LANのアクセスポイントの機能を持つブロードバンドルータ。
スマートフォンやタブレット、パソコンをWi-Fiを通してインターネットにつなげる機器で、複数の機器を接続することができます。
関連▶アクセスポイント／無線LAN

Wikipedia（ウィキペディア）
インターネット上で公開される多言語対応の百科事典。
サイトにアクセス可能な世界中の誰もが、記事を共同で執筆、編集できるようになっています。2021年6月現在、320以上の言語のサービスがあり、日本語版は126万語以上を収録しています。非営利団体である米国Wikimedia Foundation, Inc.（ウィキメディア財団）が運営しています。

WiMAX（ワイマックス）

最大75Mbpsの高速ワイヤレスインターネットの愛称。

WiMAXには、固定通信用と移動通信用の2つの規格があります。後者は**モバイルWiMAX**と呼ばれます。外出先や移動中でも高速インターネットを利用することができます。後継規格に、固定と移動通信を合わせ160Mbps以上に高速化された**WiMAX2**、LTEと互換性のある**WiMAX2+**があります。

Windows（ウィンドウズ）

米国マイクロソフト社が開発したパソコンやタブレットPC用OSのシリーズ名。

正式には**Microsoft Windows**といいます。

関連▶Microsoft

Windows 10（ウィンドウズ テン）

2015年7月に販売が開始されたWindows OSの製品名。

前バージョンの8(8.1)から9を飛び越えて10になっています。スタートボタンの復活など、従来のWindowsユーザーに配慮したインターフェースが特徴です。

Windows 11（ウィンドウズ イレブン）

2021年10月にリリースされたWindows OSの最新版。

関連▶下画面参照

▼Windows 11のデスクトップ

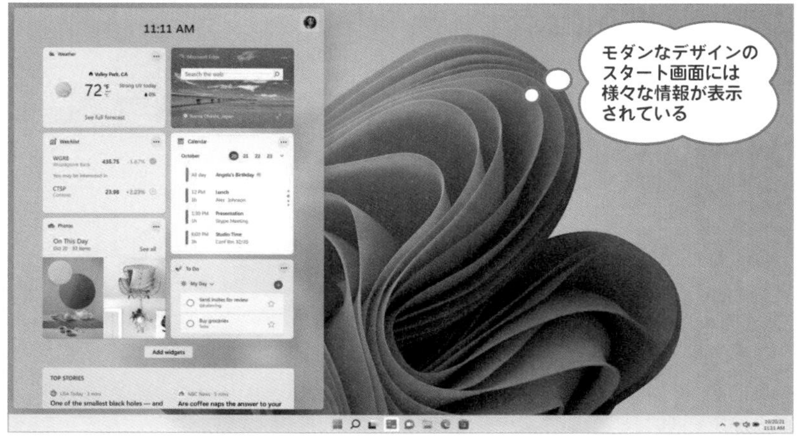

日本マイクロソフト（株）提供

WordPress（ワードプレス）

オープンソースのブログ作成・管理ソフトウェア。

簡単なブログから、ネットショップのような高機能のサイトまで、レベルに合わせて自由に作成できることから高い人気を誇ります。

関連▶ブログ

WPA（ダブリューピーエー）

無線LAN運用のための認証プログラム、またはセキュリティ規格の1つ。

関連▶無線LAN

WPS（ダブリューピーエス）

無線LAN機器同士の接続を簡単な操作で行えるようにした機能のこと。

WPS対応機器であることが必要ですが、多くのスマートフォンで対応可能です。無線LAN機器の接続先や暗号化、認証などの設定について、親機の情報がボタン1つで子機へ転送されて自動的に設定が完了する仕組みです。

関連▶無線LAN／Wi-Fiルーター

WWW（ダブリュダブリュダブリュ）

関連▶ウェブ

Xbox One（エックスボックス ワン）

米国マイクロソフト社が販売する家庭用ゲーム機。

ジェスチャーや音声認識によって操作ができる**Kinect**（キネクト）と呼ばれるデバイスが特徴でした。2016年11月末にはさらに小型化され、4K Ultra HDブルーレイドライブを搭載したXbox One Sが発売されました。最新機種は、「Xbox Series X」、「Xbox Series S」となります。

▼Xbox One S

日本マイクロソフト（株）提供

xDSL（エックスディーエスエル）

電話線などの従来の金属線を利用して、高速通信を行う技術の総称。

ADSLや**VDSL**、**HDSL**など各種の方式があり、これらをまとめてxDSLと呼んでいます。日本国内では、多くの通信事業者がサービスを提供しています。情報伝達量を増やすのに高周波を用いるため、通常の通信に比べて、伝達距離や速度の面で大きな制約があります。

関連▶**下表参照**

▼各種xDSL

方式	対称／非対称	伝送速度
ADSL	非対称	512K〜5Mbps (Up)　1.5〜50Mbps (Down)
HDSL	対称	1.5〜2Mbps
SDSL	対称	768K〜2Mbps
VDSL	非対称	2〜6Mbps (Up)　26〜52Mbps (Down)

Y

Yahoo! JAPAN（ヤフージャパン）

日本で最も人気のあるポータルサイト（ナビゲータサイト）の1つ。

検索やメール、ニュース、天気、オークション、ショッピングなど多くのサービスを提供しています。1996年には、ソフトバンク社との合弁会社として日本法人**ヤフー**が設立されました。

関連▶Google

▼Yahoo! JAPANのホームページ

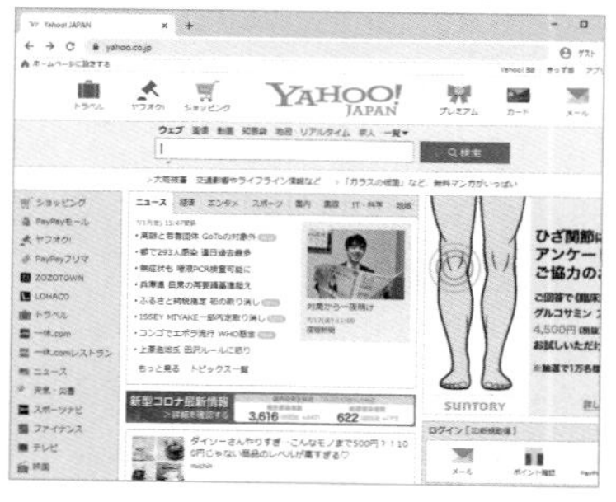

Yahoo!ウォレット（ヤフーウォレット）

ヤフー社が提供するオンライン決済サービスのことで、クレジットカードで支払いができる。

インターネットでの有料サービスや有料コンテンツ、購入した商品の支払い、オークションやフリーマーケットへ出品した品物の代金の受け取りなどができます。

関連▶キャッシュレス決済／電子決済

Yahoo!オークション（ヤフーオークション）

関連▶オークションサイト／ヤフオク!

Yahoo! BB（ヤフービービー）

ソフトバンク社が提供する、インターネット接続サービス。

関連▶Yahoo! JAPAN

YouTube（ユーチューブ）

■**インターネット上の動画投稿サイト、および同サイトを運営する企業名。**

視聴者はチャンネル登録をすることで、そのチャンネルの更新情報の通知を受け取ることができます。

関連▶YouTuber／次ページ画面参照

YouTuber（ユーチューバー）

独自に制作した動画をYouTubeで継続的に公開している人物や集団のこと。

YouTubeで収益を上げて生活している

▼YouTube日本語版

人のことだと認識されがちですが、継続的に動画をアップロードしている人のことを呼びます。日本では2012年頃から広告収入で生活するYouTuberの存在が報じられるようになりましたが、生計を立てている人はごく少数に限られるようです。その一方で、一部はテレビにも出演するなど人気を得ています。

関連▶YouTube

Z

ZIP（ジップ）

WindowsやMacなどで広く使われているデータ圧縮形式。

データを圧縮する形式として事実上の標準形式となっています。拡張子は「.zip」。WindowsやmacOSでは標準で圧縮・解凍が可能です。

関連▶アーカイブ

Zoom（ズーム）

Zoomビデオコミュニケーションズ社のウェブ会議サービス。

パソコン、スマートフォン、タブレットなどを使い、ビデオ会議や電話会議、チャットなどができます。最大200人が同時参加できるルームを作成可能です。

関連▶テレワーク

ZOZOTOWN（ゾゾタウン）

ZOZO社が提供するインターネットのファッション通販サイトの名称。

著名なファッションブランドからお手頃な価格の衣類までを取り扱っています。古着下取りサービスのZOZOUSEDや、ファッションコーディネートアプリ「WEAR」なども提供しています。2019年にヤフー（現・Zホールディングス）の連結子会社になりました。

関連▶B to C

1バイト文字

コンピュータで扱う文字のことで、1バイト(8ビット)で表すことのできる文字のこと。

1バイト文字は、**半角文字**の名称で知られ、英数字などの文字の種類が少ない言語で使われています。日本語など半角文字で表現できない言語は2バイトで文字を表しています(2バイト文字)。

関連▶2バイト文字

2進法

2を基数とする記数法。0と1の2個の数字だけで表記され、10進数で2のとき桁が上がる。

2進法で表現された数を**2進数**といいます。2進数の1、0で回路のスイッチのON/OFFをそのまま表せるので、コンピュータ内部では2進数が使われています。

2段階認証

二度、認証を行うこと。

IDとパスワードを入力して認証したあと、もう一度、指紋あるいはSMSに送ら

▼2段階認証の仕組み

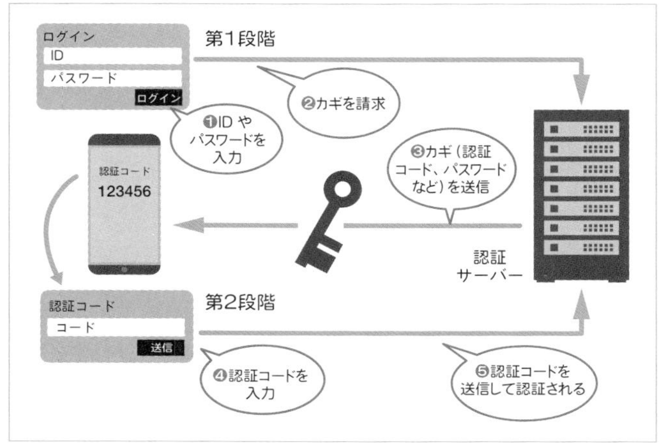

数

れてくる1回限りのパスワードなどを利用して認証することをいいます。IDやパスワードが流出しても不正アクセスされにくくなります。

関連▶前ページ下図参照

2バイト文字

日本語などを表示する際に使われる、2バイトを使って表現される文字。

当初、パソコンでは英語のみを扱っていたため、文字を1バイト（256種類）で表示していました。しかし、日本語などの文字を表現するには数が足りないため、2バイト（6万5536種類）を使って表示するようになりました。**全角文字**とも呼ばれます。

関連▶全角文字／半角文字／1バイト文字

2.4GHz

無線LAN（Wi-Fi）で使用される電波の帯域のうち、標準的な周波数帯域。障害物に強く、遠くまで電波が届く。

電子レンジや電話機など様々な製品で使用されるので、電波が混雑し、通信が不安定になることがあります。

関連▶無線LAN／IEEE 802.11

3眼・4眼カメラ

3眼、4眼カメラを持つスマートフォンでは、カメラごとに異なる機能を持つ。

標準の画角に加え、超広角の画角、光学2～3倍相当のズーム撮影が可能です。また、モノクロ撮影やポートレート撮影に対応するものもあります。

▼スマホの3眼カメラの例

3点アイコン（三本線）

関連▶三本線/3点アイコン

3D（スリーディー）

三次元のこと。

縦横に加えて高さの情報を表示する立体表示のことです。かつては、ポリゴンで再現したコンピュータグラフィックスのことを指していましたが、3D立体表示に対応した映画の普及によって、実際に立体に見える状態を3Dと呼ぶことが多くなってきました。CG（コンピュータグラフィックス）を使い、縦・横・高さのある三次元のキャラクター（3Dオブジェクト）をモデリング（三次元モデル

数

を造形）、レンダリング（画像や映像に出力）して、キャラクターの動きをプログラムによって付ける手法のアニメを**3Dアニメーション**といいます。

関連▶ポリゴン

3Dプリンタ（スリーディープリンタ）

3DCGなどのデータをもとに、立体形状を出力する印刷機。

機種によって仕組みは異なりますが、コンピュータで作った3Dデータを設計図として、その断面形状の層を積み重ねるように立体物を作成できます。

3D Touch（スリーディー・タッチ）

米国アップル社のiPhoneやiPadの画面で操作できる3種類の操作方法と、ディスプレイのこと。

対応する操作として、①タップ（ディスプレイを指で軽くたたく）、②ピーク（ディスプレイに指を軽く押し付ける）、③ポップ（ディスプレイに指を強く押し付ける）があります。近年は**触覚タッチ**といいます。

関連▶タッチパネル／マルチタッチ

3G（スリージー／サンジー）

第3世代移動通信システムの略称。

国際電気通信連合（ITU）が勧告したIMT-2000という規格に準拠した通信システムです。NTTドコモのFOMA（W-CDMA方式）やauのCDMA2000 1×方式、ソフトバンクのSoftBank 3Gなどがあります。

関連▶4G／4G+／5G

4G（フォージー）

第4世代移動通信システムの略称。

「4G」と単独で使われる場合は、第4世代携帯電話を指すことが多いです。携帯電話では、1G、2Gと進化する中で、特にデータ通信速度の高速化が進みました。3.5Gでは最大速度が14.4Mbpsでしたが、4Gでは100Mbps～1Gbpsのデータ通信速度になっています。また、2020年には通信速度182Mbps～3.4Gbpsの次世代通信**5G**のサービスが開始されました。

関連▶5G／6G

4G+（フォージープラス）

第4.5世代移動通信システムの略称。

日本では**LTE-Advanced**と呼ばれ、第4世代の技術や機器を利用しながら高速通信を行います。4G+エリアの中ではスマートフォンの画面に4G+と表示されます。

関連▶3G／4G／5G

4K（よんケー）

横約4000×縦約2000ピクセルを持つ、フルハイビジョンの2倍の解像度

（4倍の画素数）の映像データおよび表示装置の名称。

ウルトラHDともいいます。動画は4K動画といいます。数字の後ろに付くKは、キロ（1000）のことで、解像度の数値を略して**4K2K**ともいわれます。

関連▶8K

5G（ファイブジー）

第5世代移動通信システムの略称。

4Kや8Kなどの高解像度の動画を遅延なく送受信でき、最大20Gbpsの高速通信ができるため、イベントや自動車、医療などの分野での利用が期待されています。5Gの特徴としては、①高速大容量（下り：目標値20Gbps）、②高信頼性・低遅延通信（伝送遅延は4Gの10分の1、エッジコンピューティングの活用）、③多数同時接続（同時接続台数は4Gの10倍、基地局の事前許可なしにデータを送信できるグラント・フリーの活用）などがあります。

関連▶4G／6G

▼5Gの要求条件

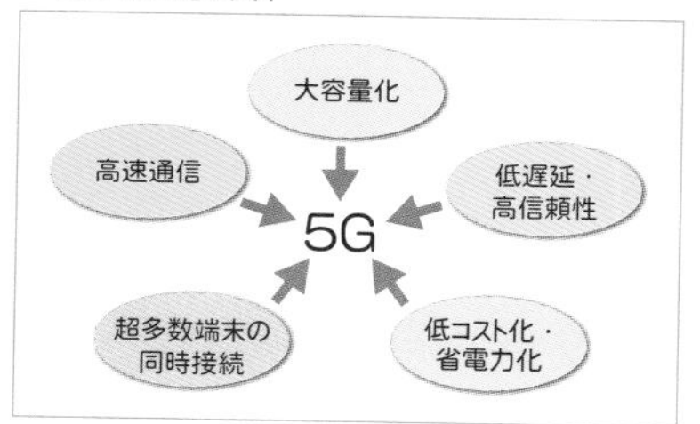

5GHz（帯）

無線LAN（Wi-Fi）で使用される電波の帯域の1つ。

2.4GHzとは異なり、使用する機器が無線LAN以外にはないため混雑しません。障害物に弱く、通信距離が長いと電波が弱くなります。

6G（シックスジー）

第6世代移動通信システムの略称。

5Gに続くと目される移動体通信規格ですが、2021年現在、標準化や規格化はなされておらず、研究団体や民間企業による取り組みが行われている段階です。

関連▶4G／4G+／5G

8K（はちケー）

横約8000×縦約4000ピクセルの高解像度の映像データおよび表示装置の名称。

4K2Kと同様に解像度の数値を略して**8K4K**ともいわれます。現行のテレビ（フルHD）の4倍の解像度（16倍の画素数）を持つ次々世代放送として、NHKより「8Kスーパーハイビジョン放送」が開始されました。

関連▶4G／次ページ上図参照

▼解像度の違い（イメージ）

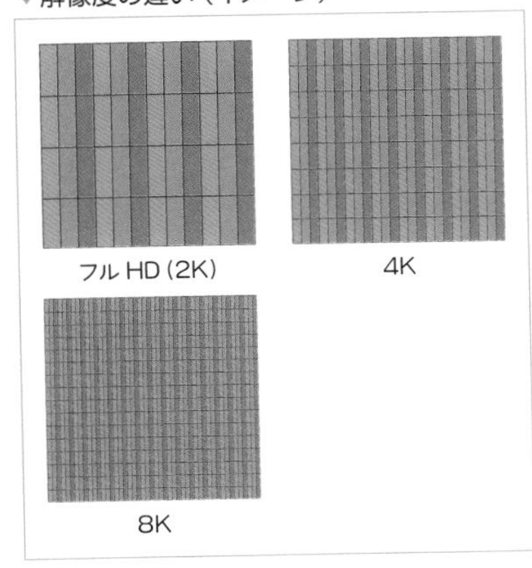

404 Not found
（よんまるよん ノット ファウンド）

ブラウザに表示されるエラーメッセージで、該当するページが存在しない場合に表示される。

HTTP通信において、「サーバーとの接続は成功したが、該当するファイルが存在しない」という場合に、サーバーは404のエラーコードを表示します。サーバー自体が見つからない場合は、別のメッセージが表示されます。

503 Service Unavailable
（ごーまるさん サービス アナベイラブル）

ブラウザに表示されるエラーメッセージで、要求したサービスが利用できない場合に表示される。

多くの場合、同じウェブサイトを閲覧しようとしてアクセスが集中し、負荷がかかって処理能力を超えた場合に表示されます。また、ウェブサイトの管理者がメンテナンスを行う場合にも表示することがあります。

1000BASE-T（せんベースティー）

IEEE 802.3abで標準化された、UTPケーブルを用いて最高1Gbpsで通信できるイーサネット規格。

ハブと呼ばれる中継装置を中心にして、コンピュータとをケーブルで接続します。ハブとコンピュータ間は100m以下と規定されています。

関連▶LAN／下表参照

▼イーサネットの主な規格（1000BASE-T）

規格名	10BASE-T	100BASE-TX	1000BASE-TX	10GBASE-T
ネットワークの最大長	500m	—	—	—
セグメントの最大長	100m	100m	100m	100m
ノード数／セグメント	1個／ケーブル	1個／ケーブル	—	—
通信速度	10Mbps	100Mbps	1Gbps	10Gbps

＋（プラス）メッセージ

au、NTTドコモ、ソフトバンクの3社が提供するメッセージ送受信サービスで、携帯電話の番号だけで送受信できる。

スマートフォンや携帯電話向けのメッセージサービスの1つで、SMSの機能拡張版です。専用のアプリを利用します。文字数の制限がなく、写真や動画、地図情報などを送ることができ、グループチャット機能もあります。国際ローミングを利用して海外の相手ともメッセージを送受信できます。

関連▶SMS

FAQ

AndroidとiPhoneを
さらに便利に使う技

本書は、スマートフォンユーザーのための用語事典ですが、スマートフォンを利用するうえでちょっと便利なテクニックを用語解説と共に随時紹介しています。ここでは、Androidやi Phoneユーザーがさらに便利に利用するために、知っておいて損はない、その他の技(テクニック)をご紹介します。

便利技 インストールしたアプリはどこにある？

インストールしたアプリは、アイコンの一番最後に追加されます。

Androidの場合は、下から上へ必要なだけスワイプして、一番最後のアイコンを表示しましょう。

iPhoneの場合は、左から右へスワイプすると次の画面が表示されるので、Android同様に、一番最後のアイコンが表示されるまでスワイプします。

Android

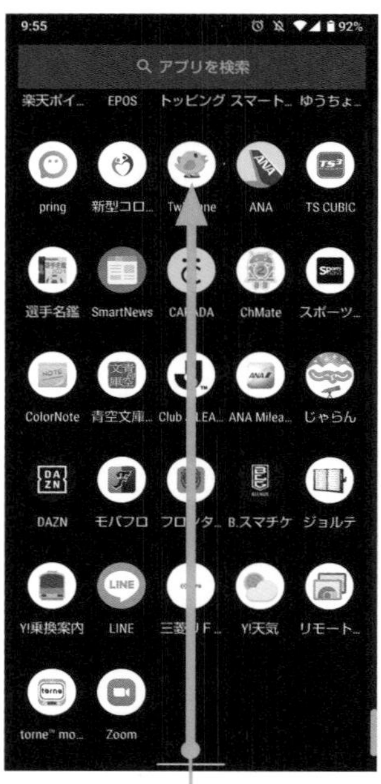

下から上へスワイプして探す

右から左へスワイプして探す

便利技 画面が勝手に横向きにならないようにする

スマートフォンの本体を縦から横に傾けると画面も横向きの画面になってしまいます（自動回転）。写真や動画を見るときには画面が広くなって便利なこともありますが、画面が回転すると不便なこともあります。ここでは自動回転の機能をオフにします。

Androidでは、❶クイック設定パネルを表示➡❷「自動回転」をタップします（アイコンの色が灰色のときに画面は固定）。

iPhoneでは、❶コントロールセンターを表示➡❷「画面回転」アイコンをタップします（アイコンの色が白色のときに画面は固定）。

iPhone

Apple Japan提供

便利技 画面をタップしても音が鳴らないようにする

静かな場所や公共の場所では、「ピッ」という操作音が思っている以上に大きく、恥ずかしい思いをすることがあります。ここでは、タップしたときに操作音が鳴らないように設定します。

Androidでは、❶「設定」アプリをタップ➡❷「音」をタップ➡❸「詳細設定」をタップ➡❹それぞれのキーの操作音の項目をタップしてオフにします。

iPhoneでは、❶「設定」アプリをタップ➡❷「サウンドと触覚」をタップ➡❸それぞれのキーの操作音の項目をタップしてオフ（灰色）にします。

また、マナーモードにすれば一時的に操作音を消すことができます。

Android

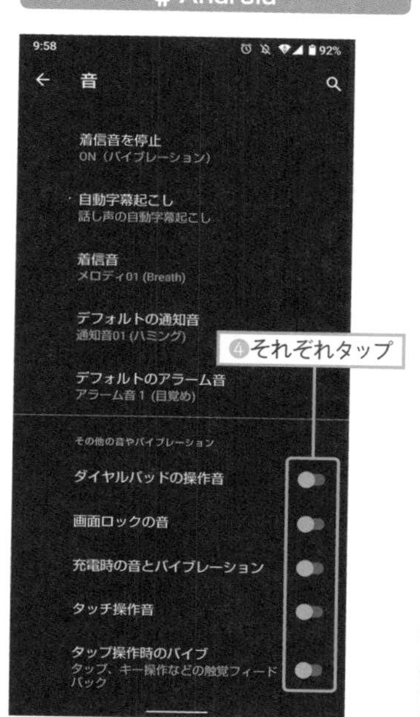

iPhone

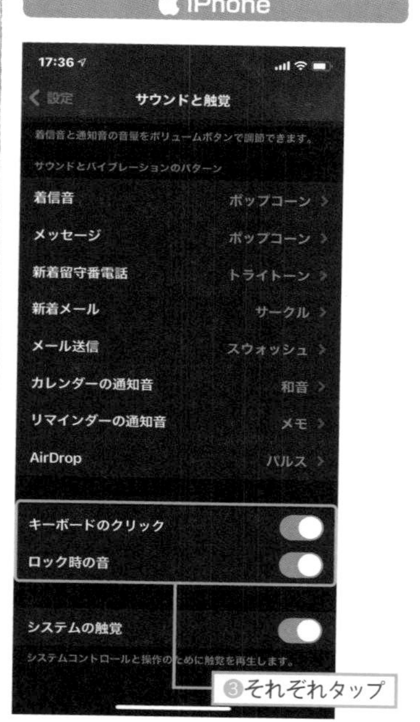

裏技 画面を片手で操作できる大きさにする（片手モード）

大きな画面のスマートフォンの場合、片手で操作しづらいことがあります。片手で操作するときは、画面の大きさを変えましょう。

Androidでは、Gboardを起動して「設定」をタップ➡「設定」の「片手モード」をオンにします。そして、❶ホームボタンをダブルタップすると片手モードが起動します。

iPhoneでは、設定アプリを起動して「アクセシビリティ」をタップ➡「タッチ」の「簡易アクセス」をオンにします。

そして、❶画面下端を下にスワイプ➡❷画面が下がります。元に戻すには画面下部を上にスワイプします。

Android

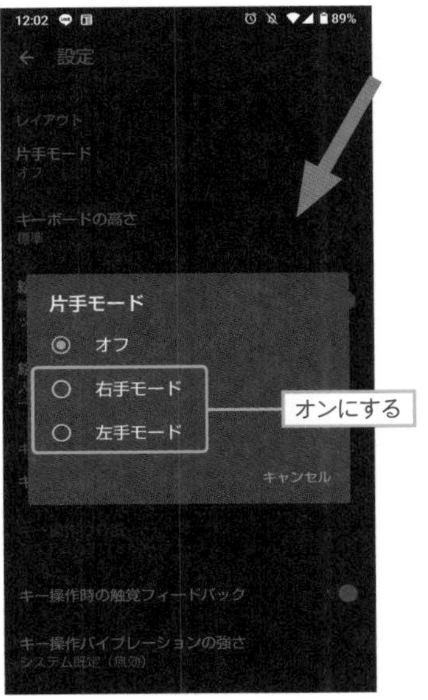

iPhone

裏技 指1本で画面を拡大する

画面の文字や画像が小さくて読みづらいときには、画面をタップしたら拡大されるようにしましょう。

Androidでは、❶設定アプリを起動して、「ユーザー補助」の「拡大」をタップ➡❷「拡大のショートカット」をオンにします。

2本指で画面を下からスワイプしてオレンジの囲みを表示します。拡大したい部分をタップします。

iPohoneでは、❶設定アプリを起動して「アクセシビリティ」をタップし、➡❷「ズーム機能」をタップしてオンにします。

画面を3本指でダブルタップすると画面が拡大します。縮小するときは、もう一度、3本指でダブルタップします。

Android

画面を拡大した状態

iPhone

17:28
く 戻る
ズーム機能
ズーム機能
画面表示を拡大できます:
・拡大するには3本指でダブルタップ
・画面内を移動するには3本指でドラッグ
・拡大倍率を変更するには3本指でダブルタップしてドラッグ
❷タップ
カーソルに追従
キーボードショートカット オン
ズームコントローラ オフ
ズーム領域 フルスクリーンズーム
ズームフィルタ なし
最大ズームレベル
3.2倍

裏技 拡大鏡（虫眼鏡）を使う

iPhoneには、近くのものを拡大して見る機能（拡大鏡）があります。

コントロールセンターに拡大鏡がないときには、設定アプリを起動して「コントロールセンター」をタップします。「コントロールを追加」から「拡大鏡」の左にある（+）ボタンをタップします。

拡大鏡を使うには、❶「コントロールセンター」を開く➡❷拡大鏡のアイコンをタップします。

iPhone

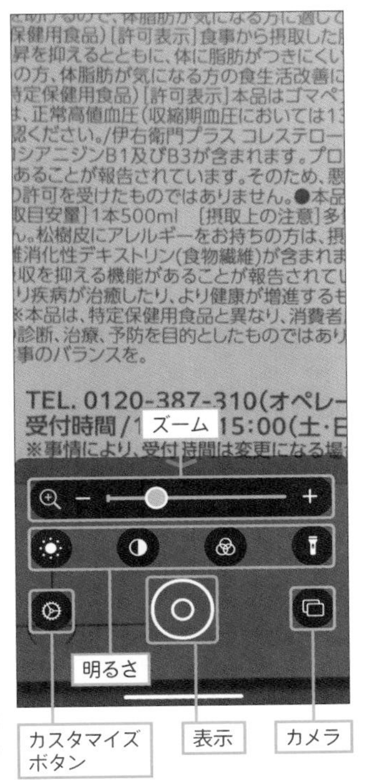

廃止されたホームボタンを使えるようにする iPhone

最近のiPhoneはホームボタンがなくなり、ホーム画面に戻るには、画面下から上へスワイプする必要があります。意外とこれが面倒だと感じている人も多いと思います。そのような場合には、ホームボタンを作ってしまいましょう。

❶「設定」アプリを起動する➡❷「アクセシビリティ」の「タッチ」をタップ➡❸「AssistiveTouch」から「AssistiveTouch」をオンにする➡❹「シングルタップ」をタップして「ホーム」を選択します。

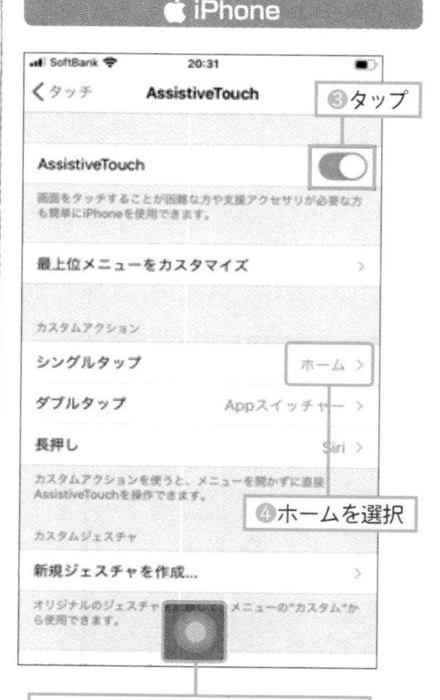

ホームボタンが表示された。ドラッグすると移動できる。ドラッグすると、どこにでも配置できる

便利技 中高年向け スマートフォンに仕立てる

AndroidやiPhoneでも基本設定を見直せば中高年にやさしいスマートフォンにすることができます。ここではiPhoneで中高年に特化したおすすめの設定を説明します。

● アプリのアイコンを大きくする

❶設定アプリを起動➡❷「画面表示と明るさ」をタップ➡❸「拡大表示」の表示をタップ➡「拡大」を選択します。

● 文字を大きくする

❶設定アプリを起動➡❷「画面表示と明るさ」をタップ➡❸「テキストサイズを変更」をタップ➡画面下の目盛り（スライダー）を右側へスライドさせると文字が大きくなります。

※ウェブページの文字サイズは、設定アプリ➡Safariの「ページの拡大／縮小」で拡大率を設定します。

● 文字を太くする

❶設定アプリを起動➡❷「画面表示と明るさ」をタップ➡❸「文字を太くする」をタップしてオン（緑色）にします。

● 画面が暗くならないようにする

❶設定アプリを起動➡❷「画面表示と明るさ」をタップ➡❸「自動ロック」をタップ➡❹表示する時間を「5分」に設定（タップ）します。

● 画面を拡大する

❶設定アプリを起動➡❷「アクセシビリティ」をタップ➡❸「ズーム」をタップ➡❹「ズーム機能」をタップして「オン」にする➡❺最大ズームレベルのスライダーを調整します。

※2.0倍くらいが適当と思われます。

● ダブルタップの間隔を遅くする

ダブルタップは短い間隔でタップしなければならないので、タップのタイミングが難しいことがあります。

❶設定アプリを起動➡❷「アクセシビリティ」をタップ➡❸「タッチ」をタップ➡❹「タッチ調整」をタップ➡❺「タッチ調整」をタップ➡❻「保持継続時間」の「保持継続時間」をタップしてオン➡❼「0.20秒」などに設定（「−」「＋」ボタンで数値を調整）します。

データセーバー／省データモードで通信料金を節約する

　ネットワークの使用量を制限してモバイルデータ通信やWi-Fiでの通信量を制限したり節約したりすることができます。

　Androidでは、無制限のデータ使用を特定のアプリに限定します。iPhoneではコンテンツのストリーミング時の品質が低下します。自動ダウンロードや自動バックアップがされなくなります。iCloudへの写真のアップロードは一時停止されます。FaceTimeは利用できますが低品質になります。

　Androidでは、❶「設定」アプリを起動➡❷「ネットワークとインターネット」をタップ➡❸データセーバーをタップ➡❹「データセーバーを使用」をタップしてオンにします。

　iPhoneでは、❶「設定」アプリを起動➡❷「モバイル通信」をタップ➡❸「通信のオプション」をタップ➡❹「省データモード」をタップしてオンにします。

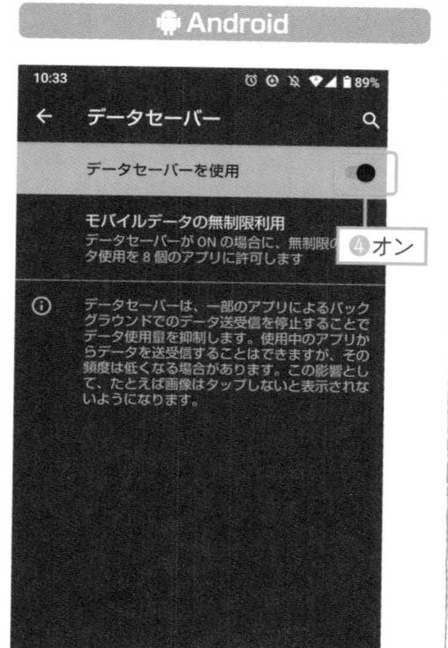

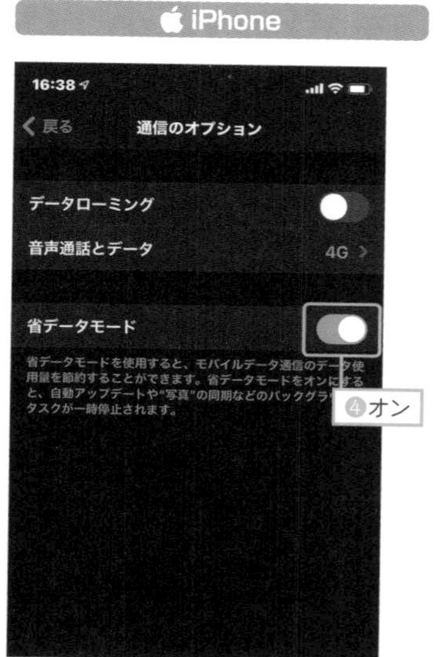

便利技 Googleアシスタントや Siriに教えてもらう、歌ってもらう

音声でスマートフォンに命令する方法を説明します。命令する場合に、決まった呼びかけの方法があるので例を示しましょう。

Googleアシスタントの場合は、命令する文言の前に、「OK Google（オーケーグーグル）」を毎回付けます。つまり、「オーケーグーグル、しりとりしよう」などといいます。

Siri（シリ）の場合も同様に、「Hey Siri（ヘイシリ）」を毎回付けます。つまり、「ヘイシリ、しりとりしよう」などといいます。

命令	説明
しりとりしよう	しりとりをして遊べます。
なぞなぞで遊ぼう	なぞなぞで遊べます。
歌って	歌ってもらうことができます。
怖い話をして	怖い話をしてもらえます。
どこにいるの？	自宅で行方不明になったiPhoneの場所を教えてもらえます（iPhoneのみ）。
自宅に着いたらドラマを予約すると通知して	自宅に近付いたら「ドラマを予約」という通知をしてもらいます（iPhoneのみ）。
タイマーを5分にセットして	タイマーをセットしてもらいます。
明日の朝6時に目覚ましをセットして	目覚ましをセットします（iPhoneのみ）。
○○さんへ電話して	電話をかけてもらいます。
音楽をかけて	音楽をかけてもらいます。
近くにあるカフェを教えて	近くのお店（カフェなど）を教えてもらいます。
○○へ行きたい	○○までのルート検索をしてもらいます。

Android

しりとりしよう

わたし、ひとり絵文字しりとりは得意なんです

iPhone

便利技 訪問する目的地の周辺情報を知りたい

「Googleマップ（グーグルマップ）」というアプリを使うと、訪問先の地図を見ることができ、周辺の店舗や観光地などの情報も知ることができます。iPhoneの場合は、事前に「Googleマップ」をインストールしておきましょう。

Android／iPhone共通

● 目的地を検索する

❶Googleマップを起動➡❷画面の「ここで検索」に訪問予定の地名や駅名、建物名などの検索文字（キーワード）を入力し、キーボードの🔍（iPhoneは「検索」）をタップ➡❸目的地に📍が立ちます。

● 周辺を調べる

❹目的地が調べられたら、下にあるタブ「－」から上へスワイプ➡❺目的地の情報と共に、関連する施設などの画像が表示され、その下には様々なアイコン（レストラン、コンビニ、ラーメン、コーヒー、ガソリン、駐車場、ホテル、もっと見る…などが表示される➡❻それらをタップすると、アイコンの種類に関連する周辺の情報を見ることができます。

便利技 電車の乗り換え方法を調べたい

電車の乗り換えを調べるには「Yahoo! 乗換案内」アプリを使います。乗り換えの回数が少ない経路や料金の安い経路など、様々な条件の中から路線検索が行えます。事前に「Yahoo! 乗換案内」アプリをインストールしておきましょう。

❶「Yahoo! 乗換案内」を起動➡❷「到着」に東京スカイツリーと入力して「検索」をタップ➡❸現在時刻に応じた検索結果が表示➡❹検索結果の中から経路をタップして選びます。

ルート検索の画面にある「日時設定」という項目では、現在時刻のほかに、出発時刻や到着時刻の指定ができます。

検索結果の画面に「早（時間順）・楽（回数順）・安（料金順）」とありますが、早：早く到着する経路、楽：乗り換え回数が少ない経路、安：料金が安い経路を意味します。

そのほか、経路検索画面の中には、現在地から近い駅の入口の番号や発着するホームの番線、乗り換えが楽になる電車の号車番号、停車駅の数と駅名、降車駅の出口番号などの情報が表示されます。

Android／iPhone共通

②タップ

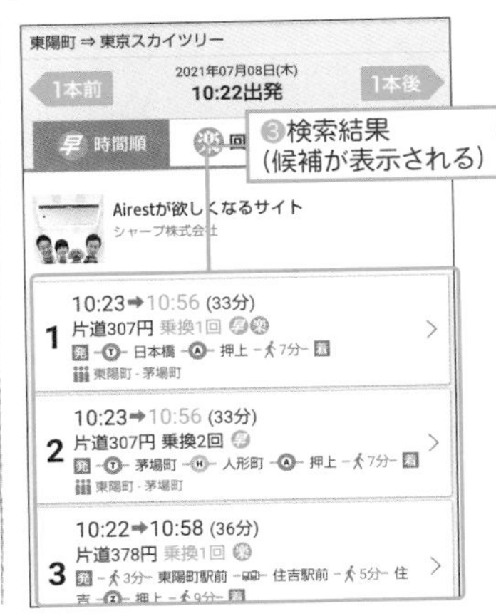

便利技 実際の風景と重ね合わせて道案内してくれる「Yahoo! MAP ARモード」 iPhone

初めて訪れる土地では、どちらの方角へ進んだらよいのかわからないことが、往々にしてあります。Yahoo! MAPアプリのARモードは、進むべき方向（矢印マーク）を実際の風景に重ね合わせて表示してくれるので、方向に迷うことなく目的の場所へ到達することできます。

❶「Yahoo! MAP」をタップ➡❷目的地の名前や住所を入力➡❸画面下に検索候補が表示➡❸「徒歩案内」をタップ➡❹画面右上の「ARモード」をタップ➡❺画面に青い線が表示され、白い矢印で進むべき方向が示される（「地図モード」をタップすると地図の表示に変わる）➡❻ゴール地点にはキャラクターの「けんさく」が表示されています。

iPhone

❺青線を進んでいく

ゴールまでの距離が表示される

❻ゴール地点

裏技 ウェブブラウザのたまったタブをすべて閉じる iPhone

ウェブブラウザでいろいろなウェブページを閲覧していると、いつの間にかタブが増えて、ウェブページが開きっぱなしになっていることがあります。すべてのタブを一発で閉じてしまいましょう。

❶Safariを起動➡❷右下にあるボタンを長押し➡❸表示されるメニューの中の「○個のタブをすべて閉じる」をタップするとすべてのタブが閉じます。

iPhone

便利技 いま閉じてしまったウェブページを瞬時に開く

うっかりウェブページを閉じてしまうことがあります。履歴を開いて、開いていたウェブページを選ぶという操作は面倒です。閉じてしまったウェブページをすぐに開く方法があります。

Androidでは、❶画面下に表示されるメッセージから「元に戻す」をタップします。

iPhoneでは、❶画面下のホームバーの右端にある「タブ」をタップ➡❷タブが一覧表示される画面でホームバーの真ん中にある「+」をタップ➡❸「最近閉じたタブ」のメニューが表示される➡❹ウェブページの名称をタップ➡❺閉じてしまったウェブページの画面が表示されます。

Android

iPhone

便利技 個人情報を漏らさない！パーソナライズされた広告をオフにする

ニュースアプリなどを見ていると、スマートフォンで過去に検索した内容に関連する商品の広告が掲載されたりすることがあります。個人の嗜好の情報を取得されないように、広告の設定をオフにしておきましょう。これによって、今後は個人情報の第三者への提供を拒否することができます。

Androidでは、❶「設定」アプリを起動➡❷「Googleサービスと設定」をタップ➡❸「広告」をタップ➡❹「広告IDをリセット」のところで、「広告のカスタマイズをオプトアウトする」をタップ（有効にする）➡❺「インタレストベース広告をオプトアウトしますか？」画面で「OK」をタップします。

iPhoneでは、❶「設定」アプリを起動➡❷「プライバシー」をタップ➡❸「トラッキング」をタップ➡❹「Appからのトラッキング要求を許可」のボタンが緑色になっていないことを確認します。

Android

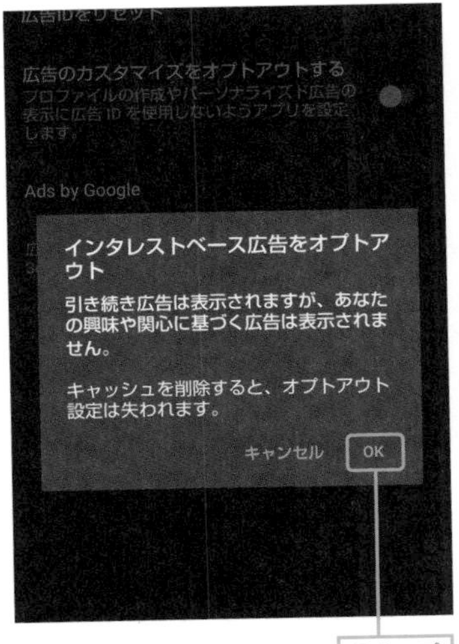

iPhone

＜プライバシー　トラッキング

Appからのトラッキング要求を許可

Appが他社のAppやWebサイトを横断してあなたのアクティビティをトラッキングすることを要求できるようにします。オフにすると、すべての新しいAppからのトラッキング要求が自動的に拒否されます。詳しい情報...

❹確認

過去の行動履歴を削除する

Googleマップをインストールしている場合、地図上における行動履歴をタイムラインという機能が日々記録しています。日時はもちろんのこと、移動経路／交通手段なども記録されています。この行動履歴は個人情報なので、残しておきたくない場合は削除することができます。

❶「Googleマップ」を起動➡❷検索入力欄の右にあるユーザーのアイコンをタップ➡❸「タイムライン」をタップ➡❹⋮をタップ➡❺「設定」をタップ➡❻「位置情報の設定」で「ロケーション履歴をすべて削除」をタップ➡❼以降は画面の指示に従って設定を進めます。

Android／iPhone共通

便利技 日時や住所を簡単に入力したい

日時や住所を入力するとき、「8時10分」や「東京都江東区東陽」というように、はじめからすべてを入力するのはとても大変です。しかし、楽に入力できる方法があります。

●日時の場合

①810と入力➡②候補として、810、8１0、8:10、8時10分、8/10、8月10日、…などが表示➡③8時10分や8月10日をタップして選びます。

●住所の場合

①1350016と入力➡②候補として、135-0016、東京都江東区東陽、〒135-0016東京都江東区東陽、…などが表示➡③東京都江東区東陽や〒135-0016東京都江東区東陽をタップして選びます。

Android／iPhone共通

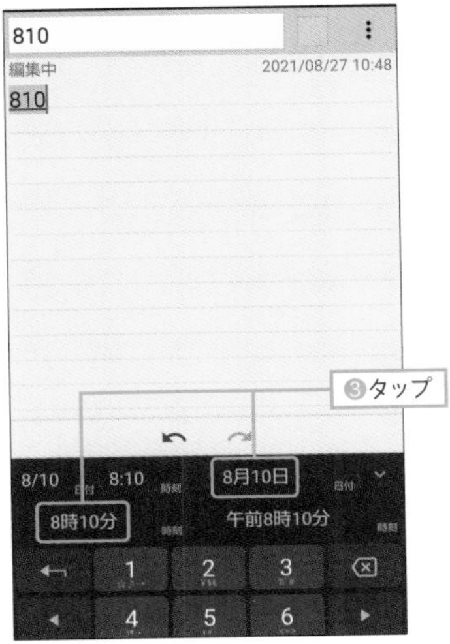

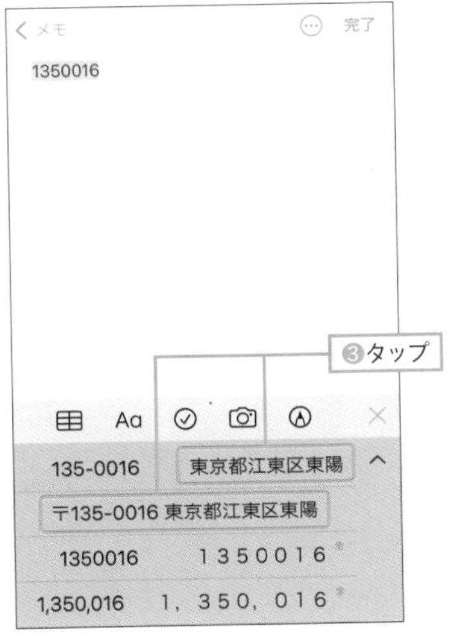

裏技 誤って削除した文字を復活させる

 iPhone

文字を入力しているときに、誤って文字を削除してしまうことがあります。もう一度入力するのは面倒なので、取り消し機能を使って文字を復活させましょう。

次の手順で行います。❶iPhoneを数回振ります（シェイク）➡❷メッセージ画面が表示されるので「取り消す」をタップします。

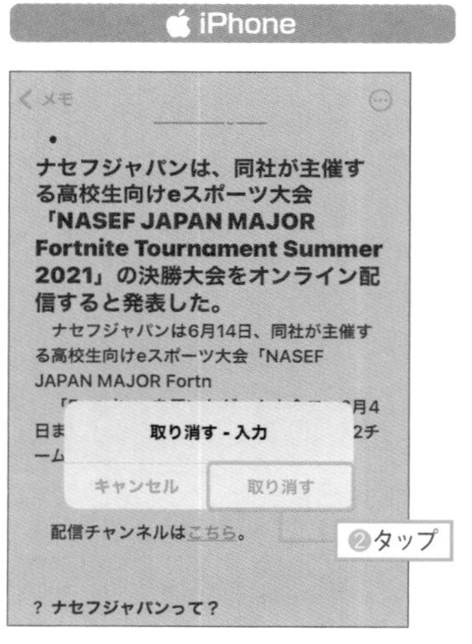

裏技 スマートフォンをTVリモコン代わりに使う

スマートフォンにTVリモコンのアプリをインストールしておけば、リモコン代わりになります。

Google PlayストアやApp Storeから、自宅のTVに合うアプリをインストールして使いましょう。

対応するテレビのメーカーとアプリは次のとおりです。

・東芝「RZハイブリッドリモ」
・ソニー「Video & TV SideView」
・パナソニック「TV Remote 2」
・シャープ「AQUOSコネクト」
・LG「LGeeRemote」

裏技 テキストメッセージを読み上げる

受信したメッセージを音声で聴くことができます。

Androidでは「OK Google（オーケーグーグル）」、iPhoneでは「Hey Siri（ヘイシリ）」と話しかけて、「メッセージを読み上げて」と指示します。すると受信したメッセージが読み上げられます。読み上げを終了するには、再度、「OK Google」、「Hey Siri」と話しかけて、「読み上げを終了して」などと指示します。

音声で操作を行うためには、事前に次の手順で自分の声を登録しておく必要があります。

Androidでは、❶「OK Google、アシスタントの設定を開いて」と話しかけます。❷「人気の設定」で「Voice Match」をタップ➡「OK Google」がオンになっていることを確認し、「音声モデル」の「音声モデルを再認識」をタップ➡以降は、表示される手順に沿って声を登録してください。

iPhoneでは、❶「設定」アプリを起動して「Siriと検索」をタップ➡❷「"Hey Siri"を聞き取る」をオンにする。➡❸Hey Siriを設定する画面が表示されます。以降は、表示される手順に沿って発声して声を録音してください。

Android

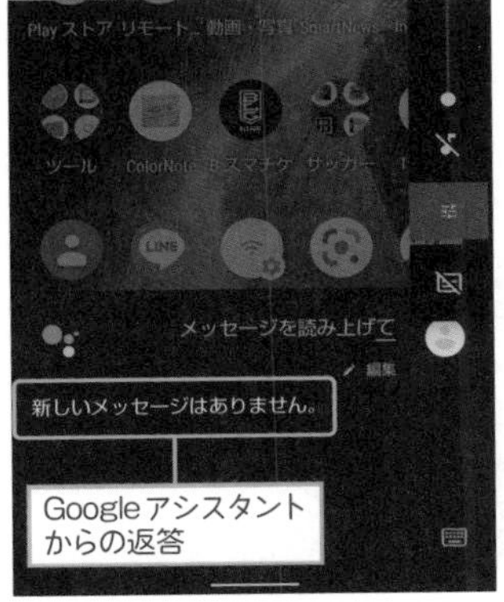

iPhone

便利技 フラッシュが発光しないようにしたい

美術館や動物園など、カメラで撮影してもよいけれど、フラッシュを光らせてはいけないという場所があります。ふつうは「オート」や「自動」の設定になっているため、その都度、フラッシュ機能を無効にする必要があります。

ちなみにフラッシュのアイコンですが、「フラッシュ オフ」、「フラッシュ オート」、「フラッシュ強制発光」などがあります。

次の手順でフラッシュの有効、無効を設定しましょう。

Androidでは、❶カメラを起動➡❷画面にあるフラッシュのアイコンをタップ➡❸OFFをタップするとフラッシュが無効になります。

iPhoneでは、❶カメラを起動➡❷画面の左上にあるフラッシュのアイコンをタップ➡❸「自動」「オン」「オフ」のうち、「オフ」をタップするとフラッシュが無効になります。

Android

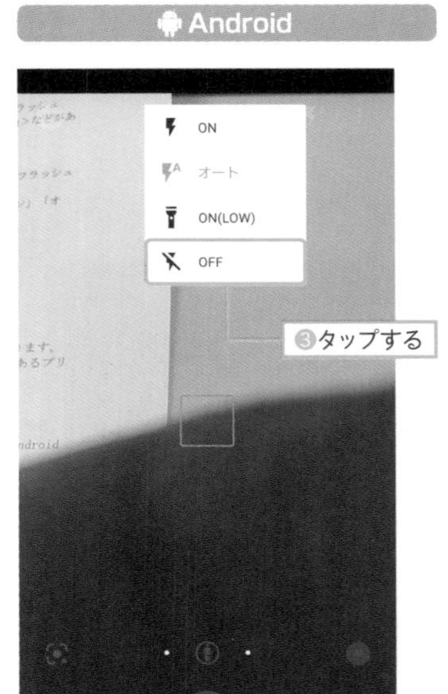

iPhone

裏技 動画の撮影中に写真を撮る

動画の撮影をしている画面で「赤」ボタン（録画スタートや停止用）の隣に表示される「白」ボタンをタップすると、動画の撮影をしながら写真も撮れます。

Android、iPhone共に、カメラアプリを起動して①ビデオを選択し、撮影を開始➡②そのとき画面に表示される白ボタン（写真撮影用ボタン）をタップすると、その瞬間の写真が撮れます。

Android／iPhone共通

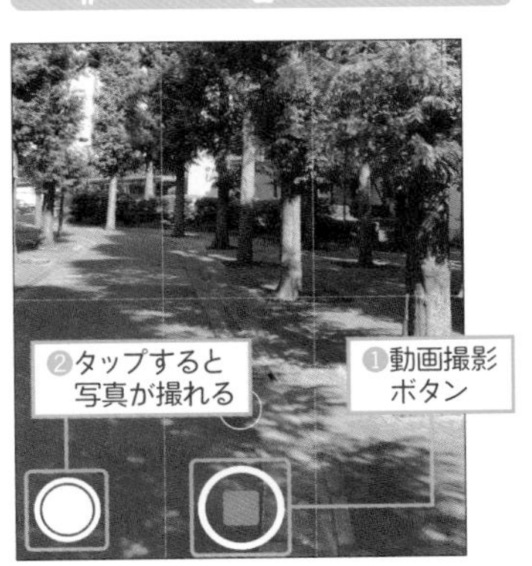

裏技 iPhoneですぐに動画を撮影する

iPhone

写真撮影をしていて動画を撮影したくなったときは、QuickTake（クイックテイク）機能を利用して素早く動画撮影をすることができます。

カメラアプリを起動したあと、シャッターボタンを長押しします。すると写真撮影から動画撮影へと切り替わります。この機能は、iPhone 11以降のiPhoneで利用できます。

iPhone

Apple Japan提供

便利技 人に見せたくない写真や動画を非表示にする iPhone

人に見せたくない写真があるときは「非表示」という機能を使いましょう。選択した写真は非表示扱いとなり、写真アプリでは見えなくなります。

❶「写真」アプリをタップ➡❷画面右上の「選択」をタップ➡❸非表示にする写真や動画をタップ➡❹画面下のホームバーにある「共有」[↑]をタップ➡❺画面をスクロールして「非表示」をタップ➡❻「○枚の写真を非表示」をタップ➡❼選択した写真が消えて非表示となります。

非表示にした写真は、アルバムの「その他」の「非表示」という場所に移動しました。

「非表示」に保存した写真を見るには、❶画面下のホームバーにある「アルバム」をタップ➡❷画面をスクロールさせて「その他」の「非表示」をタップ➡❸移動した写真が確認できます。

iPhone

16:11
アルバム
Live Photos 153
ポートレート 28
パノラマ 78
タイムラプス 31
スローモーション 127
バースト 32
スクリーンショット 273
アニメーション 2
その他
読み込み 46
非表示 3
❷タップ

裏技 物のサイズを測る iPhone

iOS 12以降が動作するiPhoneで使える計測アプリにより、物体のおおよその寸法を測ることができます。

❶50cm〜1mくらい離れて、計測アプリを起動する➡❷計測したい物体に向けて、画面に収まるように位置を合わせる➡❸ゆっくりiPhoneを動かして●印を計測開始位置に合わせ、「+」ボタンをタップする➡❹●印を計測終了位置に合わせたら「+」ボタンをタップします。

これで計測終了です。白丸ボタンをタップすると、物体と計測結果の写真が撮れます。

iPhone

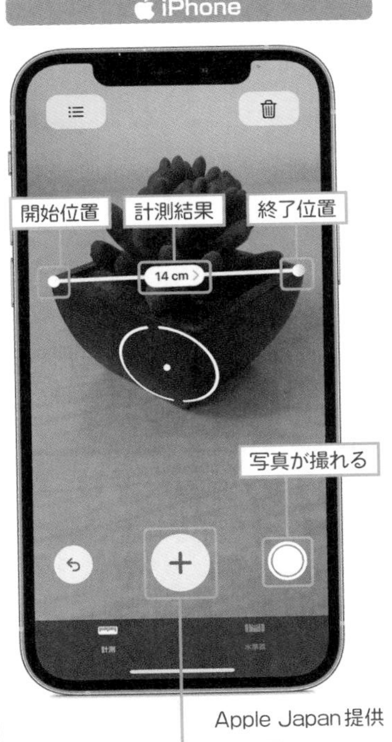

Apple Japan提供

便利技 写真を友だちや家族に送りたい

スマートフォンで撮影した写真を友だちや家族に見せたいとき、その方法はいろいろあります。数枚の写真を見せたいときは、メールに写真を添付したり、LINEなどのSNSで写真を送ったりすることができます。また、たくさんの写真を見せたいときは、保存場所を決めてそこへ写真を保存しておき、保存場所を知らせて見てもらうことができます。

●数枚の写真をメールやSNSで見せる

Androidでは、Gmail（ジーメール）アプリで送ります。❶「Gmail」をタップ➡❷画面下の「+」をタップ➡❸宛先を入力➡❹件名と本文を入力➡❺「ファイルを添付」をタップ➡❻写真が保存されている「フォト」をタップ➡❼「フォト」から送りたい写真をタップ（複数の写真をタップして選ぶことも可能）➡❽ ➤ アイコンをタップすると送信されます。

iPhoneでは、メールアプリで送ります。❶「メール」をタップ➡❷画面下の をタップ➡❸「宛先」の「+」をタップして連絡先から宛先を選ぶ（タップ）➡❹本文部分をタップ➡❺キーボード上の左から2つ目の写真アイコンをタップ➡❻画面下に表示される写真をタップ（複数の写真をタップして選ぶことも可能）➡❼件名と本文を入力➡❽ ↑ アイコンをタップすると送信されます。

●たくさんの写真を見せたい

クラウドストレージというインターネット上の保存場所に写真を保存しておき、その場所を友だちや家族に通知して見てもらうことができます。その場所（共有リンク=URLのこと）を知っている人だけが閲覧できるので安心です。見せたい写真をアルバムにまとめておき、その場所を通知する流れです。

事前に「Googleフォト（グーグルフォト）」アプリをインストールしておきましょう。

❶「Googleフォト」を起動➡❷写真をタップして「レ」の形のチェックマークを付ける➡❸ ⋮ をタップ➡❹「共有アルバム」をタップ➡❺タイトルを入力して「完了」をタップ➡❻「共有」をタップ➡❼「共有相手」をタップ➡❽共有リンクの作成になるので「リンクを作成」をタップ➡❾共有リンクを通知する方法（ここではGmail）を選択する➡❿本文に共有リンク（URL）が記載されているので、件名を入力して、宛先を指定したらメールを送信します。

Android／iPhone共通

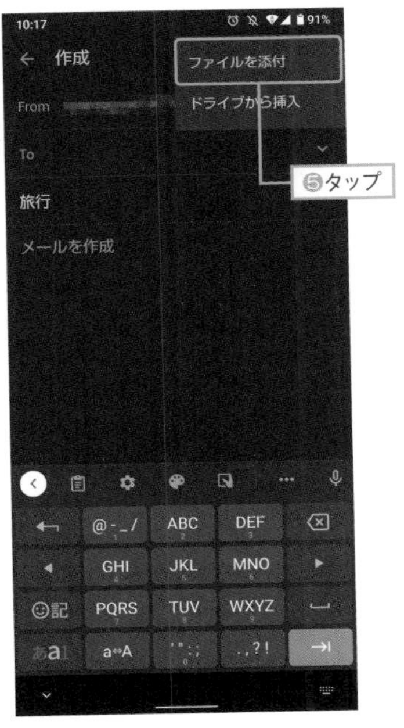

便利技 写真を印刷したい

スマートフォンで撮影した写真を印刷して手元に置いておいたり、友だちにプレゼントしたいときがあります。Wi-Fi（ワイファイ）対応のプリンタで印刷したり、コンビニエンスストアや家電量販店、商店街にあるプリントサービスなどを利用して印刷することもできます。

●Wi-Fi（ワイファイ）対応のプリンタで印刷する場合

事前に、各プリンタのメーカー製のドライバをスマートフォンにインストールしておく必要があります。Androidの場合はGoogle Playストアから、iPhoneの場合はApp Storeから入手してインストールしておきましょう。

そのうえで、次の手順で印刷を行います。

Androidでは、❶印刷したい写真を「Googleフォト」で選択（タップ）➡❷画面の上にある「印刷」をタップ➡❸「プリンタを選択」をタップ➡❹印刷するプリンタをタップして選び、用紙サイズを設定して「印刷」のアイコンをタップします。

iPhoneでは、❶印刷したい写真を「写真」アプリで選択（タップ）➡❷画面下にある「コピーを送信」アイコンをタップ➡❸「プリンタを選択」をタップ➡❹印刷するプリンタをタップして選び、用紙サイズを設定して「印刷」のアイコンをタップします。

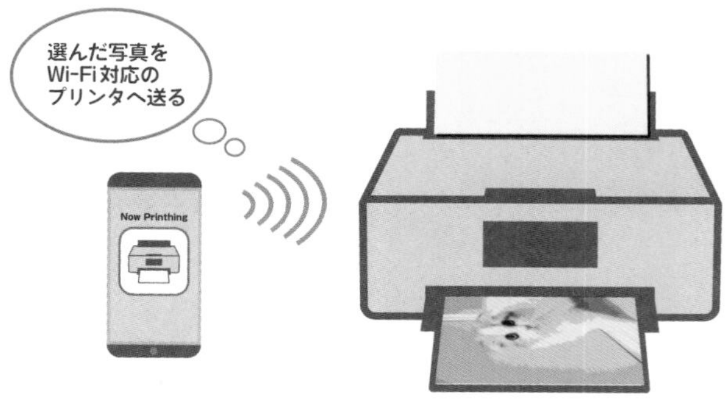

● コンビニエンスストアで印刷する

ここではセブン-イレブン マルチコピー機を使った印刷の手順を紹介します。あらかじめ、「セブン-イレブン マルチコピー」アプリをインストールしておきます。❶アプリを起動➡❷印刷したい写真をタップして「決定」をタップ➡❸セブン-イレブン店頭のマルチコピー機のメニュー画面から「プリント」を選択➡❹「写真プリント」を選択して「無線通信/Wi-Fi」から使用しているスマートフォンを選択➡スマートフォンの「設定」➡「Wi-Fi」から「711_MultiCopy」を選択してマルチコピー機とWi-Fi通信で接続➡❺マルチコピー機の画面に「ファイル受信完了」が表示されたのち、「写真プリント」を選択すると印刷が開始されます。

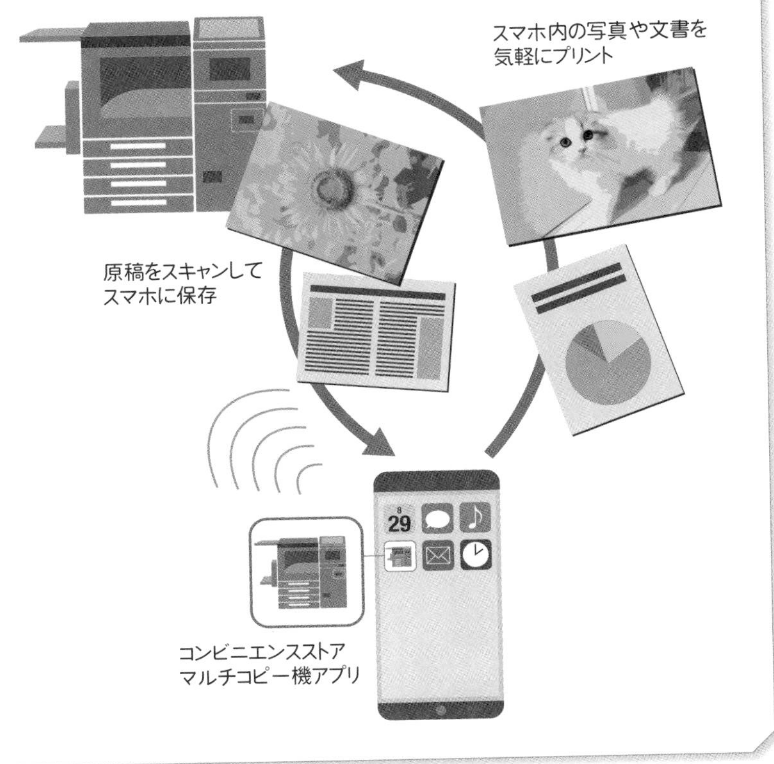

便利技 寝ているときは通知なし、でも緊急電話は鳴らしたい

自宅でゆっくりしたいときや、これから就寝するといったときは、メールやSNS、電話などの着信音を聞きたくないでしょう。そんなときは「おやすみ時間モード」(Android)、「おやすみモード」(iPhone)を使いましょう。

Androidでは、❶「設定」アプリをタップして、「Digital Wellbeingと保護者による使用制限」をタップ➡❷「おやすみ時間モード」をタップして「スケジュールを設定」をタップ➡❸開始時間と終了時間を設定したあと、「おやすみ時間モードがオンのとき」にある「サイレントモード」をオン(右にスライド)にすると設定完了です。

iPhoneでは、❶「設定」アプリをタップして「おやすみモード」をタップ➡❷「おやすみモード」をオン➡❸「時間指定」をタップ➡❹おやすみ時間の指定(開始と終了)を行います。何度か着信があるものは大事な要件の場合があるので、「繰り返しの着信」をタップしましょう(3分以内に2回目の着信があるときは通知される)。

Android

Digital Wellbeing ツール
その他
Google
設定
今日
2 時間 25 分
ChMate
TwitPane
30
ロック解除数
25
通知数
デバイスを健康的に使用する方法
ダッシュボード
設定されたタイマー: 0
おやすみ時間モード
タップして設定します
❷タップ

iPhone

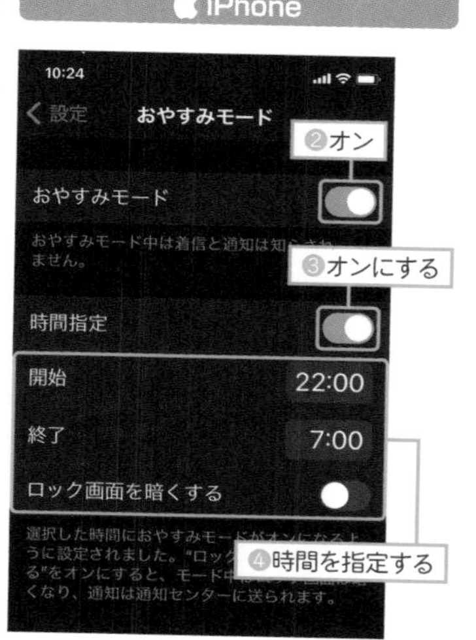

便利技 連絡先に友だちの顔写真を表示させたい

連絡先アプリに友だちの顔写真を登録しておくと、友だちから電話がかかってきたときに、顔写真が表示されるので、だれからの電話なのか、すぐにわかります。次のような手順で設定します。❶「連絡先」アプリを起動➡❷顔写真を登録したい人を選ぶ➡❸「編集」をタップ➡「写真を追加」をタップ➡❹「写真を撮影」「写真を選択」などをタップして選択➡❺写真を撮る場合は、「カメラ」アプリが起動するので撮影します。また、写真を選択するときは、すでに「フォト」アプリや「写真」アプリにある写真から選びます。❻写真のサイズを調整したら「選択」をタップして「完了」をタップします。

Android／iPhone共通

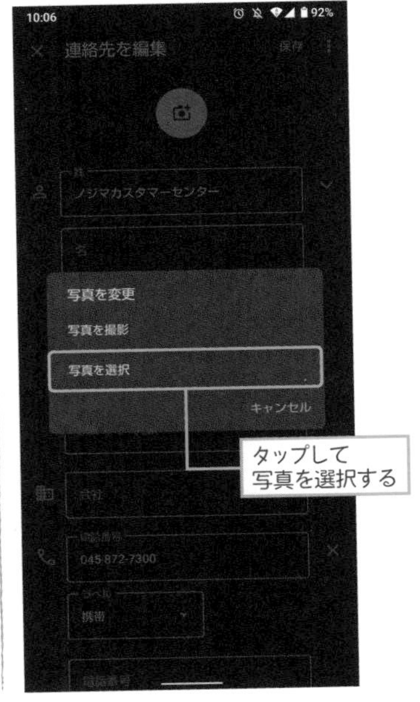

自分の居場所を相手に伝える

iPhone

iPhoneの標準アプリ「マップ」を使うと、自分の居場所をLINEやFacebook、SMSなどで簡単に共有することができます。

❶マップアプリを起動して、「自分の居場所」を示す「青い点」をタップ➡❷「現在地を共有」をタップ➡❸連絡したいアプリを選び、共有したい相手を選んで、送信ボタンや「シェア」(Facebook)、「転送」(LINE)、「ツイートする」(Twitter) などをタップします。

裏技 1つのアプリだけ使えるようにする

自分のスマートフォンを少しの間だけ他人に使わせるとき便利な機能です。利用できるアプリを制限して自分のプライバシーを守ります。

Androidでは、❶設定アプリを起動して、「セキュリティ」をタップ➡❷「詳細設定」の「アプリ固定」をタップ➡オンにします。

アプリの画面の固定を解除するには、画面の上方向にスワイプして指をそのまま押し続け、パスワードの入力を行います。

iPhoneでは、❶設定アプリを起動して「アクセシビリティ」をタップ➡❷「アクセスガイド」をオンにして利用を許すアプリを起動（例えばSafari）➡❸サイドボタンを3回押すと画面が小さくなる➡❹画面右上の「再開」ボタンをタップ➡6桁のパスコードを設定します（忘れないように）。

終了する場合は、サイドボタンを3回押すと画面が小さくなるので、画面左上の「終了」ボタンをタップします。

Android

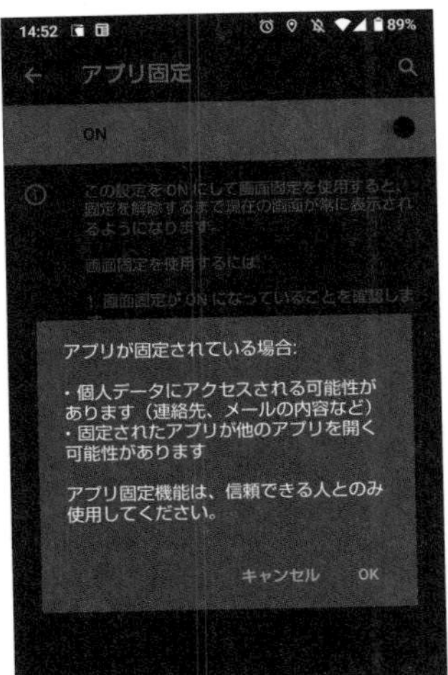

iPhone

便利技 自分のスマートフォンがなくなったら（スマホを探す）

スマートフォンがそばにないときは、次のような手順で探すことができます。ただし、スマートフォンのバッテリーが切れている場合は探せません。

Androidの場合は、「Googleスマートフォンを探す」を使ってスマートフォンの現在地を調べます。❶パソコン（スマートフォン、タブレットでも可能）のブラウザを起動➡❷Googleの検索ページを開く➡❸探すスマートフォンのGoogleアカウントでログイン➡❹「Googleアカウントの管理」をクリック➡❺「セキュリティ」をクリック➡❻「紛失したデバイスを探す」をクリック➡❼「スマートフォンまたはタブレットの選択」画面で見あたらないスマートフォンをクリック➡❽地図上にスマートフォンの現在地が表示されます（スクロールすれば詳細画面が表示）。

iPhoneでは、iCloudの「iPhoneを探す」を使ってiPhoneの所在を調べます。❶パソコンやほかのスマートフォン、タブレットを使って「iCloudの「iPhoneを探す」のウェブページ（https://www.icloud.com/find）を開く➡❷Apple IDとパスワードを入力➡❸地図上にiPhoneの現在地が表示されます（表示されないときは、画面上の「すべてのデバイス」をクリックして一覧から選ぶ）。

Android

❽現在地が表示された

iPhone

❸現在地が表示された

便利技 子どものスマホ使いすぎを防ぐ「スクリーンタイム」 iPhone

子どもがスマートフォンを長時間使わないように、使用する時間を設定することができます。

あらかじめ子どものiPhoneをファミリー共有にしておく必要があります（ファミリー共有の設定は、本文383ページの「子どもの現在位置を調べる〈iPhone〉を参照）。

①「設定」アプリを起動➡②「ファミリー共有」の「スクリーンタイム」をタップ➡③子どもの名前をタップ➡④「スクリーンタイムをオンにする」をタップ➡⑤スクリーンタイム画面で「続ける」をタップ➡⑥休止時間画面でスマートフォンの休止時間を設定します。画面の下方向にある「休止時間」を設定したら「休止時間を設定」をタップ➡⑦「コンテンツとプライバシー画面で「続ける」をタップ（利用できるアプリの設定ができるので、必要に応じて設定する）➡⑧以上の設定を今後変更するときのパスコード（4桁の数字）を入力します。以降は画面の指示に従って進めてください。

iPhone

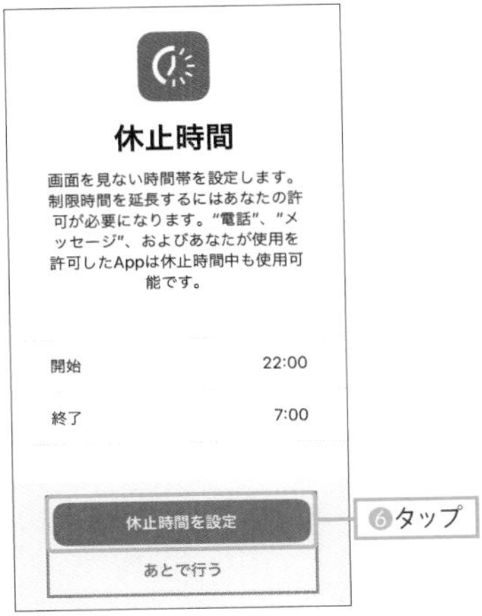

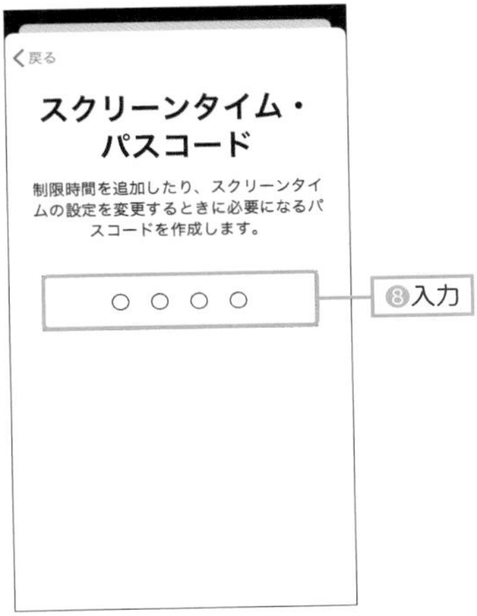

休止時間

画面を見ない時間帯を設定します。制限時間を延長するにはあなたの許可が必要になります。"電話"、"メッセージ"、およびあなたが使用を許可したAppは休止時間中も使用可能です。

開始 22:00

終了 7:00

休止時間を設定

あとで行う

⑥タップ

く戻る

スクリーンタイム・パスコード

制限時間を追加したり、スクリーンタイムの設定を変更するときに必要になるパスコードを作成します。

○ ○ ○ ○

⑧入力

便利技 家族のスマートフォンをパソコンで管理する

例えば、お父さんのパソコンで家族のスマートフォンのデータをバックアップしておきたい場合には、バックアップしておきたい家族のぶんだけ「新しいユーザー」を登録する必要があります。

Windowsパソコンの場合は、❶「設定」-「アカウント」-「家族とその他のユーザー」で新しいユーザーの登録ができます。

Macの場合は、「システム環境設定」で新しいユーザーの登録を行います。❶「アカウントの作成」画面が表示されたら、「アカウント名」に適当なアカウント名を入力したあと（ほかの人が使っている名前の場合は、再入力になる）、パスワード（忘れないようにメモしておきましょう）、フルネーム、パスワードのヒントなどを入力すると登録が完了します。

Windows

❶ユーザーの登録

Mac

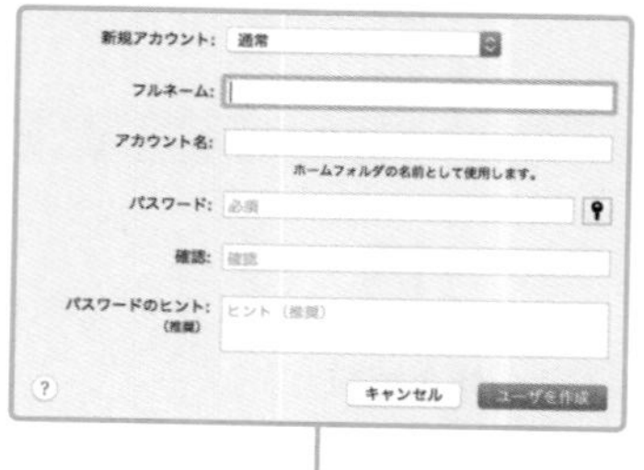

❶アカウント名、パスワードなどを設定する

便利技 子どもの現在位置を調べる Android

親子でAndroidを使っている場合は、「ファミリーリンク」を使って子どものAndroidを登録しておくと、「Googleマップ」アプリで子どもの居場所がわかるようになります。

● ファミリーリンクの設定をする

作業を始める前に、まず親子のスマートフォンに「Googleファミリーリンク」アプリをインストールしておきます。子どものGoogleアカウントが必要になるので、なければ取得しておいてください。子どものスマートフォンは近くに置いておきます。

まず親のスマートフォンの設定からです。❶「ファミリーリンク」を起動➡❷「設定を開始する前に」画面で「次へ」をタップ➡❸「ファミリーグループの管理者になりますか?」画面で「管理者になる」をタップ➡❹「子どものGoogleアカウントはお持ちですか?」画面で「はい」をタップ➡❺「お子様の端末をファミリーリンクに接続します」画面で「次へ」をタップ➡❻子どものスマートフォンを親のスマートフォンの隣に並べて「次へ」をタップしたら、親の設定は完了です。

Android

次に子どものスマートフォンの設定です。❶「設定」アプリを起動➡❷「アカウント」をタップ➡❸「Google」をタップ➡❹ログイン画面で子どものGoogleアカウントを入力して「次へ」をタップ➡❺親のアカウントが表示されるのでタップ➡❻パスワードを入力して「次へ」をタップ➡❼「プライバシーポリシーと利用規約」画面で「同意する」をタップ➡❽

「インストールをおすすめします」画面で「次へ」をタップ（ファミリーリンクマネージャがインストールされる）➡❾「このスマートフォンの名前を設定」画面で子どものスマートフォンに名前を付けます。名前を入力して「次へ」をタップ➡❿アプリの確認画面で「もっと見る」をタップし、「次へ」をタップ➡⓫「プロファイルマネージャーの有効化」画面で「有効にする」をタップ➡⓬機能説明を読んだのち、「有効にする」をタップ➡⓭「Googleサービス」画面で画面を下へスクロールさせたら「次へ」をタップ➡⓮「端末を接続しました」画面で「次へ」をタップ➡⓯「設定完了」画面で「完了」ボタンをタップして終了します。

●Googleマップで子どもの現在位置を確認する

次に子どもの現在位置を確認する手順です。❶「ファミリーリンク」アプリを起動➡❷子どもの名前をタップ➡❸「位置情報」カードで「設定」をタップ➡❹子どもの位置情報を確認するために必要な設定をオンにする➡❺「ONにする」をタップします。子どもの位置がわかるまで30分ほどかかる場合があります。

Android

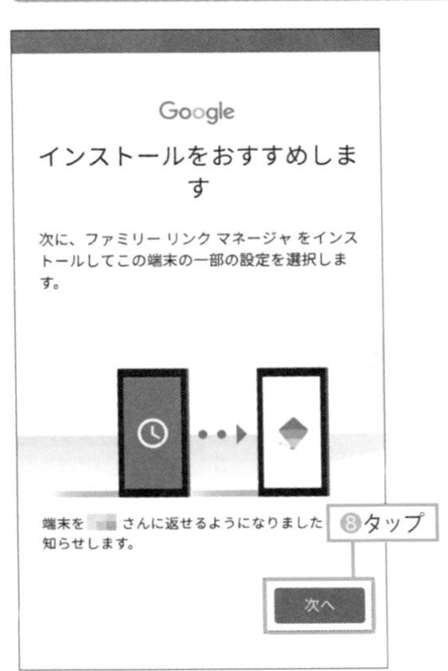

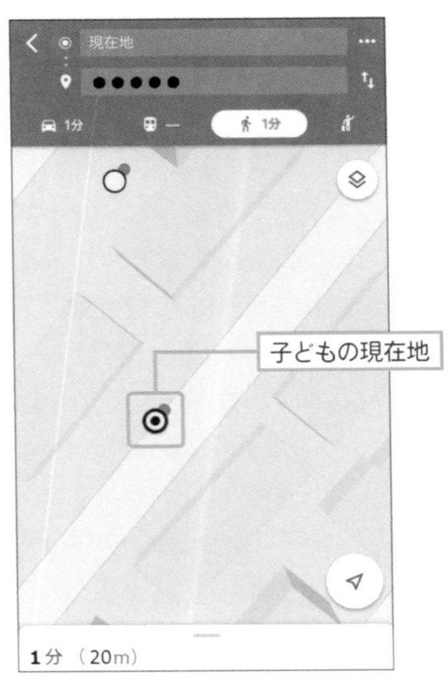

便利技 子どもの現在位置を調べる

iPhone

親子でiPhoneを使っている場合は、「ファミリー共有」で子どものiPhoneを登録しておくと、「探す」アプリで子どもの居場所がわかるようになります。

●位置情報サービスの設定をする

まず、親子のiPhoneの「位置情報」をオンにして、「探す」アプリもオンにします。❶「設定」アプリを起動➡❷「プライバシー」をタップ➡❸「位置情報サービス」をタップ➡❹「位置情報サービス」をオン➡❺「探す」をタップして「このAppの使用中のみ許可」をタップします。

iPhone

位置情報サービス	
自転車	使用中のみ
写真	なし
写真フォルダ	なし
乗換案内	なし
食べログ	なし
探す	使用中のみ
天気	使用中のみ
天気	なし
頭痛ーる	なし

❺タップ

●ファミリー共有の設定をする

親のiPhoneで、子どものiPhoneを「ファミリー共有」に追加します。

❶「設定」アプリを起動➡❷自分の名前の「アカウント」をタップ➡❸「ファミリー共有」をタップ➡❹「メンバーを追加」をタップ➡❺「お子様用アカウントを作成」をタップ➡❻「次」をタップ➡❼子どもの誕生日を入力して「次へ」をタップ➡❽保護者プライバシー同意書で「同意する」をタップ➡❾クレジットカードのセキュリコード（カードの裏面に記載されている3桁番号）を入力➡❿子どもの名前を入力➡⓫子どものメールアドレスを入力（子どものApple IDになります）➡⓬「作成」をタップ➡⓭パスワードを入力（子どものApple IDのパスワードになります）➡⓮今後、子どものアカウントを変更する際に必要な質問と答えを設定（質問は3種類あります）➡⓯（質問の設定後）「承認とリクエスト」がオンになっていることを確認して「次へ」をタップ➡⓰iOS, iCloud, Game Center利用規約で「同意する」をタップ➡⓱iTunes利用規約で「同意する」をタップ➡

⑱以降は設定画面の指示に従って進んでください。

●子どもがファミリー共有されたかを確認する

子どものiPhoneがファミリー共有されたかを、親のiPhoneで確認します。❶「設定」アプリを起動➡❷「ファミリー共有」をタップ➡❸「位置情報の共有」をタップ➡❹「位置情報をファミリーと共有」画面で「位置情報を共有」をタップ➡❺「ファミリーに知らせる」画面で「今はしない」をタップ➡❻「探す」画面のファミリーのところに子どもがメンバーとして表示されていることを確認します。

 iPhone

< Apple ID　探す

iPhoneを探す　オン >

このiPhoneとその他の対応アクセサリが地図上に表示されるようにします。

現在地　このデバイス

位置情報を共有

"メッセージ"と"探す"で位置情報を家族および友達と共有し、HomePodのSiriでパーソナルリクエストを実行したり、"ホーム" Appでオートメーションを使用することができます。

❻確認

ファミリー

あなたの位置情報を見ることができません。

位置情報を共有しているファミリーメンバーは、"iPhoneを探す"でお使いのほかのデバイスの位置

以上で設定が完了しました。

●「探す」アプリで子どもの現在位置を確認する

親のiPhoneの「探す」アプリで子ども（のiPhone）の現在地を調べることができます。❶「探す」アプリを起動➡❷（初めて使うとき）「探すに位置情報の利用を許可しますか」画面で「Appの使用中は許可」をタップ➡❸「ようこそ探すへ」画面で「続ける」をタップ➡❹画面下の「人を探す」の中から➡❺探す子どもの名前をタップ➡❻地図上に子どもの現在地が表示されます。

裏技 すぐに緊急SOSする

110番（警察）、119番（消防）、118番（海上保安庁）などに、緊急時に素早く通報・連絡することができます。

Androidでは、❶電源ボタンを押して、ロック画面から「緊急通報」をタップ➡❷表示された緊急連絡先を選ぶほか、テンキーをタップして110、118、119に通報できます。

あらかじめ緊急連絡先を設定しておくには、「設定」アプリをタップ➡「セキュリティと現在地情報」の「ロック画面の設定」をオンにします。

iPhoneでは、❶本体の右にあるサイドボタンと左にあるボリュームボタンを同時に長押し➡❷表示された画面の中から「SOS」ボタンを右にスライド➡❸通報先をタップすると緊急連絡できます。

事前に次の設定をしておきます。「設定」アプリを起動➡「緊急SOS」をタップ➡「自動通報」をオンにしておきます。

Android

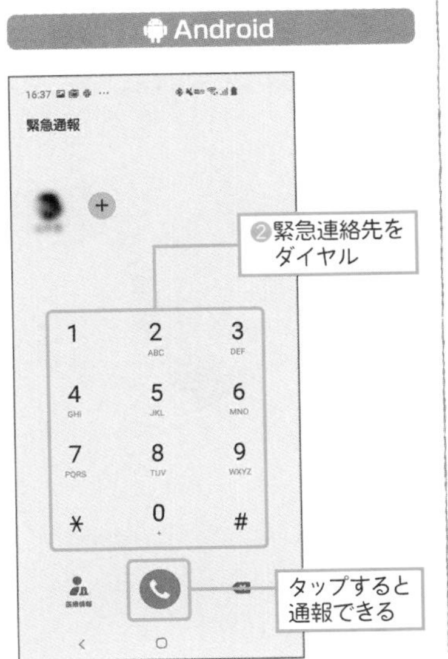

iPhone

便利技 早く充電を終わらせたいなら電源をオフにしてから

スマートフォンの充電を早く終わらせるには、スマートフォン本体が電力を消費していない状態にすることです。

❶スマートフォン本体の電源をオフにする➡❷充電を行います。

充電に適したバッテリーの状態は、残量20〜50%がベストといわれています。なお、急速に充電できる方法もありますが、USB PDに対応している急速充電対応のアダプタが必要です。iPhoneの場合は、USB-C端子付きのLightningケーブルが必要になります。それぞれ別途購入する必要があります。

なお、スマートフォンなどで使われているリチウムイオンのバッテリーは、使用状況によっては劣化が進んでしまいます。次のことに注意してください。

- バッテリーの残量がゼロになる前に充電する（ゼロになると劣化する）
- 充電しながらスマートフォンを使わない

Android／iPhone共通

USB PD対応アダプタ

Lightning端子とUSB-C端子

スマートフォンの機種を変えるには（機種変更）

スマートフォンを機種変更するときには、事前に対応しておくことや注意することなどがあります。

実際にデータの保存や移行作業をする前に、いま契約している携帯電話会社の店舗で、データの移行の相談をするとよいでしょう。場合によってはデータ移行の作業に関する助言がもらえたり、代行作業を依頼できたりします。

この作業は、手順を間違えるとデータがなくなることもありますので、携帯電話会社で手順を尋ねておくと安心です。

具体的な方法については、各社のページでご確認ください。

●機種変更前にやっておくこと

・おサイフケータイ対応アプリのデータ引き継ぎ

現在利用しているスマートフォンのデータをサービス事業者のサーバーへ戻し、あとで新しいスマートフォンに再設定します。

・スマートフォン中のデータをパソコンなどに保存（バックアップ）する

携帯電話会社は、次ページ上表のようなデータのバックアップサービスを提供しています。

●スマートフォンのメーカーが提供する移行ツールを利用する

お使いのスマートフォンのメーカーから、データの移行に利用するツールが提供されています（次ページ下表参照）。

▼おサイフケータイ対応アプリの引き継ぎ方法ページ

サービス名	参照URL
モバイルPASMO	https://www.pasmo.co.jp/mp/and/procedure/chg-model/
モバイルSuica	https://www.jreast.co.jp/mobilesuica/procedure/chg_model.html
モバイルWAON	https://www.waon.net/card/mobile/change/
楽天Edy	https://edy.rakuten.co.jp/howto/osaifukeitai/exchange/
iD	https://id-credit.com/support/change/index.html
nanacoモバイル	https://www.nanaco-net.jp/support/change/
QUICPay	https://www.quicpay.jp/support/qmobile/change.html

▼携帯電話会社のバックアップサービスの例

会社名	サービス名	保存されるデータの内容
au	データお預かり	アドレス帳、発信履歴・着信履歴、メール、+メッセージ、写真、動画、音楽、カレンダー、ブックマーク、ユーザー辞書などをauのサーバーやSDカードに保存（1GBの容量まで無料）
ソフトバンク	あんしんバックアップ	電話帳、S!メール、カレンダー、発信履歴・着信履歴、写真、音楽、動画などをソフトバンクのサーバーやSDカードに保存（5GBの容量まで無料）
NTTドコモ	ドコモクラウド	電話帳、メール、スケジュール、メモ、データ保管BOX、写真などを保存（5GBの容量まで無料）
NTTドコモ	データ保管BOX	写真、動画、音楽ファイル、Office系ファイル、PDFなどをクラウドに保存（5GBの容量まで無料）

具体的な移行作業については、それぞれのメーカーのウェブページで手順を確認しながら作業してください。

▼スマートフォンのメーカーが提供する移行ツールなど

メーカー名	製品名	ツール名（ウェブページ）
サムスン	Galaxy（ギャラクシー）	Smart Switch（https://www.galaxymobile.jp/apps/smart-switch/）
シャープ	AQUOS（アクオス）	かんたんデータコピー（https://k-tai.sharp.co.jp/support/sense5g-datacopy/index.html）
ソニー	Xperia（エクスペリア）	Xperia Transfer 2（https://xperia.sony.jp/special/switch/）
ファーウェイ	P、Mate（メイト）、nova（ノバ）	Phone Clone（https://consumer.huawei.com/jp/emui/clone/）
富士通	arrows（アローズ）	内蔵アプリで対応（https://www.fmworld.net/product/phone/support/switch/index.html）
ASUS（アスース）	ZenFone（ゼンフォン）	ASUS Data Transfer（https://www.asus.com/jp/support/FAQ/1009876/）
Apple（アップル）	iPhone	クイックスタート（https://support.apple.com/ja-jp/HT210216）
Google（グーグル）	Google Pixel（グーグルピクセル）	Googleドライブ、Googleフォト（https://support.google.com/android/answer/2819582?hl=ja）
OPPO（オッポ）	Reno（レノ）、R	PhoneClone（https://www.oppojapan.com/clonephone/clonephone.html）

●Androidスマートフォン専用バックアップアプリを利用する

「JSバックアップ」アプリは、データをまとめてバックアップしてくれる専用のアプリです。このアプリでは、連絡先、通話履歴、SMS、MMS、カレンダー、ブックマーク、システム設定、アラーム、辞書、ミュージックプレイリストなどのほか、写真、音楽、動画、文書などを保存します。

▼JSバックアップ公式ページ

https://jsbackup.net/

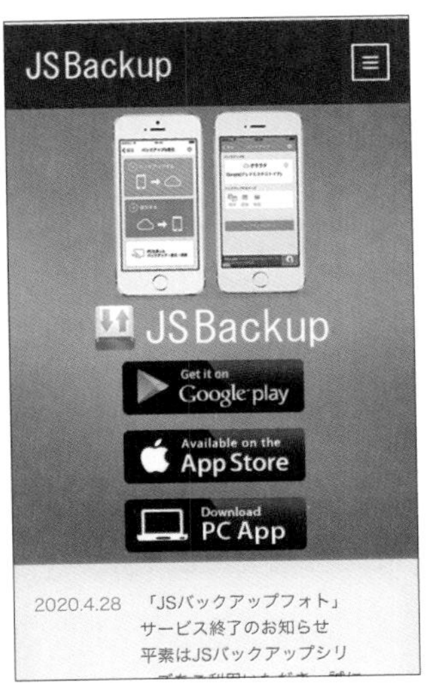

●iPhoneのデータをバックアップする

iPhoneの場合は、パソコンにデータをバックアップする方法とクラウドのiCloud（アイクラウド）へ保存する方法の2つがあります（iCloudは5GBまでが無料）。

・Windowsにデータをバックアップする

Windowsにバックアップするには、Windows用のiTunesを使います。

▼WindowsパソコンのiTunesでiPhone、iPad、iPod touchをバックアップする方法

https://support.apple.com/ja-jp/HT212156

Apple Japan提供

・Macにデータをバックアップする

Macにバックアップするには、MacとiPhoneをケーブルで接続してから、Finderに表示されるiPhoneを選択して作業を進めます。

▼MacでiPhone、iPad、iPod touchをバックアップする方法

https://support.apple.com/ja-jp/HT211229

Apple Japan提供

・iCloudにデータをバックアップする

Wi-Fiを使ってiCloudに接続して作業を進めます。

▼iCloudでiPhone、iPad、iPod touchをバックアップする方法

https://support.apple.com/ja-jp/HT211228

Apple Japan提供

※iCloudはWi-Fiネットワークを通じて接続する必要があります。

●異なるスマートフォンへ乗り換える

・AndroidからiPhoneへ乗り換える

　iPhoneに乗り換えるときには、事前に「iOSに移行」アプリをAndroidスマートフォンにインストールしておきます。

▼AndroidからiPhone、iPad、iPod touchに移行する

https://support.apple.com/ja-jp/HT201196

Apple Japan提供

・iPhoneからAndroidへ乗り換える

　iPhoneからAndroidに乗り換える場合に注意することがあります。データの移行が完了するまで、iPhoneを解約してはいけません。インターネットを通してデータのバックアップやデータの復元を行うことがあるためです。すでにデータの移行が完了している場合は解約しても問題ありません。

▼iPhoneからPixelにデータを移行する

https://support.google.com/pixelphone/answer/7129740?hl=ja&ref_topic=7084200

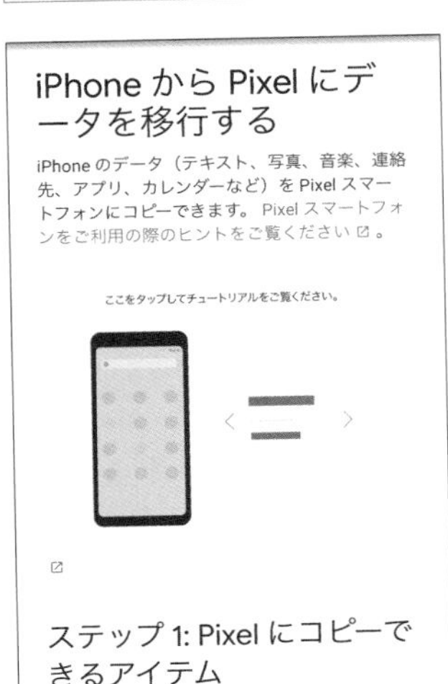

資料

▼単位一覧

分類	名称	記号	説明
情報単位	ビット	bit	2進数を表す最小の情報単位。
	バイト	byte(B)	1byte = 8bit。通常使用する情報単位。1octet = 1byte = 8bit。
	フロップス	FLOPS	プロセッサの処理能力を示す指標。1秒間に処理可能な浮動小数点演算の回数。
	ミップス	MIPS	プロセッサの処理能力を示す指標。1秒間に実行される命令数。単位は100万。
	ビーピーエス	bps	1秒間に転送できる情報量。bit数で表す。
	ワード	Word	処理装置が1回でアクセスできるデータの単位。語ともいう。
	ポイント	point	文字の大きさを示す単位。1pointは1/72inch。
	ドット	dot	画像や印刷の解像度を表す最小単位。
	ディーピーアイ	dpi	1インチに入るdot数。画像等のきめ細かさを表す単位。
	ピクセル	pixel	画面の最小単位の点。dotが階調を持つ場合はdotと同じ。
	アールピーエム	rpm	1分あたりの回転数。ハードディスク等の処理能力を示す指標ともなる。

INDEX

索引

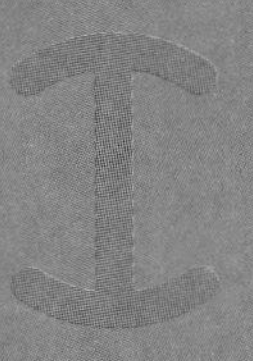

ひらがな／カタカナ

あ・ア

索引

い・イ

う・ウ

え・エ

お・オ

か・カ

き・キ

く・ク

け・ケ

こ・コ

さ・サ

し・シ

す・ス

せ・セ

そ・ソ

た・タ

と・ト

な・ナ

索

索

ひ・ヒ

ふ・フ

へ・ヘ

ほ・ホ

ま・マ

み・ミ

む・ム

め・メ

も・モ

や・ヤ

ゆ・ユ

よ・ヨ

ら・ラ

り・リ

る・ル

れ・レ

ろ・ロ

アルファベット

C

D

E

F

O

P

Q

R

S

数字／記号

数字

記号

最新 スマホ用語&操作事典

発行日　2021年10月27日　第1版第1刷

編　著　秀和システム編集本部

発行者　斉藤　和邦

発行所　株式会社　秀和システム

〒135-0016

東京都江東区東陽2-4-2　新宮ビル2F

Tel 03-6264-3105（販売）Fax 03-6264-3094

印刷所　三松堂印刷株式会社　Printed in Japan

ISBN978-4-7980-6559-5 C3055

定価はカバーに表示してあります。
乱丁本・落丁本はお取りかえいたします。
本書に関するご質問については、ご質問の内容と住所、氏名、電話番号を明記のうえ、当社編集部宛FAXまたは書面にてお送りください。お電話によるご質問は受け付けておりませんのであらかじめご了承ください。